扫描书中的"二维码"
开启全新的微视频学习模式

电工维修全覆盖

数码维修工程师鉴定指导中心　　　组织编写

韩雪涛　主编　　　吴　瑛　韩广兴　副主编

精彩微视频
配合讲解

扫码观看
方便快捷

电子工业出版社．

Publishing House of Electronics Industry

北京·BEIJING

内容简介

本书在充分调研电工领域各岗位实际需求的基础上，对电工电路基础，电工常用工具与检修仪表，电工安全与急救，常用低压电气部件的特点与检测，常用电子元器件的特点与检测，常用功能部件的特点与检测，电动机的拆卸与检修，照明控制线路，供配电线路，电动机控制线路，家庭弱电线路，PLC 及其应用，PLC 的安装、调试与维护，变频器与变频技术，变频器的安装与调试等相关知识进行汇总，以国家职业资格标准为指导，系统、全面地介绍电工维修技能。

本书引入"微视频"互动学习的全新学习模式，将"图解"与"微视频"教学紧密结合，力求达到最佳的学习体验和学习效果。

本书适合相关领域的初学者、专业技术人员、爱好者及相关专业的师生阅读。

使用手机扫描书中的"二维码"，开启全新的微视频学习模式……

图书在版编目（CIP）数据

电工维修全覆盖 / 韩雪涛主编. -- 北京：电子工业出版社，2019.9
ISBN 978-7-121-37254-4
Ⅰ．①电… Ⅱ．①韩… Ⅲ．①电工—维修—教材 Ⅳ．① TM07
中国版本图书馆 CIP 数据核字（2019）第 181215 号

责任编辑：富 军
印　　刷：三河市君旺印务有限公司
装　　订：三河市君旺印务有限公司
出版发行：电子工业出版社
　　　　　北京市海淀区万寿路 173 信箱　邮编 100036
开　　本：787×1092　1/16　印张：24.5　字数：627.2 千字
版　　次：2019 年 9 月第 1 版
印　　次：2022 年 2 月第 6 次印刷
定　　价：128.00 元

凡所购买电子工业出版社的图书，如有缺损问题，请向购买书店调换。若书店售缺，请与本社发行部联系，联系及邮购电话：（010）88258888，88254888。

质量投诉请发邮件至 zlts@phei.com.cn，盗版侵权举报请发邮件至 dbqq@phei.com.cn。

本书咨询联系方式：（010）88254456。

编委会

前　言

本书是专门介绍电工维修技能的图书，全面介绍电工电路基础，电工常用工具与检修仪表的使用，电工操作安全与触电急救，常用低压电气部件的特点与检测，常用电子元器件的特点与检测，常用功能部件的特点与检测，照明控制线路，供配电线路，电动机控制线路，家庭弱电线路，以及变频技术和 PLC 技术等相关内容，通过大量的实际案例，系统讲解各种电工维修技能。

在电工领域，电工电路基础及安装、调试、维修等都是非常基础和重要的技能。为了更好地满足读者的学习和就业需求，我们特别编写了《电工维修全覆盖》。

本书依托数码维修工程师鉴定指导中心进行了大量的市场调研和资料汇总，从社会岗位的需求出发，以国家相关职业资格标准为指导，将电工领域的各项专业技能进行有机整合，结合岗位的培训特点，重组技能培训架构，制订符合现代行业培训特色的学习模式，是一次综合技能培训模式的全新体验。

在图书编排上

本书强调维修技能的融合性，即结合电工领域的从业特点，对电工维修技能的学习训练进行系统规划，由浅入深，以就业为培训导向，以实用、够用为原则，同时结合实际工作，通过对各项实操案例的细致演示、讲解，最终使读者的学习更加系统，更加完善，更加具有针对性。

在图书内容上

本书引入大量的实操案例。读者通过学习，不仅可以学会实用的操作技能，还可以掌握更多的社会实践经验。本书讲解的实操案例和数据都会成为以后工作的宝贵资料。

在学习方法上

本书打破传统教材的文字讲述方式，采用图解 + 微视频讲解互动的全新教学模式，在重要知识技能点的相关图文旁边有二维码。读者通过手机扫描二维码，即可在手机上浏览相应的教学微视频。微视频与图书内容匹配对应，晦涩难懂的图文知识通过图解和微视频的讲解方式，可最高效率地帮助读者领会、掌握，增加趣味性，提高学习效率。

在配套服务上

除了可以体验微视频互动学习模式，读者还可以通过以下方式与我们交流学习心得。如果读者在学习工作过程中遇到问题，可以与我们探讨。

本书由数码维修工程师鉴定指导中心组织编写，由全国电子行业资深专家韩广兴教授亲自指导。编写人员有行业资深工程师、高级技师和一线教师。本书无处不渗透着专业团队的经验和智慧，使读者在学习过程中如同有一群专家在身边指导，将学习和实践中需要注意的重点、难点一一化解，大大提升学习效果。

数码维修工程师鉴定指导中心
联系电话：022-83718162/83715667/13114807267
地址：天津市南开区榕苑路 4 号天发科技园 8-1-401

网址：http://www.chinadse.org
E-mail:chinadse@163.com
邮编：300384

编　者

目录

第4章 常用低压电气部件的特点与检测 ·······68

第5章 常用电子元器件的特点与检测 ·······84

第1章
电工电路基础

1.1 电和磁

变化的电流可以产生变化的磁场，变化的磁场也可以产生变化的电流。下面将学习电和磁的基本概念及电和磁的关系。

1.1.1 电和磁的基本概念

1. 电的基本概念

电具有同性相斥、异性相吸的特性，如图 1-1 所示，当使用带正电的玻璃棒靠近带正电的软木球时会相互排斥；当使用带负电的橡胶棒靠近带正电的软木球时，会相互吸引。

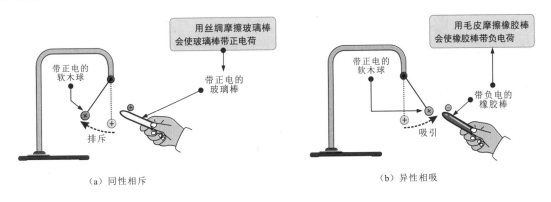

（a）同性相斥　　　　　　　　　　　　　　（b）异性相吸

图 1-1　电的特性

资料与提示

当一个物体与另一个物体相互摩擦时，其中一个物体会失去电子而带正电荷，另一个物体会得到电子而带负电荷。这里所说的电是静电。带电物体所带电荷的数量被称为电量，用 Q 表示。电量的单位是库仑。1 库仑约等于 6.24×10^{18} 个电子所带的电量。

电根据种类和特性可分为直流电和交流电。直流电包括直流电流和直流电压；交流电包括交流电流和交流电压。

电流是单位时间内通过导体横截面的电量，用符号 I 或 $i(t)$ 表示。

图 1-2 为电流的基本概念和相关知识。

电压是单位正电荷受电场力的作用从 A 点移动到 B 点所做的功。电压的方向为高电位指向低电位，如图 1-3 所示。

1

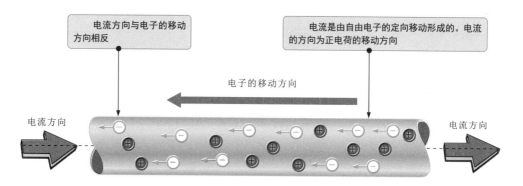

图 1-2　电流的基本概念和相关知识

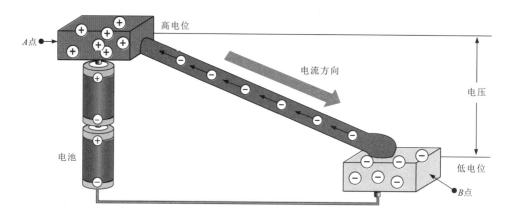

图 1-3　电压的基本概念和相关知识

资料与提示

常用的电流单位有微安（μA）、毫安（mA）、安（A）、千安（kA）等，换算关系为

$$1\,\mu A = 10^{-6}A \quad 1mA = 10^{-3}A \quad 1kA = 10^{3}A$$

常用的电压单位有微伏（μV）、毫伏（mV）、千伏（kV）等，换算关系为

$$1\,\mu V = 10^{-6}V \quad 1mV = 10^{-3}V \quad 1kV = 10^{3}V$$

一般电池、蓄电池等可产生直流电，即电流的大小和方向不随时间变化，记为 DC 或 dc，如图 1-4 所示。

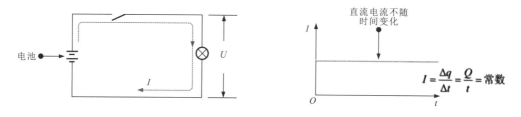

图 1-4　直流电的特性

交流电的电流大小和方向随时间的变化而变化，用 AC 或 ac 表示，如图 1-5 所示。

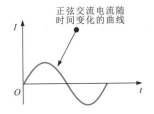

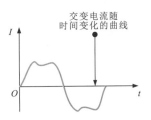

图 1-5　交流电的特性

※ **2. 磁的基本概念**

任何物质都具有磁性，只是有的物质磁性强，有的物质磁性弱；任何空间都存在磁场，只是有的空间磁场强度强，有的空间磁场强度弱。

图 1-6 为磁的基本概念。

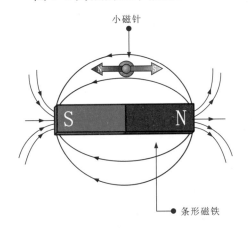

铁质粉末受条形磁铁的作用排列成有规律的图案

图 1-6　磁的基本概念

资料与提示

◇　**磁场**

磁场是磁体周围存在的一种特殊物质。磁体之间的相互作用力是通过磁场传送的。在线圈、电动机、电磁铁和磁头的磁隙附近都存在磁场。

磁场具有方向性，可将自由转动的小磁针放在磁场中的某一点，小磁针 N 极所指的方向即为该点的磁场方向，也可使用指南针确定磁场的方向。

◇　**磁极和磁性**

磁铁能吸引铁、钴、镍等物质的性质叫磁性。具有磁性的物体叫磁体。磁体上磁性最强的部分叫磁极。两个磁极之间相互作用，同性磁极互相排斥，异性磁极互相吸引。当一个棒状磁体处于自由状态时，总是倾向于指向地球的南极或北极。指向北极的一端为 N 极。指向南极的一端为 S 极。

◇　**磁力线**

磁力线是为了理解方便而假想的，即从磁体的 N 极出发经过空间到磁体的 S 极，在磁体内部从 S 极又回到 N 极，形成一个封闭的环。磁力线的方向就是磁体 N 极所指的方向。

◇　**磁通量和磁通量密度**

穿过磁场中某一个截面的磁力线条数叫做穿过这个截面的磁通量，用 Φ 表示，单位为韦伯。垂直穿过单位面积的磁力线条数叫做磁通量密度，用 B 表示，单位为特斯拉（T）。

◇ 磁导率

磁通量密度 B 与磁场强度 H 的比值叫磁导率，用 μ 表示（μ=B/H）。空气的磁导率 μ=1。高磁导率的材料，如坡莫合金和铁氧体等材料的磁导率可达几千至几万，常用来制作磁头的磁芯。

◇ 磁场强度和磁感应强度

磁场强度和磁感应强度是表征磁场性质的两个物理量。由于磁场是由电流或运动电荷引起的，而磁介质（除超导体以外不存在磁绝缘的概念，故一切物质均为磁介质）在磁场中发生的磁化对源磁场也有影响。因此，磁场的强弱可以有两种表示方法。

在充满均匀磁介质的情况下，磁场的强弱用磁感应强度 B 表示，单位为特斯拉（T），是一个基本物理量；若是单独由电流或运动电荷所引起的磁场，则磁场的强弱用磁场强度 H 表示，单位为安培每米，是一个辅助物理量。

磁感应强度是一个矢量。它的方向即为该点的磁场方向。匀强磁场中各点磁感应强度的大小和方向均相同。用磁力线可以形象地描述磁感应强度 B 的大小，在 B 较大的地方，磁场较强，磁力线较密；在 B 较小的地方，磁场较弱，磁力线较稀。磁力线的切线方向即为该点磁感应强度 B 的方向。

❖ 1.1.2 电和磁的关系

※ 1. 电流感应磁场

电流感应磁场如图 1-7 所示。

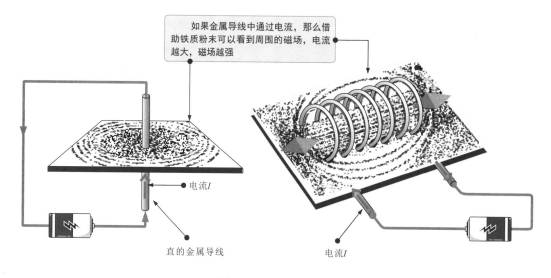

图 1-7 电流感应磁场

资料与提示

图 1-7 中，如果在一根直的金属导线中通过电流，那么在金属导线周围将产生圆形磁场；通电螺线管周围的磁场形状与条形磁铁产生的磁场形状相同。

资料与提示

安培定则是表示电流和由电流激发磁力线方向之间关系的定则，也叫右手螺旋定则。

直线电流的安培定则：用右手握住导线，让伸直的大拇指所指的方向与电流的方向一致，则弯曲的四指所指的方向就是磁力线的环绕方向；环形电流的安培定则：让右手弯曲的四指与环形电流的方向一致，则伸直的大拇指所指的方向就是环形电流中心轴线上磁力线的方向，如图1-8所示。

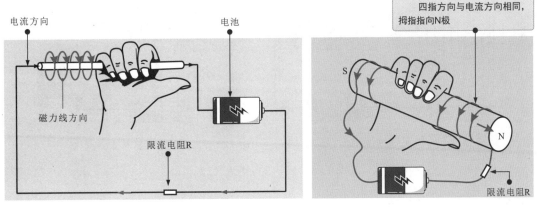

（a）直线电流的安培定则　　　　　（b）环形电流的安培定则

图1-8　安培定则（右手螺旋定则）

※ 2. 磁场感应电流

磁场也能感应电流，将螺线管的两端接上检流计，在螺线管内部放置一根磁铁，当将磁铁很快抽出时，可以看到检流计的指针发生了偏摆，抽出的速度越快，指针偏摆越大；同样，如果将磁铁插入螺线管，则指针也会偏摆，但偏摆方向与抽出时相反。检流计指针偏摆表明螺线管内有电流产生，如图1-9所示。

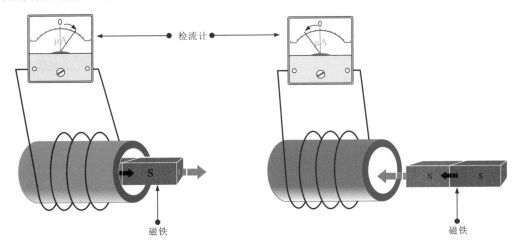

图1-9　磁场感应电流（1）

当闭合回路中的导体在磁场中做切割磁力线运动时，回路中就有电流产生；当穿过闭合线圈的磁通发生变化时，线圈中就有电流产生。这种由磁产生电的现象被称为电磁感应现象，产生的电流叫感应电流，如图1-10所示。

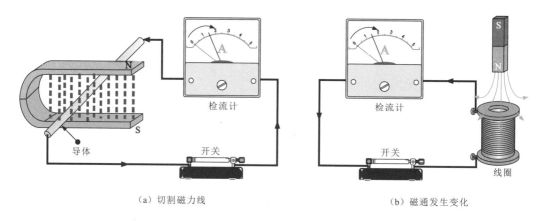

（a）切割磁力线　　　　　　　　　　（b）磁通发生变化

图 1-10　磁场感应电流（2）

感应电流的方向与导体切割磁力线的运动方向和磁场方向有关，即当闭合回路中的导体做切割磁力线运动时，所产生的感应电流方向可用右手螺旋定则来判断：伸开右手，使拇指与四指垂直，并都与手掌在一个平面内，让磁力线穿入手掌，拇指指向导体的运动方向，四指所指即为感应电流的方向，如图 1-11 所示。

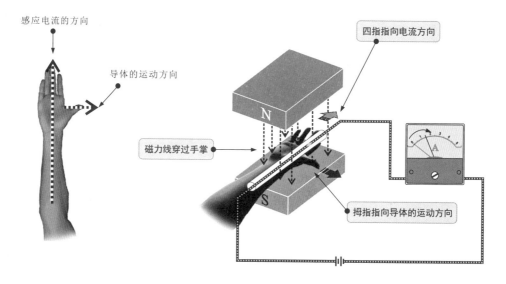

图 1-11　感应电流方向的判断

1.2　交流电与交流电路

1.2.1　认识交流电

交流电（Alternating Current，AC）是指电流的大小和方向随时间做周期性的变化。日常生活中的所有电气设备都用市电（交流 220V、50 Hz）作为供电电源。这是我国公共用电的统一标准。交流 220V 电压是指相线对零线的电压。交流电是由交流发电机产生的。交流发电机可以产生单相交流电和多相交流电，如图 1-12 所示。

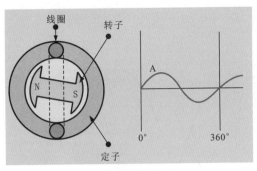
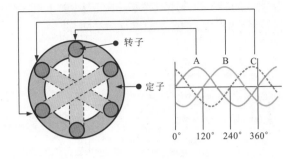

（a）单相交流电的产生　　　　　　　（b）多相交流电的产生

图 1-12　单相交流电和多相交流电的产生

1. 单相交流电

单相交流电是以一个交变电动势作为电源的电力系统，在单相交流电路中只具有单一的交流电压，电流和电压都按一定的频率随时间变化，如图 1-13 所示。

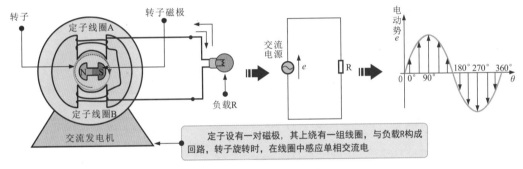

定子设有一对磁极，其上绕有一组线圈，与负载R构成回路，转子旋转时，在线圈中感应单相交流电

图 1-13　单相交流电

2. 两相和三相交流电

两相交流电是由两相交流发电机产生的。两相交流发电机内设有两组定子线圈，互相垂直地分布在转子外围。当转子旋转时，两组定子线圈产生两个感应电动势，相位差为 90°，如图 1-14 所示。

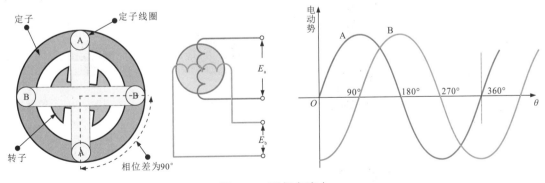

图 1-14　两相交流电

三相交流电是由三相交流发电机产生的。三相交流电动机内设有三组定子线圈，

互隔 120°。当转子旋转时，三组定子线圈产生频率相同、幅值相等、相位差为 120° 的三个感应电动势，如图 1-15 所示。

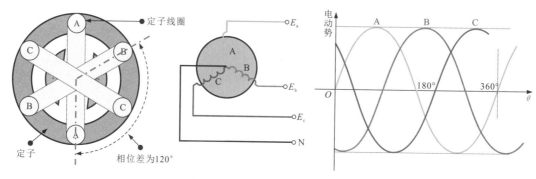

图 1-15　三相交流电

1.2.2　交流电路的应用

1．单相交流电路的应用

单相交流电路是由单相交流电源、单相负载和线路组成的。在一般情况下，单相交流电源的电压为 220V。

图 1-16 为单相交流电路的应用。

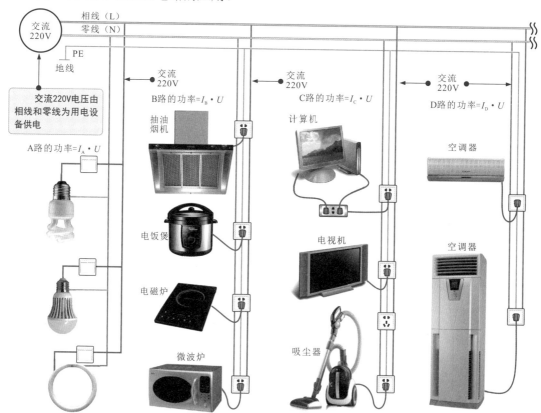

图 1-16　单相交流电路的应用

2．三相交流电路的应用

三相交流电路的应用范围较广。在不同的应用中，三相交流电路的连接方法不同，有星形和三角形两种连接方法。

三相交流电路的星形连接方法如图 1-17 所示。

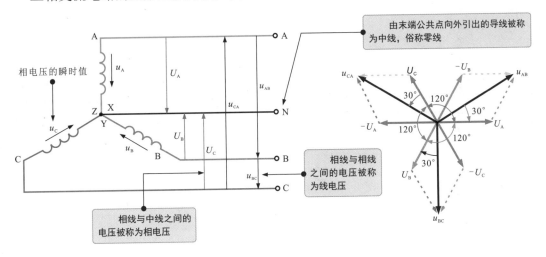

图 1-17　三相交流电路的星形连接方法

资料与提示

图 1-17 中，电源的中性点总是接地的，因此相电压在数值上等于各相绕组（线圈）的首端电压。线电压和相电压之间的关系为

$$u_{AB}=U_A-U_B \qquad u_{BC}=U_B-U_C \qquad u_{CA}=U_C-U_A$$

式中，$\frac{1}{2}u_{AB}=U_A\cos30° \rightarrow u_{AB}=\sqrt{3}U_A=1.732U_A$ 。

也就是说，在数值上，线电压 u_{AB} 是相电压 U_A 的 1.732 倍；在相位上，线电压超前对应的相电压 30°，因此可得出星形连接的三个线电压是对称的，可以向负载提供两种电压。

三相交流电路的三角形连接方法如图 1-18 所示。

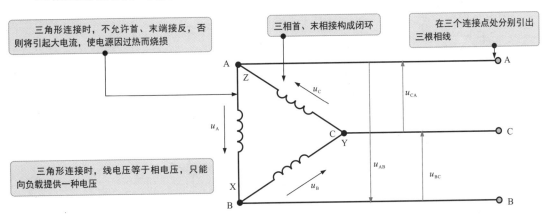

图 1-18　三相交流电路的三角形连接方法

图 1-19 为三相交流电路负载的连接方法。负载有单相负载和三相负载。单相负载应根据额定电压接入电路。若负载所需的电压是相电压，则应将负载接到相线与零线之间；若负载所需的电压是线电压，则应将负载接到相线与相线之间。

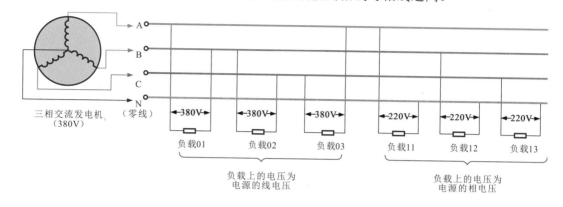

图 1-19　三相交流电路负载的连接方法

负载星形连接的三相交流电路如图 1-20 所示。

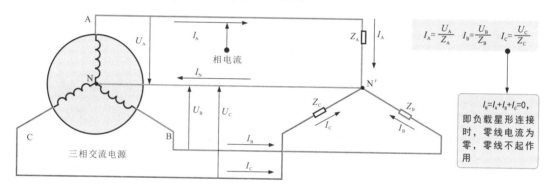

图 1-20　负载星形连接的三相交流电路

负载三角形连接的三相交流电路及电流向量示意图如图 1-21 所示。

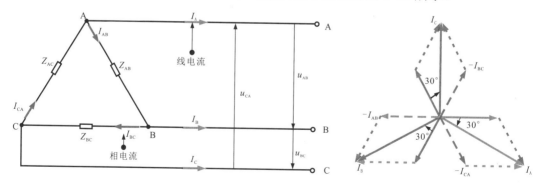

图 1-21　负载三角形连接的三相交流电路及电流向量示意图

1.3 常用的电气设备和供电线路

1.3.1 电气设备

常用的电气设备主要有配电用断路器、限流断路器、漏电断路器及电度表等。

1. 配电用断路器

图 1-22 为配电用断路器的实物外形及电路图形符号。

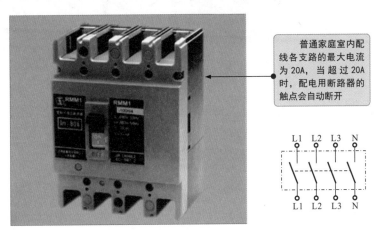

普通家庭室内配线各支路的最大电流为 20A，当超过 20A 时，配电用断路器的触点会自动断开

图 1-22　配电用断路器的实物外形及电路图形符号

2. 限流断路器

图 1-23 为限流断路器的实物外形及电路图形符号。

限流断路器又称合同断路器，当所在线路中的电流超过合同电流时，限流断路器会自动断开电源

普通插座的数量和所使用电气设备的功率决定所需要电流的大小。该电流被称为合同电流

图 1-23　限流断路器的实物外形及电路图形符号

3. 漏电断路器

图 1-24 为漏电断路器的实物外形及电路图形符号。

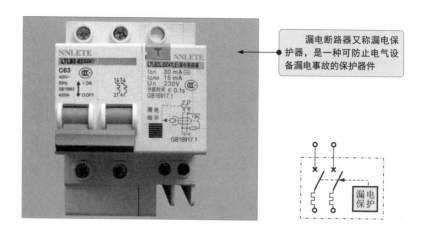

图 1-24 漏电断路器的实物外形及电路图形符号

资料与提示

漏电断路器的功能原理如图 1-25 所示。

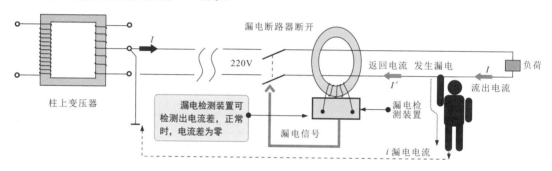

图 1-25 漏电断路器的功能原理

❊ 4. 电度表

图 1-26 为电度表的实物外形。

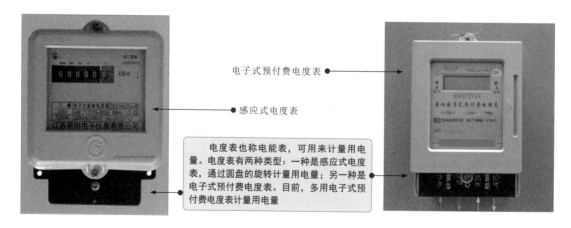

图 1-26 电度表的实物外形

常用电气设备的连接应用如图 1-27 所示。

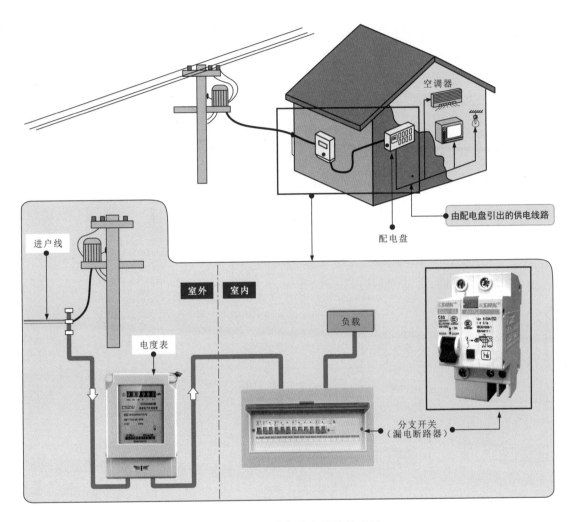

图 1-27　常用电气设备的连接应用

❖ 1.3.2　供电线路

常见的供电线路主要有家庭供电线路和大型电气设备的供电线路。大型电气设备的供电线路主要是指农用电气设备或厂房电气设备的供电线路。

❋ 1. 家庭供电线路

图 1-28 为家庭供电线路的配电方式。室内配线经电度表与配电盘连接，再由配电盘分配供电。

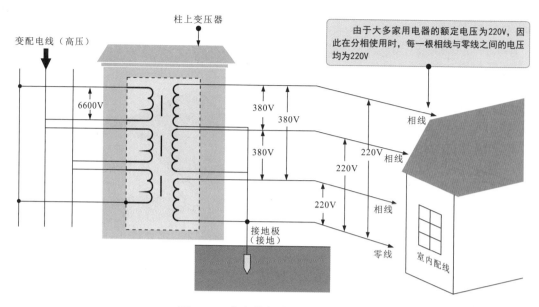

图 1-28　家庭供电线路的配电方式

家庭供电线路的供电分配如图 1-29 所示。

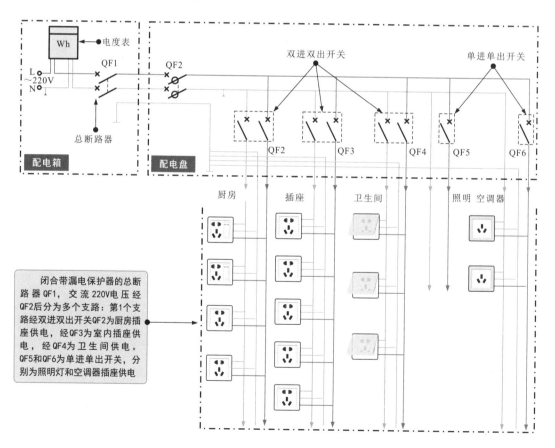

图 1-29　家庭供电线路的供电分配

资料与提示

图1-30为家庭供配电线路实例。

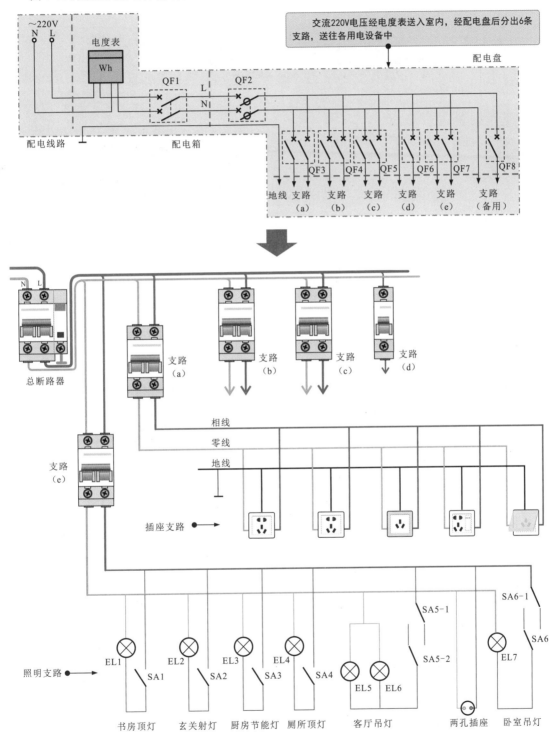

图 1-30　家庭供配电线路实例

✳ 2. 大型电气设备的供电线路

大型电气设备的供电线路如图 1-31 所示。

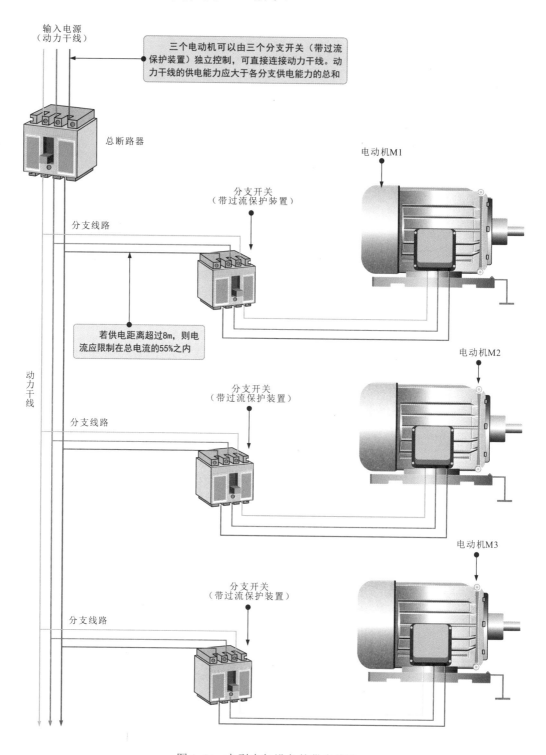

输入电源
（动力干线）

三个电动机可以由三个分支开关（带过流保护装置）独立控制，可直接连接动力干线。动力干线的供电能力应大于各分支供电能力的总和

总断路器

电动机M1

分支开关
（带过流保护装置）

分支线路

若供电距离超过8m，则电流应限制在总电流的55%之内

动力干线

电动机M2

分支开关
（带过流保护装置）

分支线路

电动机M3

分支开关
（带过流保护装置）

分支线路

图 1-31　大型电气设备的供电线路

对于功率较大的电动机，为了提高效率，应将电动机与高压补偿电容并联；在有两个以上大功率电动机的供电线路中，应使用三相放电线圈来提高系统的安全性，如图 1-32 所示。

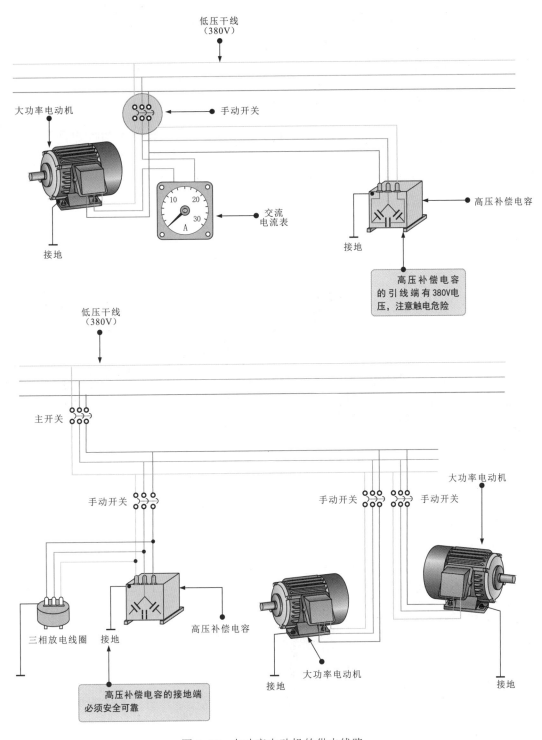

图 1-32 大功率电动机的供电线路

第2章
电工常用工具与检测仪表

2.1 常用加工工具的特点与使用

2.1.1 钳子的种类、特点与使用

在电工操作维修中，钳子在加工导线、弯制线缆、安装设备等场合都有广泛的应用。从结构上看，钳子主要由钳头和钳柄两部分构成。根据钳头的设计和功能上的区别，钳子可以分为钢丝钳、斜口钳、尖嘴钳、剥线钳、压线钳及网线钳等。

1. 钢丝钳的特点与使用

钢丝钳主要是由钳头和钳柄两部分构成的。其中，钳柄有绝缘保护套；钳头主要是由钳口、齿口、刀口和铡口等构成的。图2-1为钢丝钳的结构和实物外形。

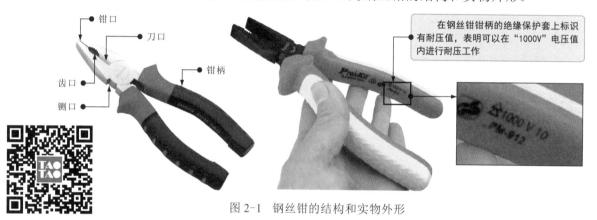

图2-1　钢丝钳的结构和实物外形

钢丝钳的主要功能是剪切线缆、剥削绝缘层、弯折线芯、松动或紧固螺母等。在使用钢丝钳时，一般多采用右手操作，使钢丝钳的钳口朝内，便于控制钳切的部位，可以使用钢丝钳的钳口弯绞导线、使用齿口紧固或拧松螺母、使用刀口修剪导线及拔取铁钉、使用铡口铡切较细的导线或金属丝，如图2-2所示。

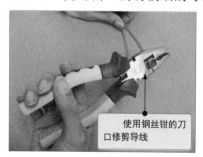
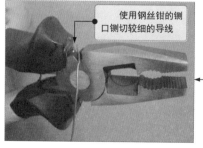

图2-2　钢丝钳的使用方法

✳ 2. 斜口钳的特点与使用

斜口钳又叫偏口钳，主要用于线缆绝缘皮的剥削或线缆的剪切等操作。斜口钳的钳头部位为偏斜式的刀口，可以贴近导线或金属的根部切割，如图 2-3 所示。

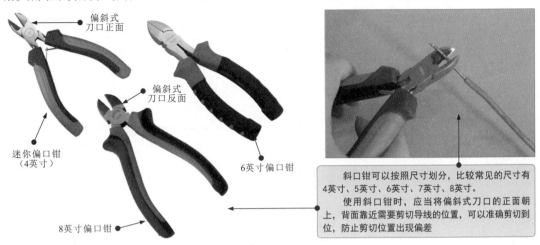

偏斜式刀口正面

偏斜式刀口反面

迷你偏口钳（4英寸）

6英寸偏口钳

8英寸偏口钳

斜口钳可以按照尺寸划分，比较常见的尺寸有 4英寸、5英寸、6英寸、7英寸、8英寸。
使用斜口钳时，应当将偏斜式刀口的正面朝上，背面靠近需要剪切导线的位置，可以准确剪切到位，防止剪切位置出现偏差

图 2-3 斜口钳的使用方法

✳ 3. 尖嘴钳的特点与使用

尖嘴钳的钳头部分较细，可以在较小的空间操作，可以分为有刀口尖嘴钳和无刀口尖嘴钳，如图 2-4 所示。

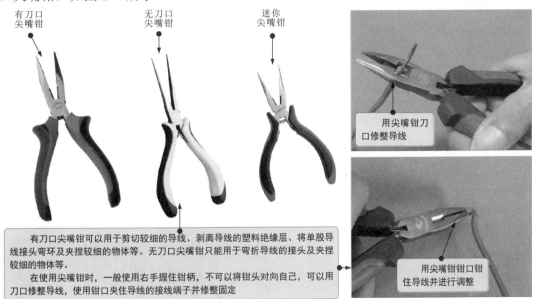

有刀口尖嘴钳

无刀口尖嘴钳

迷你尖嘴钳

用尖嘴钳刀口修整导线

有刀口尖嘴钳可以用于剪切较细的导线、剥离导线的塑料绝缘层、将单股导线接头弯环及夹捏较细的物体等。无刀口尖嘴钳只能用于弯折导线的接头及夹捏较细的物体等。
在使用尖嘴钳时，一般使用右手握住钳柄，不可以将钳头对向自己，可以用刀口修整导线，使用钳口夹住导线的接线端子并修整固定

用尖嘴钳钳口钳住导线并进行调整

图 2-4 尖嘴钳的使用方法

✳ 4. 剥线钳的特点与使用

剥线钳主要用来剥除线缆的绝缘层。在电工操作中，常使用的剥线钳可以分为压接式剥线钳和自动式剥线钳，如图 2-5 所示。

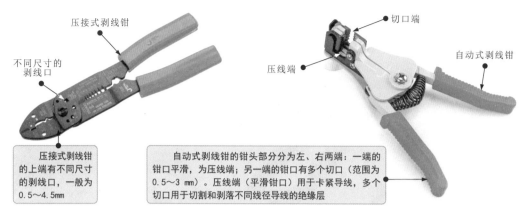

压接式剥线钳

不同尺寸的剥线口

切口端

压线端

自动式剥线钳

压接式剥线钳的上端有不同尺寸的剥线口，一般为0.5～4.5mm

自动式剥线钳的钳头部分分为左、右两端：一端的钳口平滑，为压线端；另一端的钳口有多个切口（范围为0.5～3 mm）。压线端（平滑钳口）用于卡紧导线，多个切口用于切割和剥落不同线径导线的绝缘层

图 2-5　剥线钳的实物外形

在使用剥线钳剥线时，一般会根据导线线径选择合适尺寸的切口，将导线放入该切口中，按下剥线钳的钳柄，即可将绝缘层割断，再次紧按手柄时，钳口分开加大，切口端将绝缘层与导线芯分离。图 2-6 为剥线钳的使用方法。

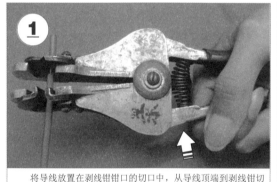

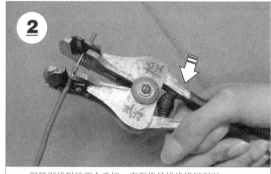

将导线放置在剥线钳钳口的切口中，从导线顶端到剥线钳切口的距离为导线剥削绝缘层的长度。

握紧剥线钳的两个手柄，直至将导线绝缘层剥下。

图 2-6　剥线钳的使用方法

5. 压线钳的特点与使用

压线钳在电工操作中主要用于线缆与连接头的加工。压线钳压接连接件的大小不同，内置的压接孔也不同。图 2-7 为压线钳的实物外形及使用方法。

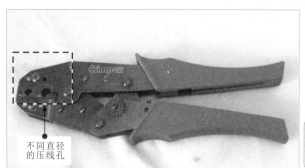

不同直径的压线孔

在使用压线钳时，一般使用右手握住压线钳的手柄，将需要连接的线缆插入连接头后，放入压线钳合适的压线孔中，向下按压即可

图 2-7　压线钳的实物外形及使用方法

※ 6. 网线钳的特点与使用

网线钳主要用于网线、电话线水晶头的加工。网线钳的钳头部分有水晶头的加工口，可根据水晶头的型号选择网线钳，在钳柄处也会附带刀口，便于剪切网线。网线钳根据水晶头加工口的型号，一般可分为 RJ45 接口的网线钳和 RJ11 接口的网线钳。也有一些网线钳包括两种接口。图 2-8 为网线钳的实物外形。

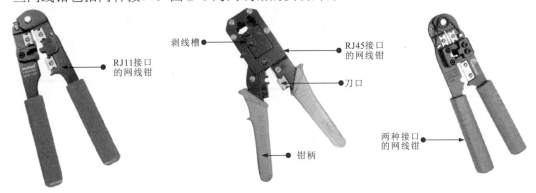

图 2-8 网线钳的实物外形

在使用网线钳时，应先使用钳柄处的刀口剥离网线的绝缘层，将网线按顺序插入水晶头中，并放置在网线钳对应的水晶头加工口，用力按压钳柄，钳头上的动片向上推动，即可将水晶头中的金属触点与线芯压制到一起。

图 2-9 为网线钳的使用方法。

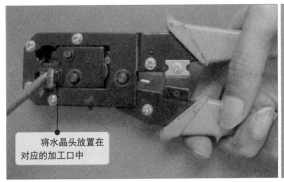
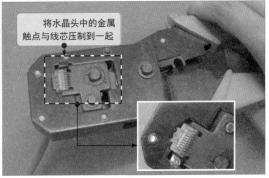

图 2-9 网线钳的使用方法

◈ 2.1.2 螺钉旋具的种类、特点与使用

螺钉旋具俗称螺丝刀或改锥，是用来紧固和拆卸螺钉的工具。电工常用的螺钉旋具主要有一字槽螺钉旋具和十字槽螺钉旋具。

※ 1. 一字槽螺钉旋具的特点与使用

一字槽螺钉旋具的头部为薄楔形头，主要用于拆卸或紧固一字槽螺钉，使用时要选用与一字槽螺钉规格相对应的一字槽螺钉旋具。

图 2-10 为一字槽螺钉旋具的实物外形和使用方法。

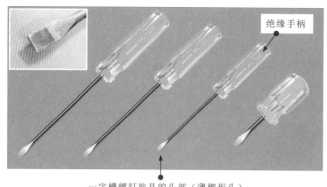
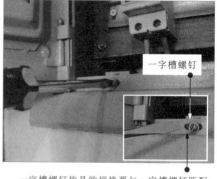

一字槽螺钉旋具的头部（薄楔形头）　　　　一字槽螺钉旋具的规格要与一字槽螺钉匹配

图 2-10　一字槽螺钉旋具的实物外形和使用方法

2. 十字槽螺钉旋具的特点与使用

十字槽螺钉旋具的头部由两个薄楔形片十字交叉构成，主要用于拆卸或紧固十字槽螺钉，使用时要选用与十字槽螺钉规格相对应的十字槽螺钉旋具。

图 2-11 为十字槽螺钉旋具的实物外形和使用方法。

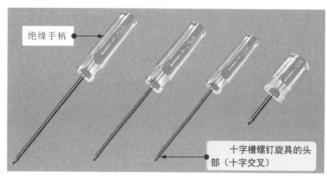
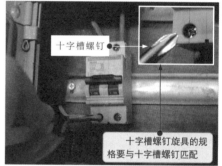

图 2-11　十字槽螺钉旋具的实物外形和使用方法

资料与提示

在使用螺钉旋具时，首先需要看清螺钉的卡槽大小，然后选择与卡槽相匹配的一字槽螺钉旋具或十字槽螺钉旋具，使用右手握住螺钉旋具的刀柄，将头部垂直插入螺钉的卡槽中，旋转螺钉旋具紧固或松动即可。若在操作时所选用的螺钉旋具与螺钉卡槽规格不匹配，则可能导致螺钉卡槽损伤或损坏，影响操作。

2.1.3 扳手的种类、特点与使用

扳手是用于紧固和拆卸螺钉或螺母的工具。电工常用的扳手主要有活扳手和固定扳手两种。

1. 活扳手的特点与使用方法

活扳手由扳口、蜗轮和手柄等组成。推动蜗轮即可使扳口在一定的尺寸范围内随意调节，以适应不同规格螺栓或螺母的紧固和松动。

图 2-12 为活扳手的实物外形和使用方法。

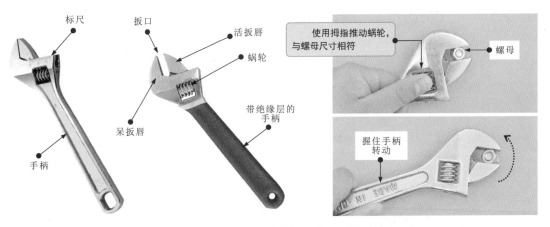

图 2-12 活扳手的实物外形和使用方法

2. 固定扳手的特点与使用

常见的固定扳手主要有呆扳手和梅花扳手两种。固定扳手的扳口尺寸固定，使用时要与相应的螺栓或螺母对应。

图 2-13 为固定扳手的实物外形和使用方法。

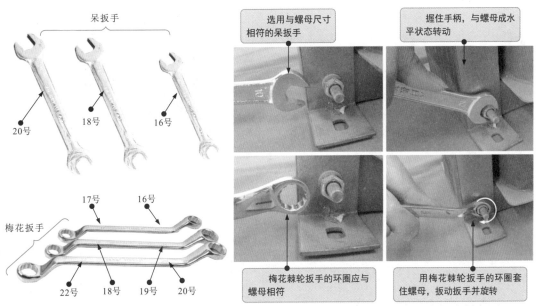

图 2-13 固定扳手的实物外形和使用方法

资料与提示

呆扳手的两端通常带有开口的夹柄。在呆扳手上带有尺寸标识。呆扳手的夹柄尺寸应与螺母的尺寸对应。

梅花扳手的两端通常带有环形六角孔或十二角孔的工作端，适用在工作空间狭小的环境下，使用较为灵活。

值得注意的是，在电工维修过程中，不可以使用无绝缘层的扳手带电操作，因为扳手本身的金属体导电性强，可能导致工作人员触电。

❖ 2.1.4 电工刀的种类、特点与使用

在电工操作中，电工刀是用于剥削导线和切割物体的工具。电工刀是由刀柄和刀片两部分组成的。常见的电工刀主要有普通电工刀和多功能电工刀。

图 2-14 为电工刀的实物外形和使用方法。

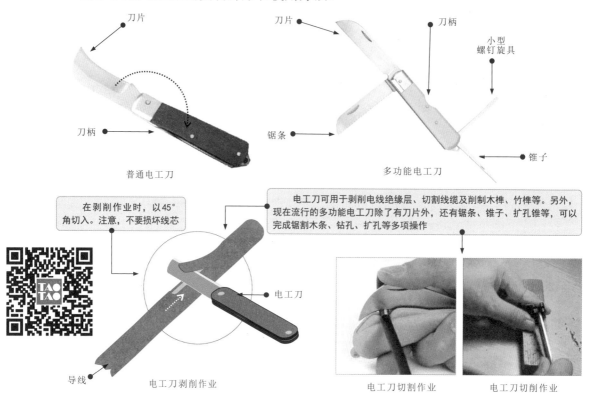

图 2-14 电工刀的实物外形和使用方法

资料与提示

如图 2-15 所示，在使用电工刀时要特别注意用电安全，切勿在带电的情况下切割线缆，在剥削线缆绝缘层时一定要按照规范操作。若操作不当，会造成线缆损伤，为后期的使用及用电带来安全隐患。

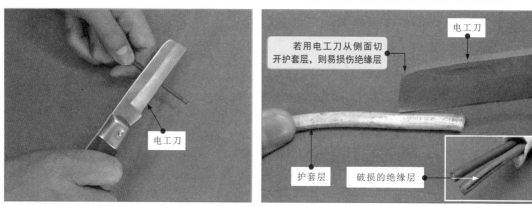

图 2-15 电工刀使用的注意事项

2.1.5 开凿工具的种类、特点与使用

在电工操作中，开凿工具是敷设管路和安装设备时，对墙面进行开凿处理的加工工具。由于开凿时可能需要开凿不同深度或宽度的孔或线槽，因此常使用的开凿工具有开槽机、电锤、冲击钻、电锤等。

1. 开槽机的特点与使用

开槽机是开槽墙壁的专用设备，可以根据施工需求在墙面上开凿出不同角度、不同深度的线槽。

图 2-16 为开槽机的实物外形。

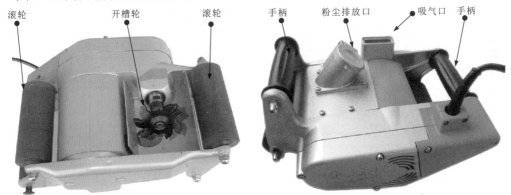

滚轮　　　　开槽轮　　　　滚轮　　　　手柄　　粉尘排放口　　吸气口　手柄

图 2-16　开槽机的实物外形

在使用开槽机开凿墙面时，应将粉尘排放口与粉尘排放管路连接好，用双手握住开槽机两侧的手柄，开机空转运行，确认运行良好后调整放置位置，将开槽机按压在墙面上开始开槽，同时依靠开槽机的滚轮平滑移动开槽机。随着开槽机底部开槽轮的高速旋转，即可实现对墙体的切割，如图 2-17 所示。

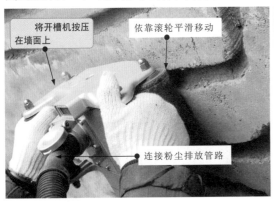

将开槽机按压在墙面上　　　依靠滚轮平滑移动

连接粉尘排放管路

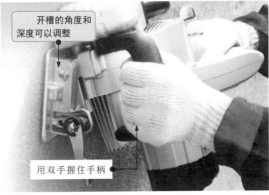

开槽的角度和深度可以调整

用双手握住手柄

图 2-17　开槽机的使用方法

资料与提示

开槽机在通电使用前，应先检查开槽机的电线绝缘层是否破损；在使用过程中，操作人员要佩戴手套和护目镜等防护装备，并确保握紧开槽机，防止开槽机意外掉落发生事故；使用完毕，要及时切断电源，避免发生危险。

2. 电锤的特点与使用

电锤常用于在混凝土板上钻孔，也可以用来开凿墙面。电锤是一种电动式旋转锤钻，具有良好的减震系统，可精准调速，具有效率高、孔径大、钻孔深等特点。图 2-18 为电锤的实物外形。

图 2-18　电锤的实物外形

在使用电锤时，应先将电锤通电，空转一分钟，确定电锤可以正常使用后，再用双手分别握住电锤的两个手柄，将电锤垂直墙面，按下电源开关，进行开凿工作。开凿工作结束后，应关闭电锤的电源开关。图 2-19 为电锤的使用方法。

图 2-19　电锤的使用方法

3. 冲击钻的特点与使用

冲击钻是在电工安装与维修中常用的电动工具之一，常用来对混凝土、墙壁、砖块等进行冲击打孔。冲击钻有两种功能：一种是将开关调至标识为"钻"的位置，可作为普通电钻使用；另一种是将开关调至标识为"锤"的位置，可用来在砖或混凝土上凿孔。图 2-20 为冲击钻的实物外形。

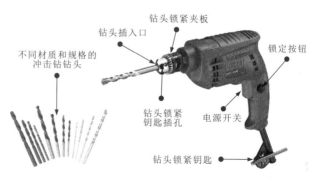

图 2-20　冲击钻的实物外形

在使用冲击钻时，应根据需要开凿孔的大小选择合适的钻头，并安装在钻头插入孔中。检查冲击钻的绝缘防护，连接电源，开机空载运行，正常后，将冲击钻垂直放置在需要凿孔的物体上，按下电源开关，开始凿孔，按下锁定按钮后可以一直工作，当需要停止时，再次按下电源开关，锁定按钮自动松开，冲击钻停止工作。图 2-21 为冲击钻的使用方法。

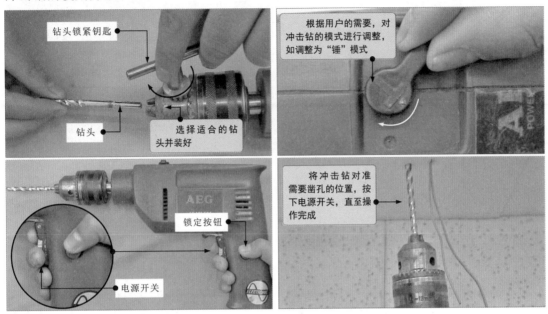

图 2-21　冲击钻的使用方法

2.1.6　管路加工工具的种类、特点与使用

管路加工工具是加工处理管路的工具，在电工操作中，常用的有切管器、弯管器和热熔器等。

1. 切管器的特点与使用

切管器是管路切割工具，比较常见的有旋转式切管器和手握式切管器，多用于切割敷设导线的 PVC 管路。图 2-22 为切管器的实物外形。

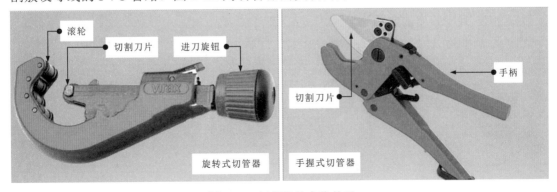

图 2-22　切管器的实物外形

旋转式切管器可以调节切口的大小，适用于切割较细的管路，使用时，应将管路夹在切割刀片与滚轮之间，旋转进刀旋钮夹紧管路，垂直顺时针旋转切管器，直至管路被切断。图 2-23 为旋转式切管器的使用方法。

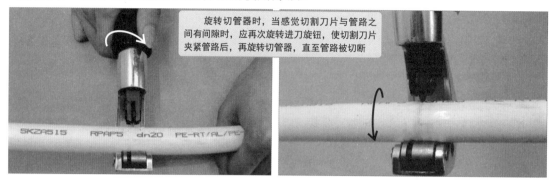

图 2-23　旋转式切管器的使用方法

手握式切管器适合切割较粗的管路，使用时，将需要切割的管路放到管口中，调节至管路需要切割的位置，多次按压切割手柄，直至管路被切断。图 2-24 为手握式切管器的使用方法。

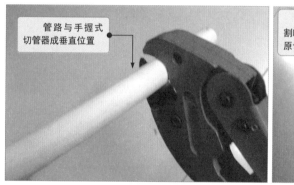
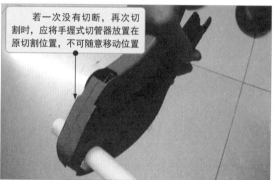

图 2-24　手握式切管器的使用方法

2. 弯管器的特点与使用

弯管器主要用来弯曲 PVC 管、钢管等，通常可以分为普通弯管器、滑轮弯管器和电动弯管器等，应用较多的为普通弯管器。

图 2-25 为弯管器的实物外形。

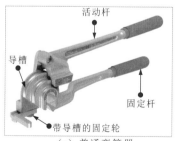
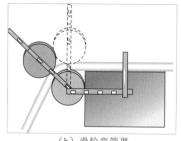

（a）普通弯管器　　　　　（b）滑轮弯管器　　　　　（c）电动弯管器

图 2-25　弯管器的实物外形

使用弯管器时，将需要弯曲的管路放到普通弯管器的导槽中，下压压柄，使管路弯曲成一定的角度。

图 2-26 为弯管器的使用方法。

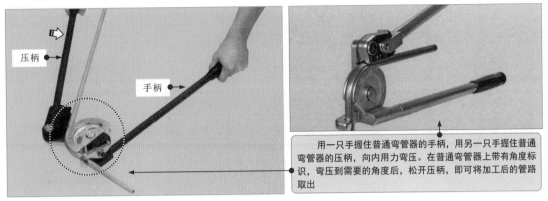

用一只手握住普通弯管器的手柄，用另一只手握住普通弯管器的压柄，向内用力弯压。在普通弯管器上带有角度标识，弯压到需要的角度后，松开压柄，即可将加工后的管路取出

图 2-26　弯管器的使用方法

3. 热熔器的特点与使用

在加工管路时，常常会使用热熔器对敷设的管路进行加工或连接。热熔器可以通过加热使两个管路连接起来。热熔器由主体和各种大小不同的接头组成，可以根据连接管路直径的不同选择合适的接头。图 2-27 为热熔器的实物外形。

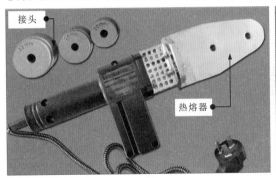
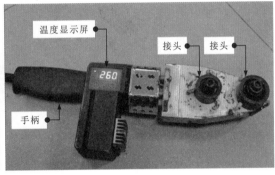

图 2-27　热熔器的实物外形

使用热熔器时，首先将热熔器垂直放在支架上，达到预先设定的温度后，再将需要连接的两根管路分别放置在热熔器的两端，当闻到塑胶味时，切断热熔器的电源，并将两根管路拿起对接在一起，对接时，需要用力插接，并保持一段时间。

图 2-28 为热熔器的使用方法。

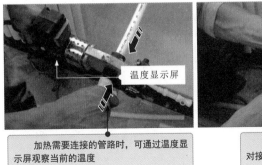

加热需要连接的管路时，可通过温度显示屏观察当前的温度

将两个需要连接的管路对接在一起

图 2-28　热熔器的使用方法

2.2 常用焊接工具的特点与使用

2.2.1 气焊设备的特点与使用

气焊是利用可燃气体与助燃气体混合燃烧形成的火焰将金属管路焊接在一起，是焊接操作的专用设备。图 2-29 为气焊设备的实物外形。

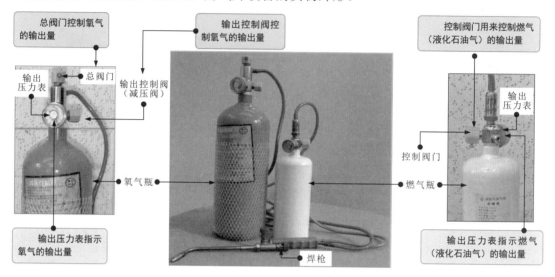

图 2-29　气焊设备的实物外形

气焊设备的操作有严格的规范和操作顺序。图 2-30 为气焊设备的使用方法。

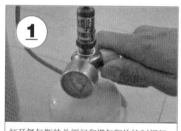

打开氧气瓶的总阀门和燃气瓶的控制阀门。

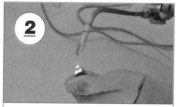

按照打开焊枪上的燃气阀门→点火→打开焊枪上的氧气阀门的顺序形成火焰。

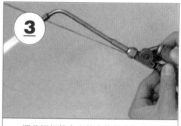

调节阀门的大小使火焰呈中性焰状态。

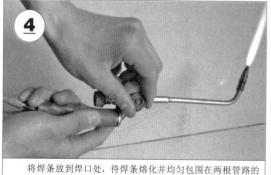

将焊条放到焊口处，待焊条熔化并均匀包围在两根管路的焊接处时即可将焊条取下。

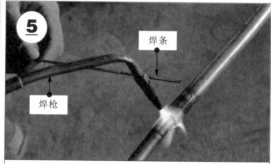

焊接完成后，先关闭焊枪上的氧气阀门，再关闭焊枪上的燃气阀门。

图 2-30　气焊设备的使用方法

❖ 2.2.2 电焊设备的特点与使用

电焊是利用电能，借助金属原子的结合与扩散作用，使两件或两件以上的焊件（材料）牢固地连接在一起的操作工艺。

图 2-31 为电焊设备的实物外形。

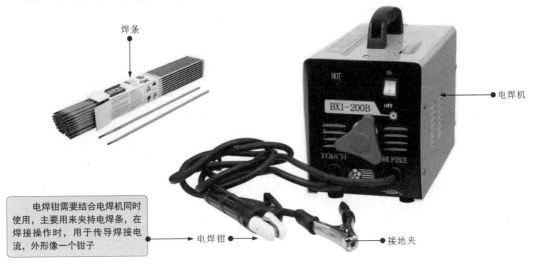

焊条

电焊机

电焊钳需要结合电焊机同时使用，主要用来夹持电焊条，在焊接操作时，用于传导焊接电流，外形像一个钳子

电焊钳

接地夹

图 2-31　电焊设备的实物外形

图 2-32 为电焊设备的使用方法。

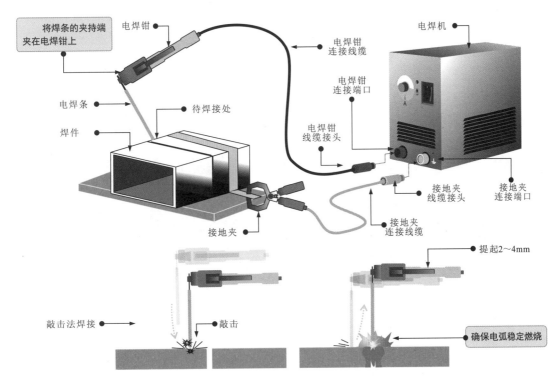

将焊条的夹持端夹在电焊钳上

电焊钳

电焊机

电焊钳连接线缆

电焊钳连接端口

电焊条

待焊接处

电焊钳线缆接头

焊件

接地夹线缆接头

接地夹连接端口

接地夹

接地夹连接线缆

提起2～4mm

敲击法焊接

敲击

确保电弧稳定燃烧

图 2-32　电焊设备的使用方法

2.3 常用检测仪表的特点与使用

2.3.1 验电器的种类、特点与使用

验电器是用来检测导线和电气设备是否带电的安全用具，按照检测电压可分为高压验电器和低压验电器。

1. 高压验电器的特点与使用

高压验电器多用于检测 500V 以上的高压。图 2-33 为高压验电器的实物外形。

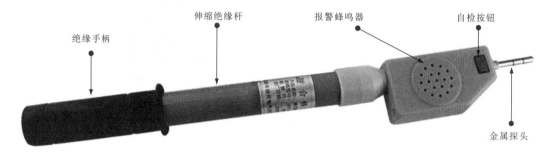

绝缘手柄　　　伸缩绝缘杆　　　报警蜂鸣器　　　自检按钮

金属探头

图 2-33　高压验电器的实物外形

资料与提示

高压验电器可分为接触式高压验电器和非接触式高压验电器。接触式高压验电器由绝缘手柄、金属探头、伸缩绝缘杆、报警蜂鸣器等构成；感应式高压验电器无金属探头，通过感应的方式进行验电操作。

图 2-34 为高压验电器的使用方法。

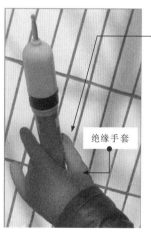

在使用时，必须佩戴符合耐压要求的绝缘手套，并将伸缩绝缘杆调节至需要的长度并固定，以方便操作

绝缘手套

将高压验电器慢慢靠近待测电气设备或供电线路，直至接触到待测电气设备或供电线路。在该过程中，若高压验电器无任何反应，则表明待测电气设备或供电线路不带电；若高压验电器发光或发声，则表明待测电气设备或供电线路带电，此时停止靠近，完成验电操作

高压验电器

图 2-34　高压验电器的使用方法

2. 低压验电器的特点和使用方法

低压验电器用于检测 12～500V 的低压，外形较小，便于携带，多为螺丝刀形或钢笔形，常见的有低压氖管验电器和低压电子验电器。

图 2-35 为低压验电器的实物外形和使用方法。

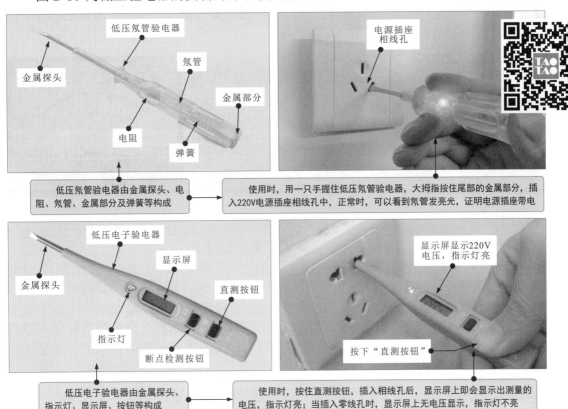

低压氖管验电器由金属探头、电阻、氖管、金属部分及弹簧等构成

使用时，用一只手握住低压氖管验电器，大拇指按住尾部的金属部分，插入 220V 电源插座相线孔中，正常时，可以看到氖管发亮光，证明电源插座带电

低压电子验电器由金属探头、指示灯、显示屏、按钮等构成

使用时，按住直测按钮，插入相线孔后，显示屏上即会显示出测量的电压，指示灯亮；当插入零线孔时，显示屏上无电压显示，指示灯不亮

图 2-35　低压验电器的实物外形和使用方法

2.3.2 万用表的种类、特点与使用

万用表是一种多功能、多量程的便携式测量仪表。根据结构原理和使用特点的不同，万用表主要可以分为指针万用表和数字万用表，如图 2-36 所示。

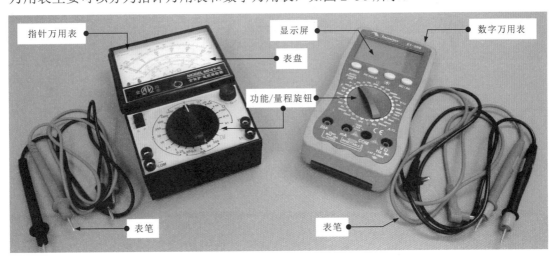

图 2-36　万用表的实物外形

在电工作业中，常使用指针万用表测量电路的电流、电压、电阻。测量时，应根据测量环境和测量项目调整设置挡位量程，并按照操作规范，将指针万用表的红、黑表笔搭在相应的测量位置，如图 2-37 所示。

在测量前设定测量功能和量程。

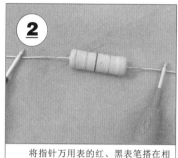

将指针万用表的红、黑表笔搭在相应的测量位置。

读取测量结果，完成检测。

图 2-37　指针万用表的使用方法

数字万用表可以直接将测量结果以数字的方式显示出来，具有显示清晰、读取准确等特点。

数字万用表的使用方法与指针万用表基本类似。在测量时，首先按下数字万用表的电源按钮，然后根据测量项目设置量程，即可通过表笔与检测点接触完成测量，如图 2-38 所示。

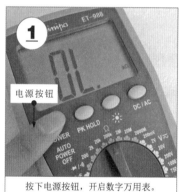

电源按钮

按下电源按钮，开启数字万用表。

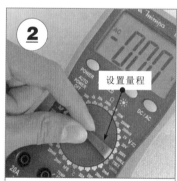

设置量程

根据测量项目设置量程。

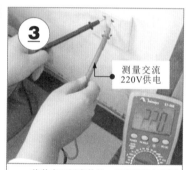

测量交流220V供电

将数字万用表的红、黑表笔搭在检测点上测量。

图 2-38　数字万用表的使用方法

2.3.3 兆欧表的种类、特点与使用

兆欧表也称绝缘电阻表，主要用来检测电气设备及线缆的绝缘电阻或高值电阻，可以测量所有导电型、抗静电型及静电泄放型材料的电阻。

兆欧表有很多种类，常使用的有数字兆欧表和指针兆欧表，如图 2-39 所示。

使用兆欧表测量绝缘电阻的方法比较简单，连接好测试线，将测试夹夹在待测设备上即可。

图 2-40 为兆欧表的使用方法（以指针兆欧表为例）。

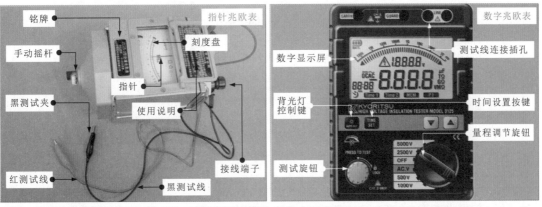

图 2-39　兆欧表的实物外形

拧松L接线端子。

固定红色测试线。

拧松E接线端子，固定黑色测试线。

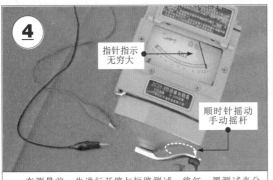

在测量前，先进行开路与短路测试：将红、黑测试夹分开，顺时针摇动手动摇杆，指针指示无穷大。

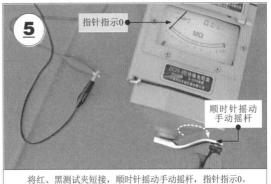

将红、黑测试夹短接，顺时针摇动手动摇杆，指针指示0。

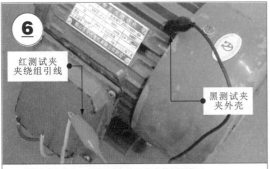

测量时，将红、黑测试夹分别夹在待测部位。

顺时针摇动手动摇杆，观察指针指示，即可根据指示结果判断待测设备的绝缘性能是否正常。

图 2-40　兆欧表的使用方法

使用兆欧表测量时，应用力按住兆欧表，防止在摇动手动摇杆时晃动。摇动手动摇杆时应由慢渐快，如发现指针指示0，则不要再继续摇动，以防止兆欧表内部线圈损坏。在测量完成后，应立即将被测设备放电，在手动摇杆未停止转动和被测设备未放电前，不可用手触及被测设备或拆除测试线，以防止触电。

◆ 2.3.4 钳形表的种类、特点与使用

钳形表是一种可以检测电气设备或线缆中电流、电压、电阻及漏电电流的常用检测仪表。

图2-41为钳形表的实物外形。钳形表主要由钳头、钳头扳机、锁定开关、功能旋钮、显示屏、表笔插孔和红、黑表笔等构成。

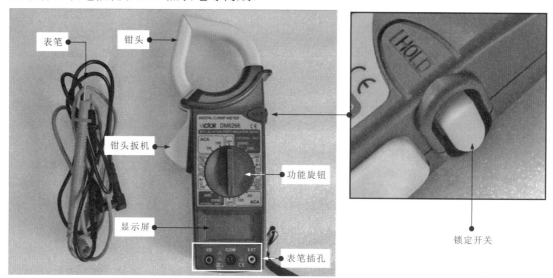

图 2-41　钳形表的实物外形

使用钳形表检测线缆中的电流时，先根据所检测线缆中通过的额定电流，选择比额定电流大的挡位，然后打开钳头，套住线缆，读取显示屏上的数值即可。

图2-42为钳形表的使用方法。

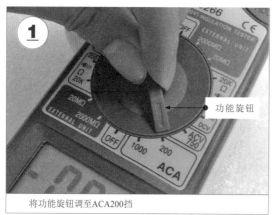

将功能旋钮调至ACA200挡

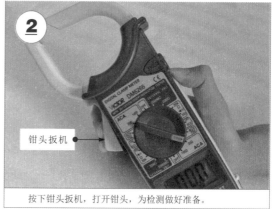

按下钳头扳机，打开钳头，为检测做好准备。

图 2-42　钳形表的使用方法

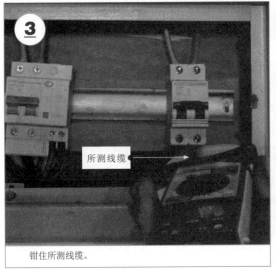

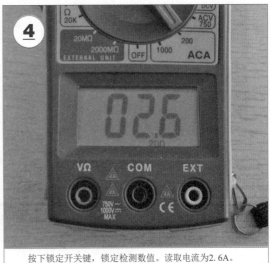

| 钳住所测线缆。 | 按下锁定开关键，锁定检测数值。读取电流为 2.6A。 |

图 2-42　钳形表的使用方法（续）

2.3.5　场强仪的种类、特点与使用

场强仪主要用于测量卫星及广播电视系统中各频道的电视信号、电平、图像载波电平、伴音载波电平、载噪比、交流声（哼声干扰 HUM）、频道和频段的频率响应、图像/伴音比等。

图 2-43 为场强仪的实物外形。

便携式模拟场强仪

手持式数/模两用场强仪

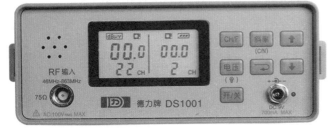

便携式数字场强仪

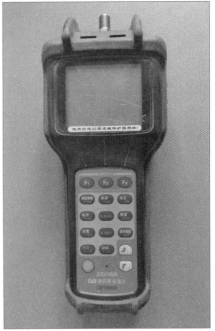

手持式数字场强仪

图 2-43　场强仪的实物外形

图 2-44 为手持式数字场强仪的外部结构，主要是由 RF 转接头、液晶显示屏、操作按键、电源开关、充电指示灯、接口（串口和充电接口）等构成的。

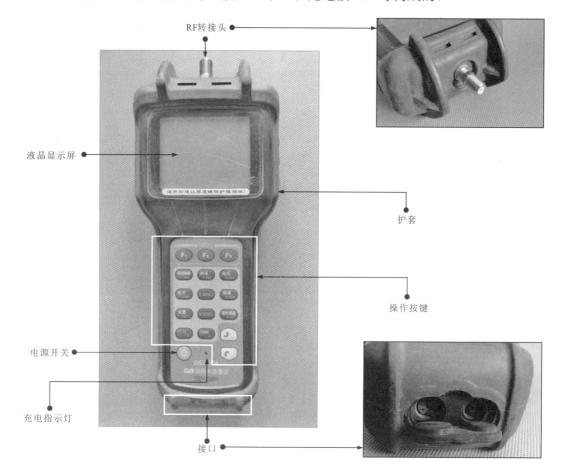

RF转接头

液晶显示屏

护套

操作按键

电源开关

充电指示灯

接口

图 2-44　手持式数字场强仪的外部结构

以检测有线电视信号系统中的信号强度为例。在有线电视信号系统中，如果干线放大器或分支、分配放大器出现故障，会出现无信号输出或某些频道信号强弱不均的情况，从而造成电视画面模糊或出现干扰的问题。此时，首先使用场强仪测量，然后根据测量结果排除故障。

检测电视信号强度包括检测楼道分配箱输出的信号强度、室内分配器进口端的信号强度和电视机所处位置的信号强度。一般楼道分配箱输出的信号强度为 60 ~ 75dB（入户侧），经过信号线直接到电视机的信号强度为 58 ~ 73dB。若经一个二分配器再到电视机，则信号强度一般衰减 2dB。

手持式数字场强仪测量室内分配器进口端信号强度的测量方法如图 2-45 所示。

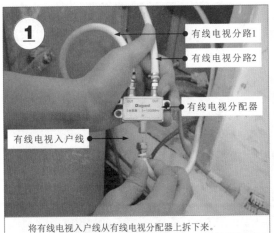

将有线电视入户线从有线电视分配器上拆下来。

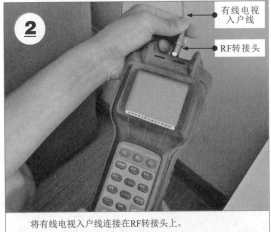

将有线电视入户线连接在RF转接头上。

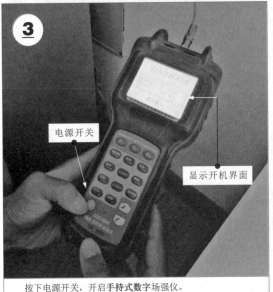

按下电源开关,开启**手持式数字场强仪**。

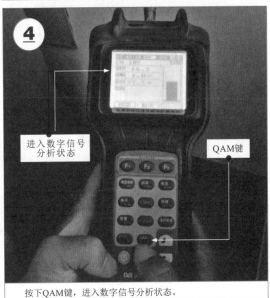

按下QAM键,进入数字信号分析状态。

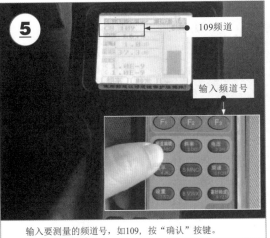

输入要测量的频道号,如109,按"确认"按键。

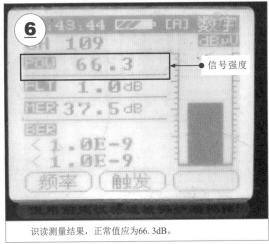

识读测量结果,正常值应为66.3dB。

图 2-45　手持式数字场强仪的测量方法

按"上""下"键或FNC键+数字键输入其他频道号，如50。

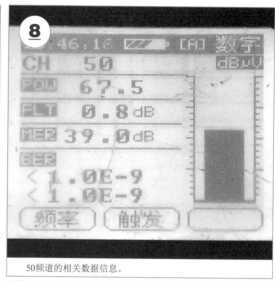

50频道的相关数据信息。

图 2-45　手持式数字场强仪的测量方法（续）

2.3.6　万能电桥的特点与使用

万能电桥的应用比较广泛，可以测量电阻器的阻值、电容器的电容量及其损耗因数、线圈的电感量及其品质因数（Q 值）等。

图 2-46 为万能电桥的实物外形。

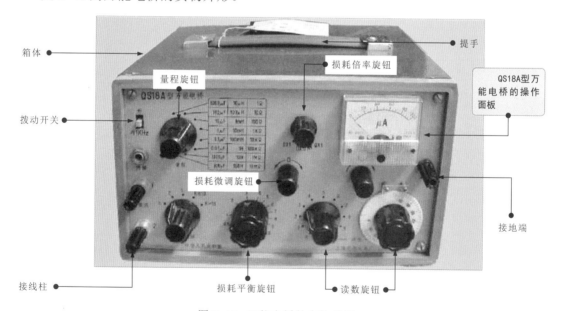

图 2-46　万能电桥的实物外形

在使用万能电桥检测时，应先根据被测器件调节量程，然后根据所测结果判断被测器件是否正常。

使用万能电桥检测电动机绕组的阻值如图 2-47 所示。

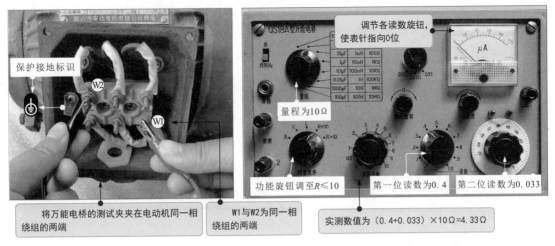

图 2-47　使用万能电桥检测电动机绕组的阻值

2.4　辅助工具的特点与使用

2.4.1　攀爬工具的种类、特点与使用

在电工操作中，常用的攀爬工具有梯子、登高踏板组件、脚扣等。

图 2-48 为攀爬工具的实物外形。

在使用直梯作业时，对站姿是有要求的，即一只脚要从比另一只脚所站梯步高两步的梯空中穿过；使用人字梯作业时，不允许站立在人字梯最上面的两挡，不允许骑马式作业，以防滑开摔伤。

图 2-49 为梯子的使用方法。

图 2-50 为登高踏板组件的使用方法。

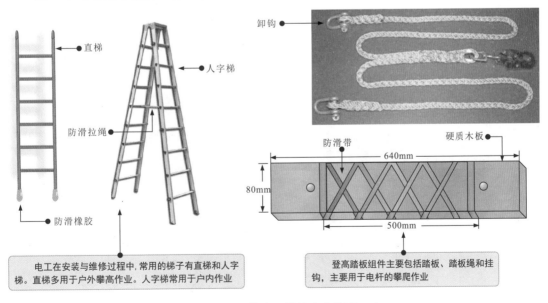

图 2-48　攀爬工具的实物外形

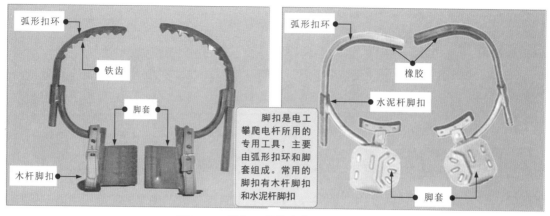

弧形扣环

铁齿

脚套

木杆脚扣

弧形扣环

橡胶

水泥杆脚扣

脚套

脚扣是电工攀爬电杆所用的专用工具，主要由弧形扣环和脚套组成。常用的脚扣有木杆脚扣和水泥杆脚扣

图 2-48 攀爬工具的实物外形（续）

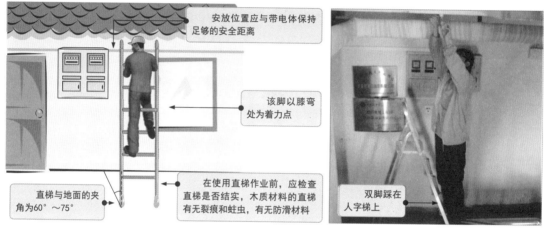

安放位置应与带电体保持足够的安全距离

该脚以膝弯处为着力点

直梯与地面的夹角为60°～75°

在使用直梯作业前，应检查直梯是否结实，木质材料的直梯有无裂痕和蛀虫，有无防滑材料

双脚踩在人字梯上

图 2-49 梯子的使用方法

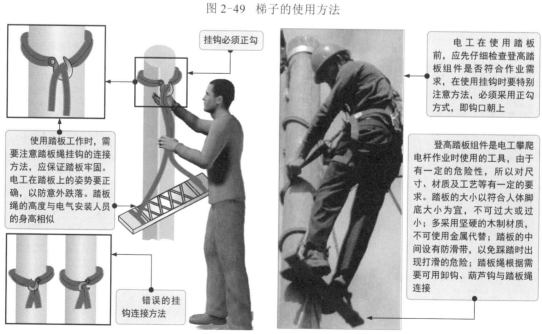

挂钩必须正勾

使用踏板工作时，需要注意踏板绳挂钩的连接方法，应保证踏板牢固。电工在踏板上的姿势要正确，以防意外跌落。踏板绳的高度与电气安装人员的身高相似

错误的挂钩连接方法

电工在使用踏板前，应先仔细检查登高踏板组件是否符合作业需求，在使用挂钩时要特别注意方法，必须采用正勾方式，即钩口朝上

登高踏板组件是电工攀爬电杆作业时使用的工具，由于有一定的危险性，所以对尺寸、材质及工艺等有一定的要求。踏板的大小以符合人体脚底大小为宜，不可过大或过小；多采用坚硬的木制材质，不可使用金属代替；踏板的中间设有防滑带，以免踩踏时出现打滑的危险；踏板绳根据需要可用卸钩、葫芦钩与踏板绳连接

图 2-50 踏板的使用方法

电工人员在使用脚扣攀爬时，应注意使用前的检查工作，即对脚扣也要做人体冲击试验，同时还要检查脚套是否牢固可靠，是否磨损或被腐蚀等，要根据电杆的规格选择合适的脚扣，攀爬时的每一步都要保证弧形扣环完整套住电杆，之后方能移动身体的着力点。图 2-51 为脚扣的使用方法。

图 2-51　脚扣的使用方法

2.4.2　防护工具的种类、特点与使用

在电工作业时，防护工具是必不可少的。防护工具根据功能和使用特点大致可分为头部防护设备、眼部防护设备、呼吸防护设备、面部防护设备、身体防护设备、手部防护设备、足部防护设备及辅助安全设备等。

图 2-52 为防护工具的实物外形。

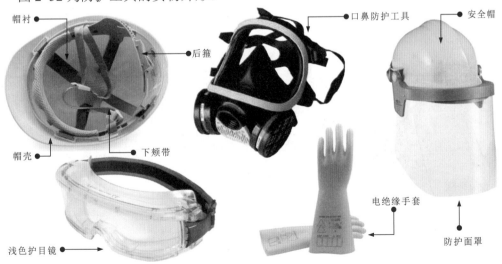

图 2-52　防护工具的实物外形

　　头部防护设备主要是安全帽，在进行家装电工作业时需佩戴安全帽，用于保护头部的安全。安全帽主要由帽壳、帽衬、下颊带及后箍组成。帽壳通常呈半球形，坚固、光滑，并且有一定的弹性，用于防止外力的冲击。

　　眼部防护设备主要用于保护操作人员眼部的安全。护目镜是最典型、最常用的眼部防护设备，作业时佩戴护目镜可以防止碎屑粉尘飞入眼中，起到防护的作用。

　　呼吸防护设备主要用于粉尘污染严重、有化学气体等环境。呼吸防护设备可以有效地对操作人员的口、鼻进行防护，避免气体污染对操作人员造成损伤。

　　手部防护设备是保护手和手臂的防护用品，主要有普通电工操作手套、电绝缘手套、焊接用手套、耐温防火手套及各类袖套等。

　　足部防护设备主要用于保护操作人员免受各种伤害，主要有保护足趾的安全鞋（靴）、电绝缘鞋、防穿刺鞋、耐酸碱胶靴、防静电鞋、耐高温鞋、耐油鞋等。

　　防护工具是用来防护人身安全的重要工具，在使用前，应首先对防护工具进行检查，并了解防护工具的安全使用规范。图 2-53 为防护工具的使用方法。

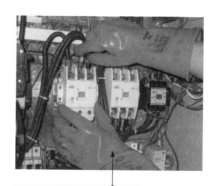

在作业时，佩戴护目镜可防止碎屑粉尘飞入眼中。除此之外，在高空作业时，佩戴护目镜可防止眼睛被眩光灼伤

在作业时，必须佩戴安全帽，保证操作人员的安全

电绝缘手套可以在电工操作中提供有效的安全作业保护

通常，对于灰尘较大的检修场所，电工检修人员佩戴防尘口罩即可。如果检修环境粉尘污染严重，则需要佩戴具备一定防毒功能的呼吸器。若检修的环境可能会有有害气体泄漏，则最好选择有供氧功能的呼吸机

足部防护设备

图 2-53　防护工具的使用方法

2.4.3 其他辅助工具的种类、特点与使用

除了以上常用的攀爬工具和防护工具，常用的辅助工具还有电工工具夹、腰带、户带、安全绳、安全带等。

图 2-54 为其他辅助工具的实物外形。

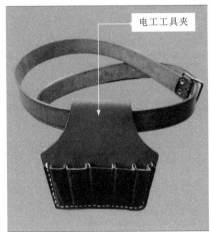
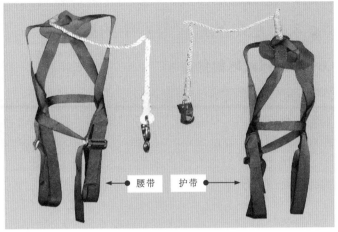

图 2-54 其他辅助工具的实物外形

电工工具夹应系在腰间，并根据电工工具夹上不同的钳套放置不同的工具；安全带要系在不低于作业者所处水平位置的可靠处，最好系在胯部，提高支撑力，不能系在作业者的下方位置，以防止坠落时加大冲击力，使作业者受伤。

图 2-55 为其他辅助工具的使用方法。

图 2-55 其他辅助工具的使用方法

第3章
电工安全与急救

3.1 触电的危害与产生的原因

3.1.1 触电的危害

触电是在电工作业中最常发生的，也是危害最大的一类事故。触电所造成的危害主要体现在，当人体接触或接近带电体造成触电事故时，电流流经人体可对接触部位和人体内部器官等造成不同程度的伤害，甚至威胁生命，造成严重的伤亡事故。

触电电流是造成人体伤害的主要原因。触电电流的大小不同，引起的伤害也会不同。触电电流按照伤害大小可分为感觉电流、摆脱电流、伤害电流和致死电流，如图3-1所示。

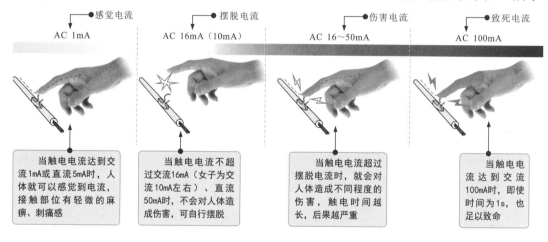

图 3-1　触电电流的大小

根据触电电流危害程度的不同，触电的危害主要表现为"电伤"和"电击"两大类。其中，"电伤"主要是电流通过人体某一部位或电弧效应造成人体表面伤害，主要表现为烧伤或灼伤，如图3-2所示。

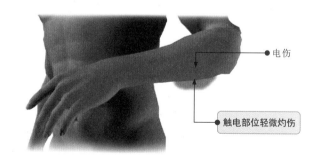

图 3-2　电伤对人体的危害

在一般情况下，虽然"电伤"不会直接造成十分严重的伤害，但可能会因电伤造成精神紧张等情况，从而导致摔倒、坠落等二次事故，间接造成严重危害，需要注意防范，如图3-3所示。

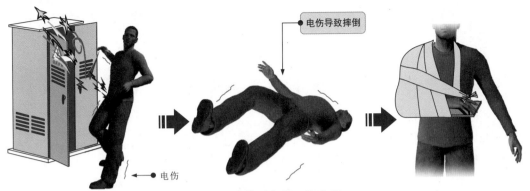

图 3-3　电伤引起的二次伤害

"电击"是电流通过人体内部造成内部器官，如心脏、肺部和中枢神经等损伤。电流通过心脏时的危害性最大。相比较来说，"电击"比"电伤"造成的危害更大，如图3-4所示。

电流从手到脚，流经人体内部器官，伤害性极大

图 3-4　电击对人体的伤害

值得一提的是，不同触电电流的频率对人体造成的损害会有差异。实验证明，触电电流的频率越低，对人体的伤害越大，频率为 40～60Hz 的交流电对人体更为危险。随着频率的增大，触电的危险程度会下降。

除此之外，人体自身的状况也在一定程度上会影响触电造成的伤害。身体健康状况、精神状态及表面皮肤的干燥程度、触电的接触面积和穿着服饰的导电性都会对触电伤害造成影响。

3.1.2 触电产生的原因

人体组织的 60% 都是由含有水分的导电物质组成的。人体是导体，当人体接触设备的带电部分并形成电流通路时，就会有电流流过人体并造成触电，如图3-5 所示。

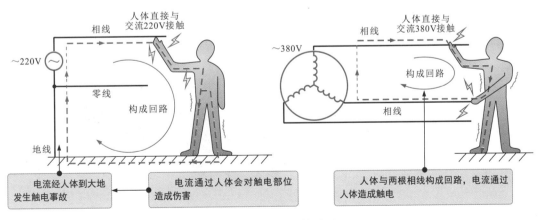

图 3-5　人体触电的原因

触电事故产生的原因多种多样，大多是因在电工作业时疏忽或违规操作，使人体直接或间接接触带电部位造成的。除此之外，设备安全措施不完善、安全防护不到位、安全意识薄弱、作业环境条件不良等都是引发触电事故的常见原因。

※ 1. 在电工作业时疏忽或违规操作易引发触电事故

电工人员在连接线路时，因为操作不慎，手碰到线头引起单相触电事故，或者因为未在线路开关处悬挂警示标识，没有留守监护人员，致使在不知情的情况下闭合开关，导致正在操作的电工人员发生单相触电，如图3-6所示。

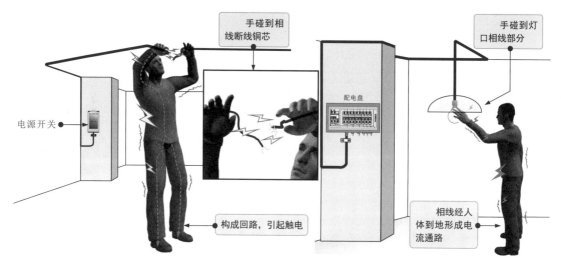

图 3-6　在电工作业时疏忽或违规操作易引发触电事故

资料与提示

单相触电是在电气安装、调试与维修操作中最常见的一类事故，是在地面上或在其他接地体上，人体的某一部位触及带电设备或线路中的相线时，电流通过人体经大地回到中性点引起触电。

※ 2. 设备安全措施不完善易引发触电事故

电工人员在作业时，若工具绝缘失效、绝缘防护措施不到位、未正确佩戴绝缘防护工具等，极易碰到带电设备或线路，进而造成触电事故，如图3-7所示。

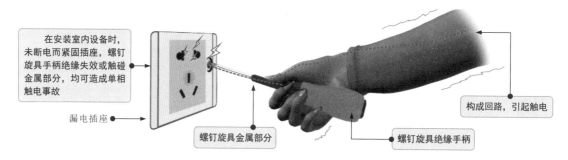

图 3-7　设备安全措施不完善引发触电事故

❋ 3. 安全防护不到位易引发触电事故

电工人员在进行线路调试或维修时，未佩戴绝缘手套、绝缘鞋等防护措施，碰到裸露的电线（正常工作中的配电线路，有电流流过），造成单相触电事故，如图3-8所示。

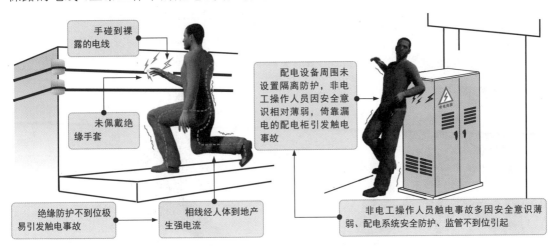

图 3-8　安全防护不到位易引发触电事故

❋ 4. 安全意识薄弱易引发触电事故

由于电工作业的危险性，因此要求所有的电工作业人员必须具备强烈的安全意识，安全意识薄弱易引发触电事故，如图3-9所示。

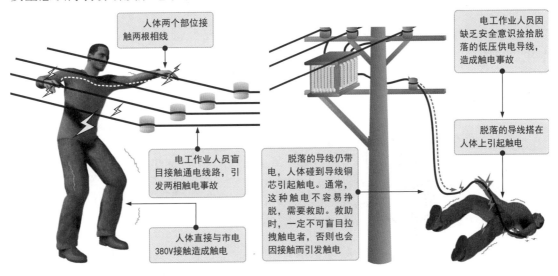

图 3-9　安全意识薄弱易引发触电事故

资料与提示

两相触电是人体的两个部位同时触及两相带电体（三根相线中的两根）所引起的触电事故。人体承受的是交流380V电压，危险程度远大于单相触电，轻则导致烧伤或致残，严重会引起死亡。

5. 缺乏安全常识引发触电事故

当一些电力线路或设备出现不明显的安全隐患时，电工作业人员因缺乏必要的安全常识也可能误闯入触电区域而引发触电事故，如跨步触电，如图 3-10 所示。

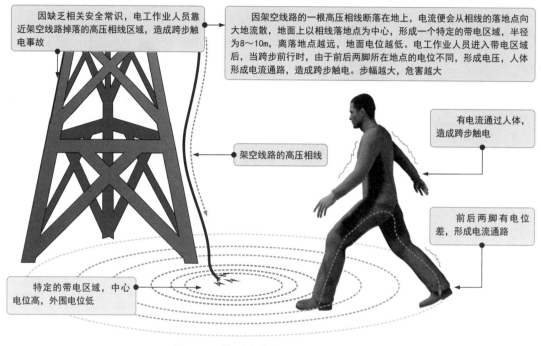

图 3-10　缺乏安全常识引发触电事故

6. 环境条件不良引起触电事故

在雷电天气，当电工作业人员接触金属物体、导线等容易被引入的雷电击中引起触电，如图 3-11 所示。

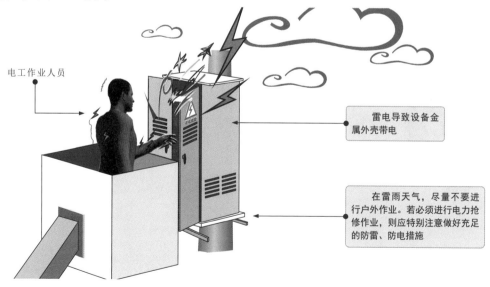

图 3-11　环境条件不良引起触电事故

3.2 触电的防护措施与应急处理

3.2.1 防止触电的基本措施

由于触电的危害性较大，造成的后果非常严重，因此为了防止触电的发生，必须采取可靠的安全技术措施。目前，常用的防止触电的基本措施主要有绝缘、屏护、间距、安全电压、漏电保护、保护接地与保护接零等。

1. 绝缘

绝缘是通过绝缘材料使带电体与带电体之间、带电体与其他物体之间电气隔离，使设备能够长期安全正常的工作，同时防止人体触及带电部分时发生触电事故。

良好的绝缘是设备和线路正常运行的必要条件，也是防止直接触电事故的重要措施，如图 3-12 所示。

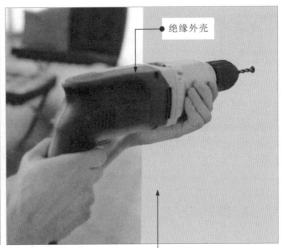

电工作业人员在拉合电气设备刀闸时，应佩戴绝缘手套，实现与电气设备操作杆之间的电气隔离

电工操作中的大多数工具、设备等采用绝缘材料制成的外壳或手柄，实现与内部带电部分的电气隔离

图 3-12 电工操作中的绝缘措施

资料与提示

目前，常用的绝缘材料有玻璃、云母、木材、塑料、胶木、布、纸、漆等。每种材料的绝缘性能和耐压数值不同，应视情况合理选择。绝缘手套、绝缘鞋及各种维修工具的绝缘手柄都可以起到绝缘防护的作用，如图 3-13 所示。其绝缘性能必须满足国家现行的绝缘标准。

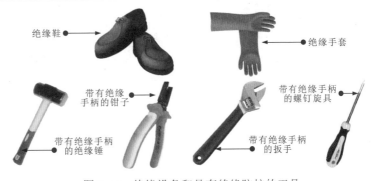

图 3-13 绝缘设备和具有绝缘防护的工具

绝缘材料在腐蚀性气体、蒸汽、粉尘、机械损伤的作用下，绝缘性能会下降，应严格按照电工操作规程进行操作，使用专业的检测仪对绝缘手套和绝缘鞋定期进行绝缘和耐高压测试，如图 3-14 所示。

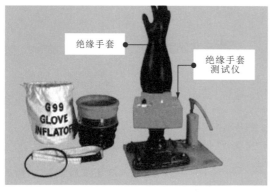 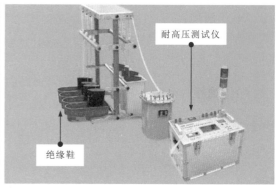

图 3-14 绝缘测试

绝缘工具的绝缘性能、绝缘等级通常为一年左右定期检测一次。防护工具通常为半年左右定期检测一次。常见绝缘工具和防护工具的定期检测参数见表 3-1。

表 3-1 常见绝缘工具和防护工具的定期检测参数

定期检测时间	防护工具	额定耐压(kV/min)	耐压时间（min）
半年	低压绝缘手套	8	1
	高压绝缘手套	2.5	1
	绝缘鞋	15	5
一年	高压验电器	105	1
	低压验电器	40	1

❋ 2. 屏护

屏护是使用防护装置将带电体所涉及的场所或区域隔离，如图 3-15 所示，防止电工作业人员和非电工作业人员因靠近带电体而引发直接触电事故。

图 3-15 屏护措施

常见的屏护措施有围栏屏护、护盖屏护、箱体屏护等。屏护装置必须具备足够的机械强度和较好的耐火性能。若材质为金属，则必须采取接地（或接零）处理，防止屏护装置意外带电造成触电事故。屏护应按电压等级的不同而设置。变配电设备必须安装完善的屏护装置。通常，室内围栏屏护的高度不应低于 1.2m；室外围栏屏护的高度不应低于 1.5m；栏条间距不应小于 0.2m。

☀ 3．间距

间距是在电工作业时，电工作业人员与设备之间、带电体与地面之间、设备与设备之间应保持的安全距离，如图 3-16 所示。正确的间距可以防止人体触电、电气短路、火灾等事故的发生。

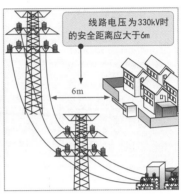

电工作业人员借助绝缘工具与电气设备保持安全距离

电工作业人员借助专用工具与电气设备保持安全距离

线路电压为330kV时的安全距离应大于6m

6m

图 3-16　间距措施

资料与提示

带电体的电压不同，类型不同，安装方式不同，电工作业时所需保持的间距也不一样。安全间距一般取决于电压、设备类型、安装方式等相关因素。表 3-2 为间距类型及说明。

表 3-2　间距类型及说明

间距类型	说明
线路间距	线路间距是厂区、市区、城镇低压架空线路的安全距离。在一般情况下，低压架空线路的导线与地面或水面的距离不应低于6m；330kV线路与附近建筑物之间的距离不应小于6m
设备间距	电气设备或配电装置应考虑搬运、检修、操作和试验的方便性。为确保安全，电气设备周围需要保持必要的安全通道。例如，在配电室内，低压配电设备正面通道的宽度，在单列布置时应不小于1.5m。另外，带电设备与围栏之间也应满足安全距离要求
检修间距	检修间距是在维护检修过程中，电工作业人员与带电体、停电设备之间必须保持足够的安全距离起重机械在架空线路附近作业时，要注意与线路导线之间应保持足够的安全距离

☀ 4．安全电压

安全电压是为了防止触电事故而规定的一系列不会危及人体的安全电压值，即把可能加在人体上的电压限制在某一范围内，该范围内的电压在人体内产生的电流不会造成伤害，如图 3-17 所示。

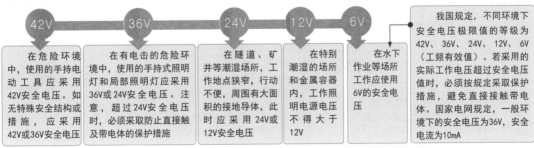

图 3-17　安全电压

资料与提示

需要注意，安全电压仅为特低电压的保护形式，不能认为采用了"安全"特低电压就可以绝对防止触电事故。安全特低电压必须由安全电源供电，如安全隔离变压器、蓄电池及独立供电的柴油发电机，即使在故障时，仍能确保输出端子上的电压不超过特低电压值。

5. 漏电保护

漏电保护是借助漏电保护器件实现对线路或设备的保护，防止人体触及漏电线路或设备时发生触电事故。

漏电是电气设备或线路绝缘损坏或因其他原因造成导电部分破损时，如果电气设备的金属外壳接地，此时电流就由电气设备的金属外壳经大地构成通路，形成电流，即漏电电流。当漏电电流达到或超过规定允许值（一般不大于 30mA）时，漏电保护器件能够自动切断电源或报警，可保证人身安全，如图 3-18 所示。

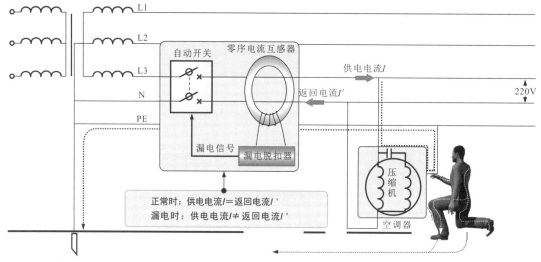

图 3-18　电工线路的漏电保护

6. 保护接地与保护接零

保护接地和保护接零是间接触电防护措施中最基本的措施，如图 3-19 所示。

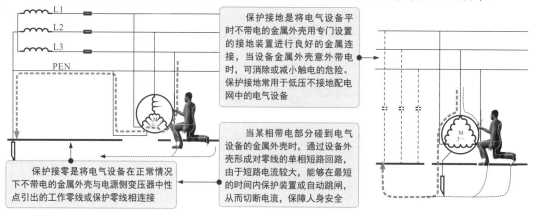

图 3-19　保护接地与保护接零

3.2.2 摆脱触电的应急措施

触电事故发生后，救护者要保持冷静，首先观察现场，推断触电原因，然后采取最直接、最有效的方法实施救援，让触电者尽快摆脱触电环境，如图 3-20 所示。

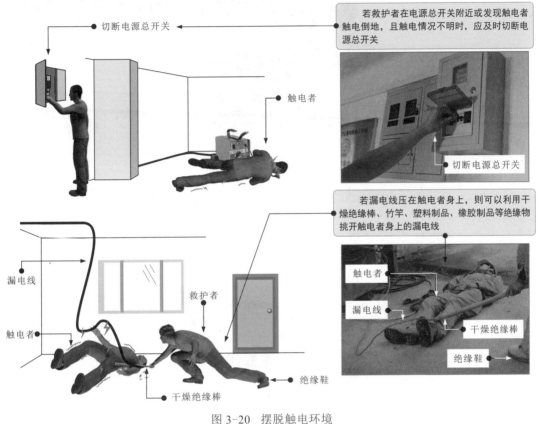

图 3-20　摆脱触电环境

资料与提示

特别注意，整个施救过程要迅速、果断，尽可能利用现有资源实施救援，以争取宝贵的救护时间，绝对不可直接拉拽触电者，否则极易造成连带触电。

3.2.3 触电急救的应急处理

触电者脱离触电环境后，不要随便移动，应将触电者仰卧，并迅速解开触电者的衣服、腰带等，保证正常呼吸，疏散围观者，保证周围空气畅通，同时拨打 120 急救电话，做好以上准备工作后，就可以根据触电者的情况进行相应的救护。

1. 呼吸、心跳情况的判断

当发生触电事故时，若触电者意识丧失，应在 10s 内迅速观察并判断触电者的呼吸和心跳情况，如图 3-21 所示。

若触电者神志清醒，但有心慌、恶心、头痛、头昏、出冷汗、四肢发麻、全身无力等症状，应让触电者平躺在地，并仔细观察触电者，最好不要让触电者站立或行走。

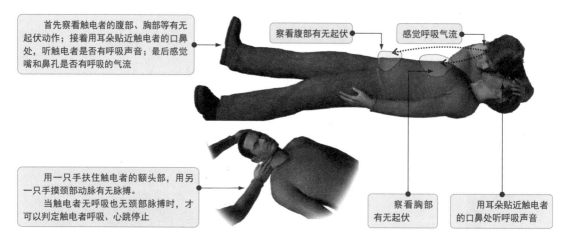

首先察看触电者的腹部、胸部等有无起伏动作；接着用耳朵贴近触电者的口鼻处，听触电者是否有呼吸声音；最后感觉嘴和鼻孔是否有呼吸的气流

察看腹部有无起伏

感觉呼吸气流

用一只手扶住触电者的额头部，用另一只手摸颈部动脉有无脉搏。
当触电者无呼吸也无颈部脉搏时，才可以判定触电者呼吸、心跳停止

察看胸部有无起伏

用耳朵贴近触电者的口鼻处听呼吸声音

图 3-21　触电的急救措施

若触电者已经失去知觉，但仍有轻微的呼吸和心跳，应让触电者就地仰卧平躺，让气道通畅，解开触电者的衣服及有碍于呼吸的腰带等，呼叫触电者或轻拍触电者肩部，判断触电者意识是否丧失。在触电者神志不清时，不要摇动触电者的头部或呼叫触电者。

图 3-22 为触电者的正确仰卧姿势。

解开触电者的衣服、腰带，使触电者的胸部和腹部能够自由扩张

当天气炎热时，应让触电者在阴凉的环境下休息。当天气寒冷时，应帮触电者保温并等待医生到来

鼻孔朝天

头部尽量后仰

颈部伸直

发现口腔内有异物，如食物、呕吐物、血块、脱落的牙齿、泥沙、假牙等，均应尽快清理，否则也可造成气道阻塞。无论选用何种畅通气道（开放气道）的方法，均应使耳垂与下颌角的连线和触电者仰卧的平面垂直，气道方可开放

图 3-22　触电者的正确仰卧姿势

※ 2. 急救处理

在通常的情况下，若正规医疗救援不能及时到位，而触电者已无呼吸，但是仍然有心跳时，应及时采用人工呼吸法救治。

在人工呼吸前，首先要确保触电者口鼻畅通，迅速采用正确规范的手法做好人工呼吸前的准备工作，如图 3-23 所示。

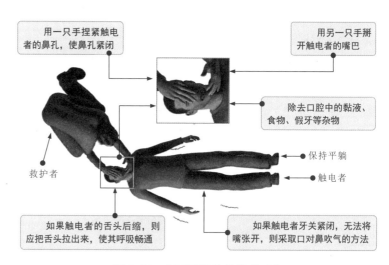

用一只手捏紧触电者的鼻孔，使鼻孔紧闭

用另一只手掰开触电者的嘴巴

除去口腔中的黏液、食物、假牙等杂物

救护者

保持平躺

触电者

如果触电者的舌头后缩，则应把舌头拉出来，使其呼吸畅通

如果触电者牙关紧闭，无法将嘴张开，则采取口对鼻吹气的方法

图 3-23　人工呼吸前的准备工作

做完前期准备后，开始进行人工呼吸，如图 3-24 所示。

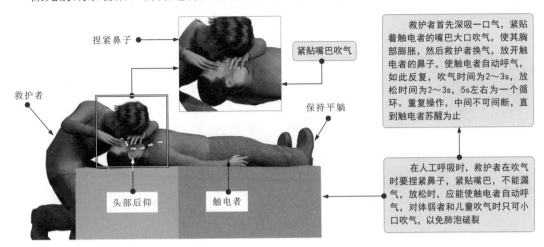

捏紧鼻子

紧贴嘴巴吹气

救护者

保持平躺

头部后仰

触电者

救护者首先深吸一口气，紧贴着触电者的嘴巴大口吹气，使其胸部膨胀，然后救护者换气，放开触电者的鼻子，使触电者自动呼气，如此反复，吹气时间为 2～3s，放松时间为 2～3s，5s 左右为一个循环。重复操作，中间不可间断，直到触电者苏醒为止

在人工呼吸时，救护者在吹气时要捏紧鼻子，紧贴嘴巴，不能漏气，放松时，应能使触电者自动呼气，对体弱者和儿童吹气时只可小口吹气，以免肺泡破裂

图 3-24　人工呼吸急救措施

若触电者的嘴巴或鼻子被电伤无法进行口对口人工呼吸或口对鼻人工呼吸时，也可以采用牵手呼吸法救治，如图 3-25 所示。

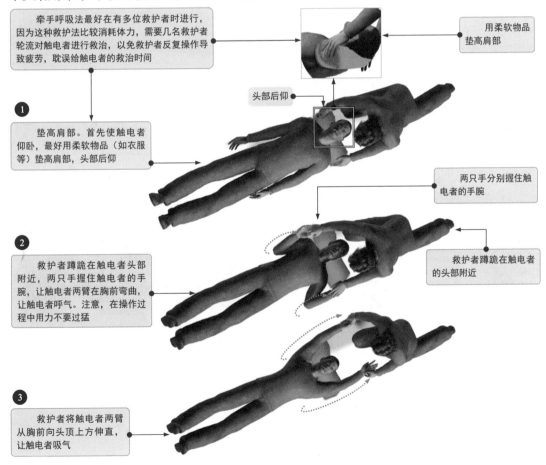

牵手呼吸法最好在有多位救护者时进行，因为这种救护法比较消耗体力，需要几名救护者轮流对触电者进行救治，以免救护者反复操作导致疲劳，耽误给触电者的救治时间

用柔软物品垫高肩部

头部后仰

① 垫高肩部。首先使触电者仰卧，最好用柔软物品（如衣服等）垫高肩部，头部后仰

两只手分别握住触电者的手腕

② 救护者蹲跪在触电者头部附近，两只手握住触电者的手腕，让触电者两臂在胸前弯曲，让触电者呼气。注意，在操作过程中用力不要过猛

救护者蹲跪在触电者的头部附近

③ 救护者将触电者两臂从胸前向头顶上方伸直，让触电者吸气

图 3-25　牵手呼吸法救治

在触电者心音微弱、心跳停止或脉搏短而不规则的情况下，可采用胸外心脏按压救治的方法帮助触电者恢复正常心跳，如图3-26所示。

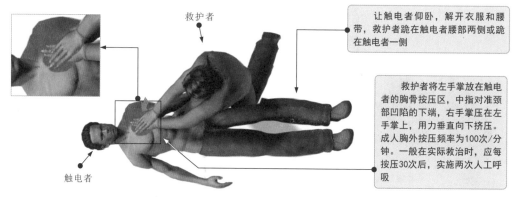

救护者

让触电者仰卧，解开衣服和腰带，救护者跪在触电者腰部两侧或跪在触电者一侧

救护者将左手掌放在触电者的胸骨按压区，中指对准颈部凹陷的下端，右手掌压在左手掌上，用力垂直向下挤压。成人胸外按压频率为100次/分钟。一般在实际救治时，应每按压30次后，实施两次人工呼吸

触电者

图3-26　胸外心脏按压救治

在抢救过程中，要不断观察触电者的面部动作，若嘴唇稍有开合，眼皮微微活动，喉部有吞咽动作，则说明触电者已有呼吸，可停止救助。如果触电者仍没有呼吸，则需要同时利用人工呼吸和胸外心脏按压法。如果触电者身体僵冷，医生也证明无法救治时，才可以放弃治疗。反之，如果触电者瞳孔变小，皮肤变红，则说明抢救收到了效果，应继续救治。

资料与提示

寻找正确的按压点：可将右手食指和中指沿着触电者的右侧肋骨下缘向上，找到肋骨和胸骨结合处的中点，如图3-27所示，将两根手指并齐，中指放置在胸骨与肋骨结合处的中点位置，食指平放在胸骨下部（按压区），将左手的手掌根紧挨着食指上缘置于胸骨上，将定位的右手移开，并将掌根重叠放在左手背上，有规律地按压即可。

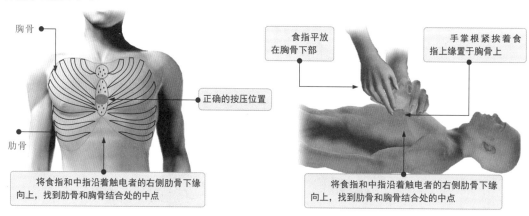

胸骨

食指平放在胸骨下部

手掌根紧挨着食指上缘置于胸骨上

正确的按压位置

肋骨

将食指和中指沿着触电者的右侧肋骨下缘向上，找到肋骨和胸骨结合处的中点

将食指和中指沿着触电者的右侧肋骨下缘向上，找到肋骨和胸骨结合处的中点

图3-27　胸外心脏按压救治的按压点

3.3　外伤急救与电气灭火

3.3.1　外伤急救措施

在电工作业过程中，碰触尖锐利器、电击、高空作业等可能会造成电工作业人员

被割伤、摔伤和烧伤等外伤事故，对不同的外伤要采用不同的急救措施。

☀ 1. 割伤

如图 3-28 所示，电工作业人员在被割伤出血时，需要用棉球蘸取少量的酒精或盐水将伤口清洗干净，为了保护伤口，用纱布（或干净的毛巾等）包扎。

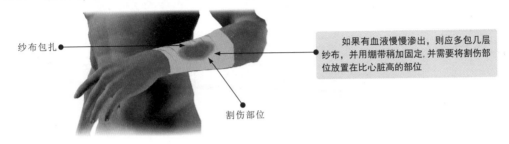

纱布包扎

如果有血液慢慢渗出，则应多包几层纱布，并用绷带稍加固定，并需要将割伤部位放置在比心脏高的部位

割伤部位

图 3-28　割伤处理

资料与提示

若经初步救护还不能止血或血液大量渗出，则要赶快呼叫救护车。在救护车到来以前，要压住割伤部位接近心脏的血管，并可用下列方法进行急救：

（1）手指割伤出血：割伤者可用另一只手用力压住割伤部位的两侧。

（2）手、手肘割伤出血：割伤者需要用四根手指用力压住上臂内侧隆起的肌肉，若压住后仍然出血不止，则说明没有压住出血的血管，需要重新改变手指的位置。

（3）上臂、腋下割伤出血：必须借助救护者来完成。救护者拇指向下、向内用力压住割伤者锁骨下凹处的位置即可。

（4）脚、胫部割伤出血：需要借助救护者来完成。首先让割伤者仰卧，将脚部微微垫高，救护者用拇指压住割伤者的股沟、腰部、阴部间的血管即可。

指压方式止血只是临时应急措施。若将手松开，则血还会继续流出。因此，一旦发生事故，要尽快呼叫救护车。在医生尚未到来时，若有条件，最好使用止血带止血，即割伤部位距离心脏较近的部位用止血带绑住，并用木棍固定，便可达到止血效果，如图 3-29 所示。止血带每隔 30min 左右就要松开一次，以便让血液循环；否则，割伤部位被捆绑的时间过长，会对割伤者造成危害。

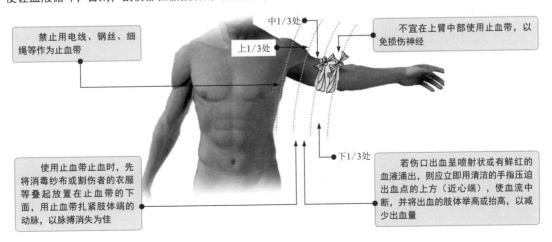

禁止用电线、钢丝、细绳等作为止血带

中1/3处

上1/3处

不宜在上臂中部使用止血带，以免损伤神经

使用止血带止血时，先将消毒纱布或割伤者的衣服等叠起放置在止血带的下面，用止血带扎紧肢体端的动脉，以脉搏消失为佳

下1/3处

若伤口出血呈喷射状或有鲜红的血液涌出，则应立即用清洁的手指压迫出血点的上方（近心端），使血流中断，并将出血的肢体举高或抬高，以减少出血量

图 3-29　止血带止血

2. 摔伤

在电工作业过程中，摔伤主要发生在一些登高作业中。摔伤急救的原则是先抢救、后固定。首先快速准确察看摔伤者的状态，然后根据受伤程度和部位进行相应的急救，如图 3-30 所示。

图 3-30　不同程度摔伤的急救措施

若摔伤者是从高处坠落的，并受挤压等，则可能有胸、腹内脏破裂出血，需采取恰当的急救措施，如图 3-31 所示。

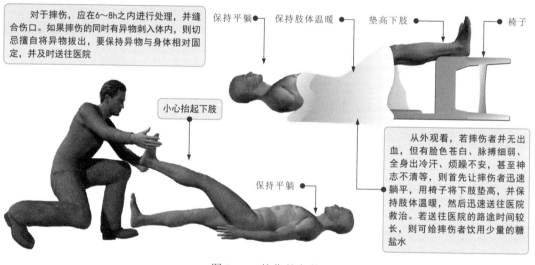

图 3-31　摔伤的急救

当肢体骨折时，一般使用夹板、木棍、竹竿等将骨折处的上、下两个关节固定，也可与身体固定，如图 3-32 所示，以免骨折部位移动，减少摔伤者的疼痛，防止伤势恶化。

图 3-32　肢体骨折的固定方法

图 3-33 为颈椎和腰椎骨折的急救措施。

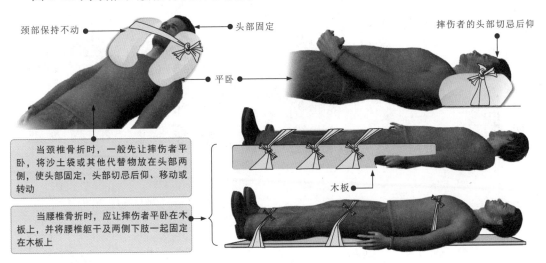

颈部保持不动　头部固定　摔伤者的头部切忌后仰　平卧

当颈椎骨折时，一般先让摔伤者平卧，将沙土袋或其他代替物放在头部两侧，使头部固定，头部切忌后仰、移动或转动

木板

当腰椎骨折时，应让摔伤者平卧在木板上，并将腰椎躯干及两侧下肢一起固定在木板上

图 3-33　颈椎和腰椎骨折的急救措施

资料与提示

值得注意的是，若为开放性骨折或大量出血，则应先止血、后固定，并用干净的布片覆盖伤口，迅速送往医院，切勿将外露的断骨推回伤口内。若没有出现开放性骨折，则最好也不要自行或让非医务人员揉、拉、捏、掰等，应等急救医生或到医院后让医务人员救治。

※ 3. 烧伤

烧伤多是由触电及火灾事故引起的。一旦出现烧伤，应及时对烧伤部位进行降温处理，并在降温的过程中小心除去衣物，以降低伤害，如图 3-34 所示。

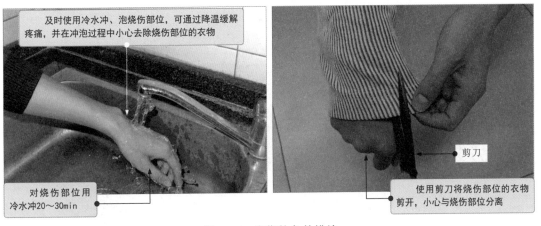

及时使用冷水冲、泡烧伤部位，可通过降温缓解疼痛，并在冲泡过程中小心去除烧伤部位的衣物

剪刀

对烧伤部位用冷水冲20～30min

使用剪刀将烧伤部位的衣物剪开，小心与烧伤部位分离

图 3-34　烧伤的急救措施

◈ 3.3.2 电气灭火应急处理

电气火灾是由电气设备或电气线路操作、使用或维护不当而直接或间接引发的火灾事故。一旦发生电气火灾事故，应及时切断电源，拨打火警电话 119 报警，并使用身边的灭火器灭火。

图 3-35 为几种电气火灾中常用灭火器的类型。

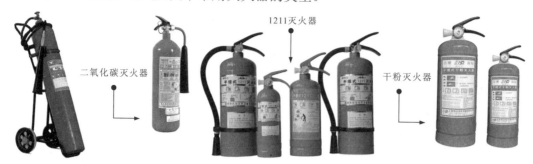

图 3-35　几种电气火灾中常用灭火器的类型

资料与提示

　　一般来说，对于电气线路引起的火灾，应选择干粉灭火器、二氧化碳灭火器、二氟一氯一溴甲烷灭火器（1211 灭火器）或二氟二溴甲烷灭火器灭火。这些灭火器中的灭火剂不具有导电性。

　　注意，电气火灾不能使用泡沫灭火器、清水灭火器或直接用水灭火，因为泡沫灭火器和清水灭火器都属于水基类灭火器，具有导电性。在使用灭火器前，应首先了解灭火器的基本结构组成，如图 3-36 所示。

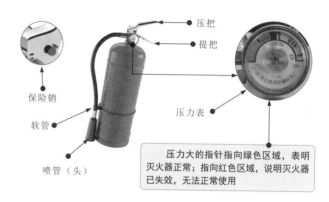

压力大的指针指向绿色区域，表明灭火器正常；指向红色区域，说明灭火器已失效，无法正常使用

图 3-36　灭火器的基本结构组成

　　在使用灭火器灭火时，要首先除掉灭火器的铅封，拔出位于灭火器顶部的保险销，然后压下压把，将喷管（头）对准火焰根部灭火，如图 3-37 所示。

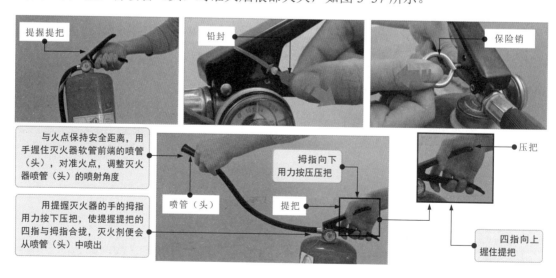

图 3-37　灭火器的使用方法

在灭火时，应与火点保持有效的喷射距离和安全角度（不超过45°），如图 3-38 所示，对火点由远及近，猛烈喷射，并用手控制喷管（头）左右、上下来回扫射，快速推进，保持灭火剂的猛烈喷射状态，直至将火扑灭。

值得注意的是，在扑救易燃液体火灾时，灭火器的喷管要尽可能压低，对准火焰根部，由远及近，左右扫射，切忌喷射角度过大，以防液体飞溅扩大火势，增加灭火难度

图 3-38　灭火器的操作要领

灭火人员在灭火过程中需要具备良好的心理素质，遇事不要惊慌，与火点保持安全距离和安全角度，严格按照操作规范进行灭火操作，如图 3-39 所示。

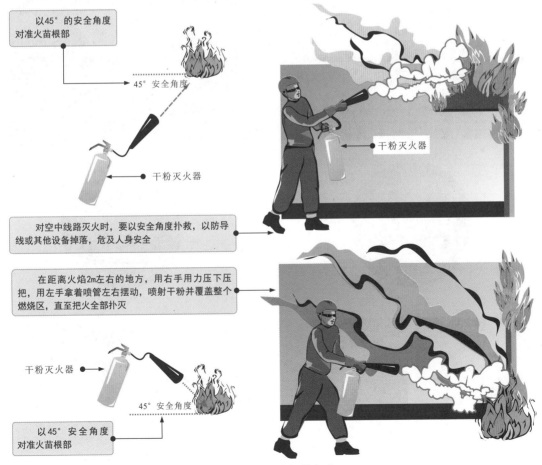

以45°的安全角度对准火苗根部

45°安全角度

干粉灭火器

干粉灭火器

对空中线路灭火时，要以安全角度扑救，以防导线或其他设备掉落，危及人身安全

在距离火焰2m左右的地方，用右手用力压下压把，用左手拿着喷管左右摆动，喷射干粉并覆盖整个燃烧区，直至把火全部扑灭

干粉灭火器

45°安全角度

以45°安全角度对准火苗根部

图 3-39　灭火操作规范

3.4 静电的危害与预防

3.4.1 静电的危害

静电是一种处于静止状态的电荷，通过相对运动、摩擦或接触会使电荷聚集在人体或其他物体上。

静电的危害主要有三个方面：一个方面是静电会直接影响生产，导致设备或产品故障，影响设备或产品的寿命等；第二个方面是静电的电击现象可导致操作失误，从而诱发人身事故或设备故障；第三个方面是静电可直接引发爆炸、火灾等事故。

1. 静电会影响生产

静电会对生产造成直接影响，如图 3-40 所示。静电可能引起电子设备故障或误动作，影响正常运行；静电易造成电磁干扰，引发无电线通信异常；静电会导致精密电子元器件内部击穿断路，造成设备故障；静电会加速元器件老化，降低设备使用寿命，妨碍生产。

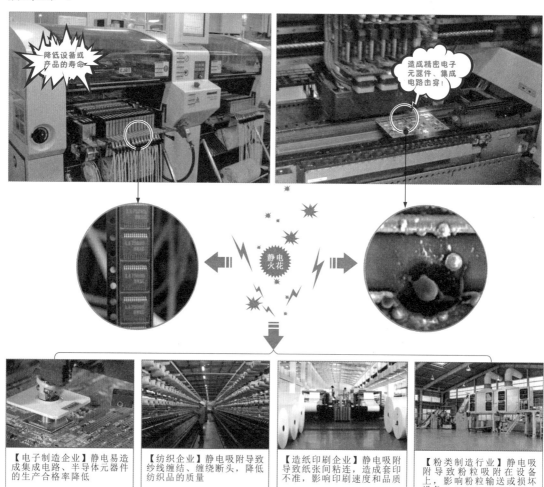

图 3-40　静电会对生产造成直接影响

❋ 2. 静电对人体的危害

静电会对人体造成电击的伤害。静电的电击伤害极易导致人体的应激反应，使电工作业人员动作失常，诱发触电、高空坠落或设备故障等二次故障，如图 3-41 所示。

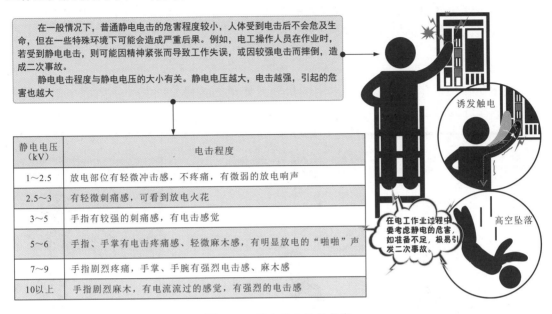

在一般情况下，普通静电电击的危害程度较小，人体受到电击后不会危及生命，但在一些特殊环境下可能会造成严重后果。例如，电工操作人员在作业时，若受到静电电击，则可能因精神紧张而导致工作失误，或因较强电击而摔倒，造成二次事故。

静电电击程度与静电电压的大小有关。静电电压越大，电击越强，引起的危害也越大

静电电压（kV）	电击程度
1～2.5	放电部位有轻微冲击感，不疼痛，有微弱的放电响声
2.5～3	有轻微刺痛感，可看到放电火花
3～5	手指有较强的刺痛感，有电击感觉
5～6	手指、手掌有电击疼痛感、轻微麻木感，有明显放电的"啪啪"声
7～9	手指剧烈疼痛，手掌、手腕有强烈电击感、麻木感
10以上	手指剧烈麻木，有电流流过的感觉，有强烈的电击感

诱发触电

高空坠落

在电工作业过程中要考虑静电的危害，如准备不足，极易引发二次事故。

图 3-41 静电对人体的危害

❋ 3. 静电会引发爆炸、火灾等重大事故

静电放电时会产生火花。火花在易燃易爆或粉尘、油雾、气体等生产场所（如加油站、煤矿、矿井等）极易引发爆炸和火灾。这也是由静电造成的最严重危害，如图 3-42 所示。

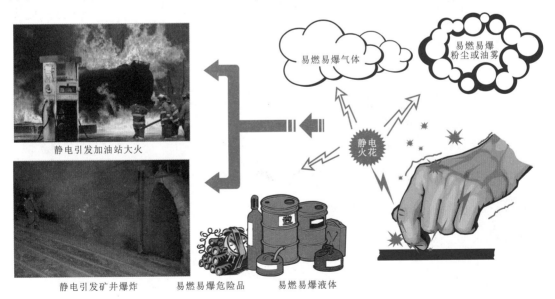

静电引发加油站大火

静电引发矿井爆炸　　易燃易爆危险品　　易燃易爆液体

易燃易爆气体

易燃易爆粉尘或油雾

静电火花

图 3-42 静电会引发爆炸、火灾

3.4.2 静电的预防

静电的预防是为防止静电积累所引起的人身电击、电子设备失误、电子元器件失效和损坏,严重的火灾和爆炸事故,以及对生产制造业的妨碍等危害所采取的防范措施。

目前,预防静电的关键是限制静电的产生、加快静电的释放、进行静电的中和等,常采用的措施主要包括接地、搭接、增加湿度、静电中和、使用抗静电剂等。

1. 接地

接地是预防静电最简单、最常用的措施。接地的关键是将物体上的静电电荷通过接地导体释放到大地中。

接地分为人体接地和设备接地,如图 3-43 所示。

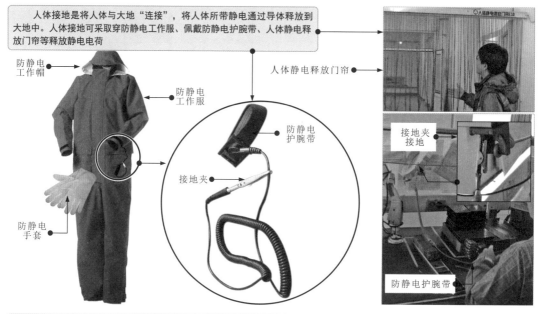

人体接地是将人体与大地"连接",将人体所带静电通过导体释放到大地中。人体接地可采取穿防静电工作服、佩戴防静电护腕带、人体静电释放门帘等释放静电电荷

防静电工作帽

防静电工作服

防静电护腕带

接地夹

防静电手套

人体静电释放门帘

接地夹接地

防静电护腕带

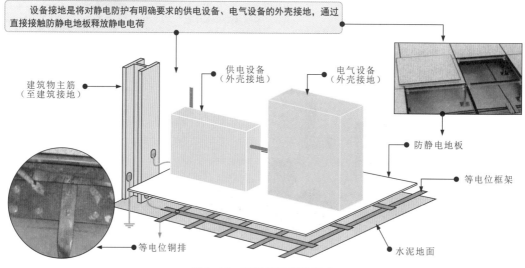

设备接地是将对静电防护有明确要求的供电设备、电气设备的外壳接地,通过直接接触防静电地板释放静电电荷

建筑物主筋(至建筑接地)

供电设备(外壳接地)

电气设备(外壳接地)

防静电地板

等电位框架

等电位铜排

水泥地面

图 3-43 采用接地预防静电

2. 搭接

搭接是将距离较近（小于 100mm）的两个及两个以上独立的金属导体，如金属管道之间、金属管道与容器之间进行电气连接，使其相互之间基本处于相同的电位，防止静电积累，如图 3-44 所示。

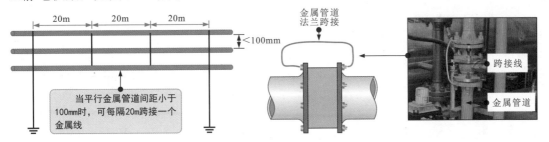

图 3-44 采用搭接方法预防静电

3. 增加湿度

增加湿度是指增加空气湿度，利于静电电荷的释放，并可有效限制静电电荷的积累。在一般情况下，空气湿度保持在 70% 以上有利于消除静电危害。

4. 静电中和

静电中和是借助静电中和器使空气分子电离出与静电电荷极性相反的电荷，从而达到消除静电的目的，如图 3-45 所示。静电中和比较适合消除绝缘体上的静电，已广泛应用在纺织、造纸、印刷等行业。

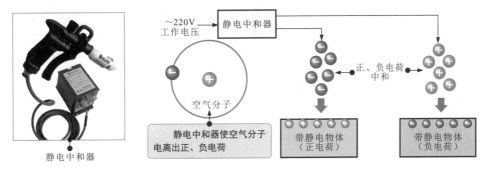

图 3-45 采用静电中和法预防静电

5. 使用抗静电剂

对于一些高绝缘材料，当无法有效释放静电电荷时，可采用添加抗静电剂的方法增大材料的电导率，使静电电荷加速释放，消除静电危害，如图 3-46 所示。

图 3-46 使用抗静电剂预防静电

第4章
常用低压电气部件的特点与检测

4.1 开关的功能特点与检测

开关是一种控制电路闭合、断开的电气部件，主要用于对自动控制电路发出操作指令，从而实现对电路的自动控制。

4.1.1 开关的功能特点

开关根据功能不同可分为开启式负荷开关、按钮开关、位置检测开关及隔离开关等，如图 4-1 所示。

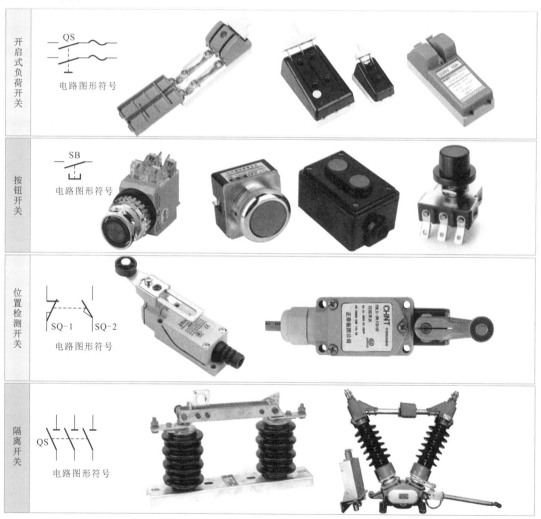

图 4-1 常用开关的实物外形

　　除此之外，控制电路应用的开关还有组合开关（转换开关）、万能转换开关、接近开关等。

　　开关的功能特点如图 4-2 所示。

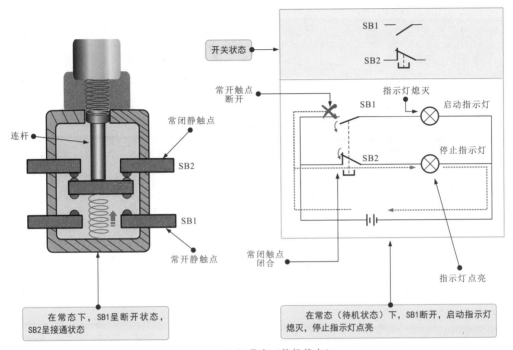

（a）常态（待机状态）

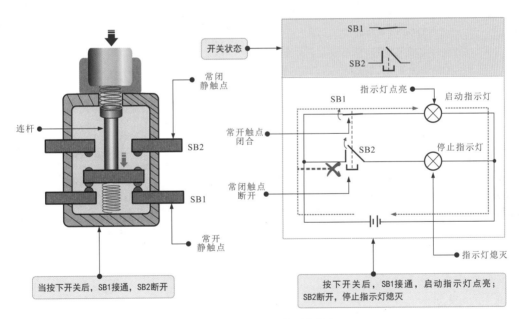

（b）按下开关后的状态

图 4-2　开关的功能特点

4.1.2 开关的检测

开关的应用广泛，功能相同，因此在检测开关时，检测触点的通、断状态即可判断好坏，如图4-3所示。

先将万用表调至欧姆挡，然后将两支表笔分别搭在复合按钮开关的两个常闭静触点上。

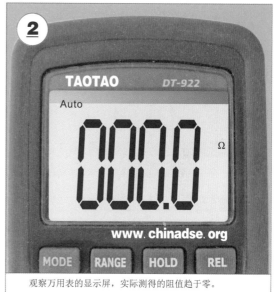

观察万用表的显示屏，实际测得的阻值趋于零。

按下复合按钮开关，将万用表的两支表笔分别搭在两个常闭静触点上。

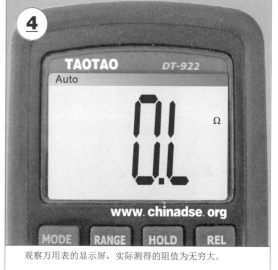

观察万用表的显示屏，实际测得的阻值为无穷大。

图4-3　开关的检测方法（以复合按钮开关为例）

资料与提示

若检测两个常开静触点，则测量结果正好相反，即在常态时，测得的阻值趋于无穷大，按下复合按钮开关后，测得的阻值应为零。

由于开关基本都应用在交流电路中（如220V、380V供电线路），电路中的电流较大，因此在检测时需要注意人身安全，确保在断电的情况下进行检测，以免造成触电事故。

4.2 接触器的结构特点与检测

接触器是一种由电压控制的开关装置，适用于远距离频繁地接通和断开的交、直流电路系统。

4.2.1 接触器的结构特点

接触器属于控制类器件，是电力拖动系统、机床设备控制线路、自动控制系统使用最广泛的低压电器之一，根据接触器触点通过电流的种类，主要可以分为交流接触器和直流接触器，如图 4-4 所示。

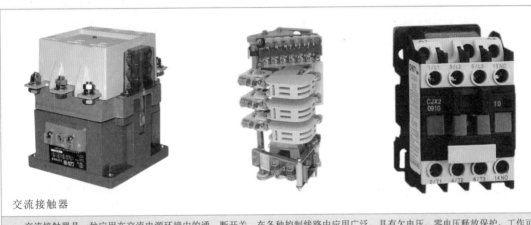

交流接触器

交流接触器是一种应用在交流电源环境中的通、断开关，在各种控制线路中应用广泛，具有欠电压、零电压释放保护、工作可靠、性能稳定、操作频率高、维护方便等特点。

直流接触器

直流接触器是一种应用在直流电源环境中的通、断开关，具有低电压释放保护、工作可靠、性能稳定等特点，多用在精密机床中控制直流电动机。

图 4-4 常见接触器的实物外形

交流接触器和直流接触器的工作原理和控制方式基本相同，都是通过线圈得电控制常开触点闭合、常闭触点断开，线圈失电控制常开触点复位断开、常闭触点复位闭合。

接触器的结构组成主要包括线圈、衔铁和触点等几部分。工作时，接触器的核心工作过程是在线圈得电的状态下，上下两块衔铁磁化，相互吸合，由衔铁动作带动触点动作，如常开触点闭合、常闭触点断开，如图 4-5 所示。

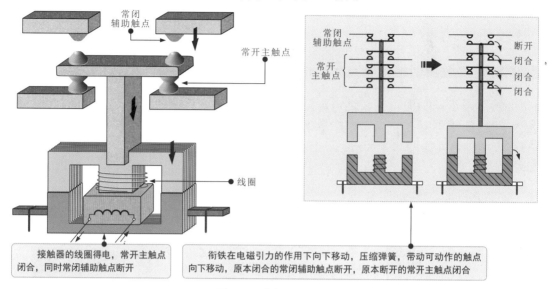

图 4-5　接触器的功能

在实际的控制电路中，接触器一般利用常开主触点接通或分断主电路及负载，用常闭辅助触点执行控制指令。例如，在如图 4-6 所示的水泵启、停控制电路中，交流接触器 KM 主要是由线圈、一组常开主触点 KM-1、两组常开辅助触点和一组常闭辅助触点构成的，闭合断路器 QS，接通三相电源后，380V 电压经交流接触器 KM 的常闭辅助触点 KM-3 为停机指示灯 HL2 供电，HL2 点亮；按下启动按钮 SB1，交流接触器 KM 线圈得电，常开主触点 KM-1 闭合，水泵电动机接通三相电源启动运转。

同时，常开辅助触点 KM-2 闭合实现自锁功能；常闭辅助触点 KM-3 断开，切断停机指示灯 HL2 的供电电源，HL2 随即熄灭；常开辅助触点 KM-4 闭合，运行指示灯 HL1 点亮，指示水泵电动机处于工作状态。

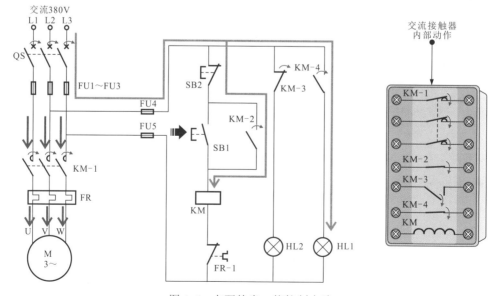

图 4-6　水泵的启、停控制电路

4.2.2 接触器的检测

检测接触器主要是检测接触器的内部线圈、开关触点之间的阻值。首先根据待测接触器的标识信息，明确各引脚的功能及主、辅触点类型（根据符号标识辨别常开触点或常闭触点）；然后分别检测线圈、触点（在闭合、断开两种状态下）的阻值。

图4-7为借助万用表检测接触器的实际操作方法。

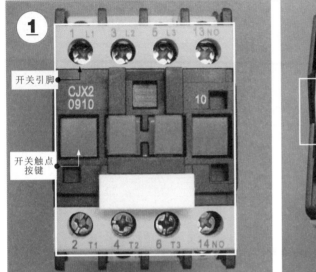
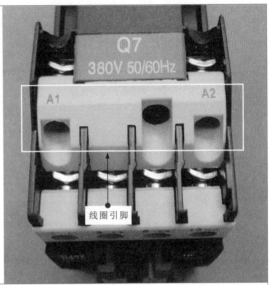

根据待测接触器的标识辨别各接线端子之间的连接关系：A1和A2为内部线圈引脚；L1和T1、L2和T2、L3和T3、NO连接端分别为内部开关引脚。

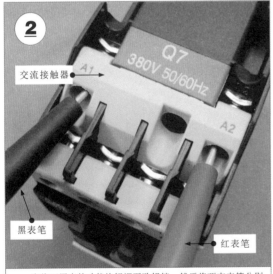
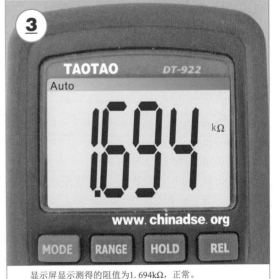

先将万用表的功能旋钮调至欧姆挡，然后将两支表笔分别搭在交流接触器的A1和A2引脚上。

显示屏显示测得的阻值为1.694kΩ，正常。

图4-7 借助万用表检测接触器的实际操作方法

将万用表的红、黑表笔分别搭在交流接触器的L1和T1引脚处,检测交流接触器内部触点的阻值。

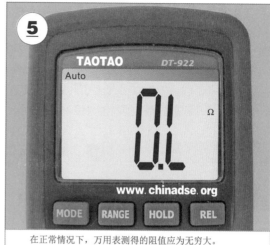

在正常情况下,万用表测得的阻值应为无穷大。

万用表的红、黑表笔保持不变,手动按动交流接触器上端的开关触点按键,使内部开关处于闭合状态。

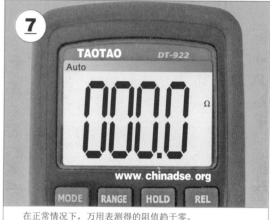

在正常情况下,万用表测得的阻值趋于零。

图 4-7　借助万用表检测接触器的实际操作方法（续）

资料与提示

使用同样的方法,将万用表的两支表笔分别搭在 L2 和 T2、L3 和 T3、NO 连接端,可检测内部开关的闭合和断开状态。

当交流接触器的内部线圈通电时,会使内部开关的触点吸合;当内部线圈断电时,内部触点断开。因此,在检测交流接触器时,需分别对内部线圈的阻值及内部开关在开启与闭合状态下的阻值进行检测。由于是在断电的状态下检测交流接触器的好坏,因此需要按动交流接触器上端的开关触点按键,强制将开关触点闭合。

通过以上的检测可知,判断交流接触器好坏的方法如下:

①若测得内部线圈有一定的阻值,内部开关在闭合状态下的阻值为零,在断开状态下的阻值为无穷大,则可判断该接触器正常。

②若测得内部线圈的阻值为无穷大或零,则表明内部线圈已损坏。

③若测得内部开关在断开状态下的阻值为零,则表明内部触点粘连损坏。

④若测得内部开关在闭合状态下的阻值为无穷大,则表明内部触点损坏。

⑤若测得内部四组开关中有一组损坏,均表明接触器损坏。

4.3 继电器的结构特点与检测

继电器可根据外界输入量控制电路的接通或断开，当输入量的变化达到规定要求时，控制量将发生预定的阶跃变化。其输入量可以是电压、电流等电量，也可以是非电量，如温度、速度、压力等。

4.3.1 继电器的结构特点

常见的继电器主要有电磁继电器、中间继电器、电流继电器、速度继电器、热继电器及时间继电器等，如图 4-8 所示。

电磁继电器

电磁继电器主要通过对较小电流或较低电压的感知实现对大电流或高电压的控制，多在自动控制电路中起自动控制、转换或保护作用。

中间继电器

中间继电器多用于自动控制电路中，通过对电压、电流等中间信号变化量的感知实现对电路通、断的控制。

电流继电器

电流继电器多用于自动控制电路中，通过对电流的检测实现自动控制、安全保护及转换等功能。

速度继电器

速度继电器又称转速继电器，多用于三相异步电动机反接制动电路中，通过感知电动机的旋转方向或转速实现对电路的通、断控制。

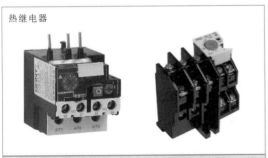

热继电器

热继电器主要通过感知温度的变化实现对电路的通、断控制，主要用于电路的过热保护。

时间继电器

时间继电器在控制电路中多用于实现延时通电控制或延时断电控制。

图 4-8　常见继电器的实物外形

图 4-9 为电磁继电器的功能。

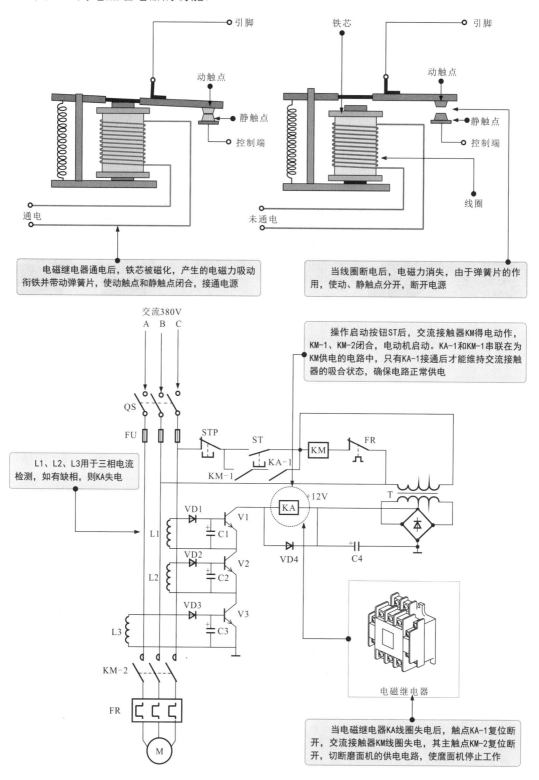

图 4-9 电磁继电器的功能

图 4-10 为时间继电器的功能。

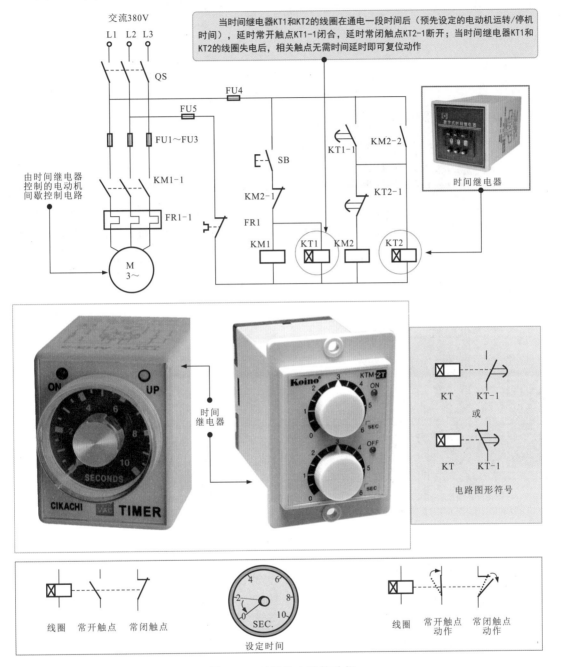

图 4-10　时间继电器的功能

　　时间继电器是在通过感测机构接收外界动作信号后，经过一段时间的延时才产生控制动作的继电器。时间继电器主要用于需要按时间顺序控制的电路进行延时接通和切断某些控制电路，当时间继电器的感测机构（感测元件）接收外界动作信号后，其触点需要在规定的时间内进行一个延迟操作，当时间到达后，触点才开始动作（或线圈失电一段时间后，触点才开始动作），常开触点闭合，常闭触点断开。

4.3.2 继电器的检测

检测继电器时，通常是在断电状态下检测内部线圈及引脚间的阻值。下面就以电磁继电器和时间继电器为例讲述继电器的检测方法。

图 4-11 为电磁继电器的检测方法。

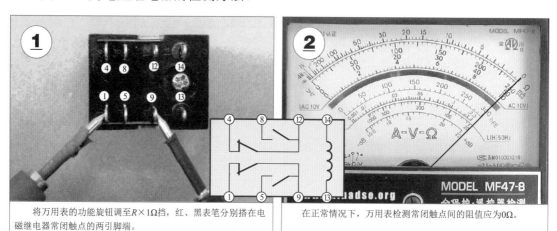

将万用表的功能旋钮调至 $R \times 1\Omega$ 挡，红、黑表笔分别搭在电磁继电器常闭触点的两引脚端。

在正常情况下，万用表检测常闭触点间的阻值应为 0Ω。

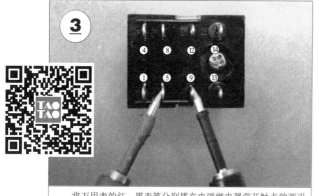

将万用表的红、黑表笔分别搭在电磁继电器常开触点的两引脚端。

在正常情况下，万用表检测常开触点间的阻值应为无穷大。

将万用表的红、黑表笔分别搭在电磁继电器线圈的两引脚端。

在正常情况下，万用表检测线圈间应有一定的阻值。

图 4-11　电磁继电器的检测方法

图 4-12 为时间继电器的检测方法。

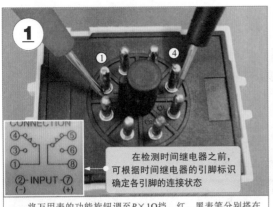

将万用表的功能旋钮调至R×1Ω挡，红、黑表笔分别搭在时间继电器的1脚和4脚。

在检测时间继电器之前，可根据时间继电器的引脚标识确定各引脚的连接状态

在正常情况下，万用表检测1脚和4脚间的阻值应为0Ω。

将万用表的红、黑表笔分别搭在时间继电器的5脚和8脚。

红表笔　黑表笔

在正常情况下，万用表检测5脚和8脚间的阻值应为0Ω。

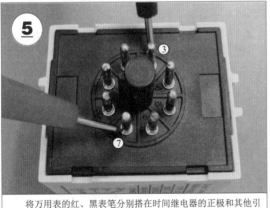

将万用表的红、黑表笔分别搭在时间继电器的正极和其他引脚端，如3脚。

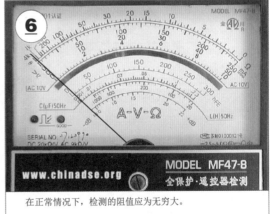

在正常情况下，检测的阻值应为无穷大。

图 4-12　时间继电器的检测方法

资料与提示

在未通电的状态下，时间继电器的1脚和4脚、5脚和8脚是闭合的，在通电并延迟一定的时间后，1脚和3脚、6脚和8脚是闭合的。闭合引脚间的阻值应为0Ω；未接通引脚间的阻值应为无穷大。

4.4 过载保护器的结构特点与检测

4.4.1 过载保护器的结构特点

过载保护器是在发生过电流、过热或漏电等情况下能自动实施保护功能的器件，一般采取自动切断线路实现保护功能。根据结构的不同，过载保护器主要可分为熔断器和断路器两大类。

图 4-13 为过载保护器的实物外形。

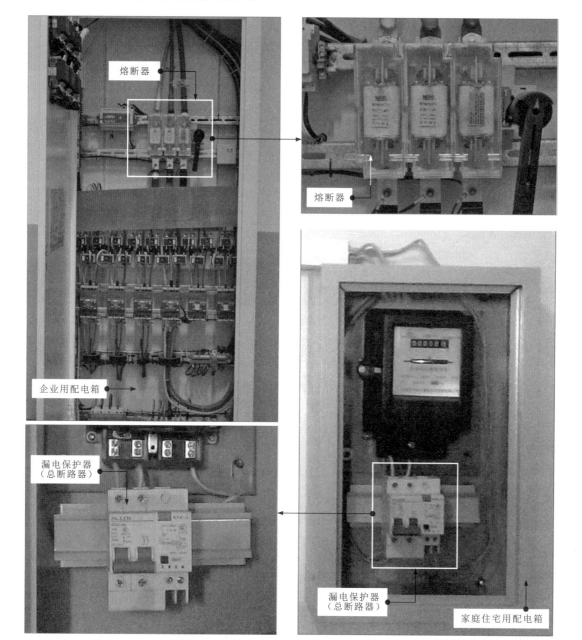

图 4-13　过载保护器的实物外形

　　熔断器是应用在配电系统中的过载保护器件。当系统正常工作时,熔断器相当于一根导线,起通路作用;当通过熔断器的电流大于规定值时,熔断器的熔体熔断,自动断开线路,对线路上的其他电气设备起保护作用。

　　断路器是一种可切断和接通负荷电路的开关器件,具有过载自动断路保护功能,根据应用场合主要可分为低压断路器和高压断路器。

　　图 4-14 为典型熔断器的工作原理示意图。

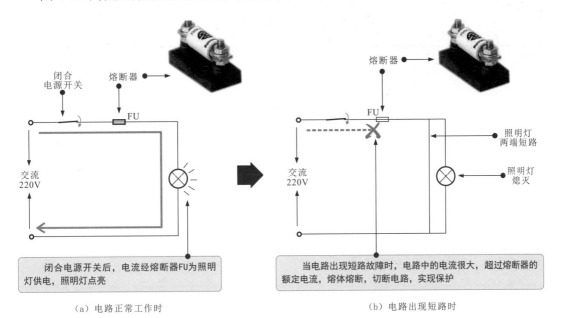

　　　　（a）电路正常工作时　　　　　　　　　　（b）电路出现短路时

图 4-14　典型熔断器的工作原理示意图

　　图 4-15 为典型断路器在通、断两种状态下的工作示意图。

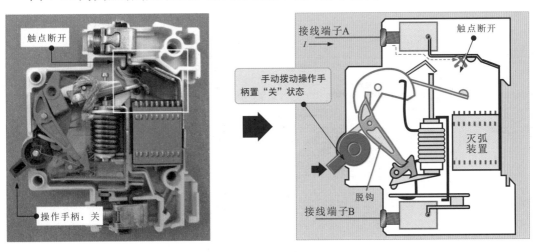

图 4-15　典型断路器在通、断两种状态下的工作示意图

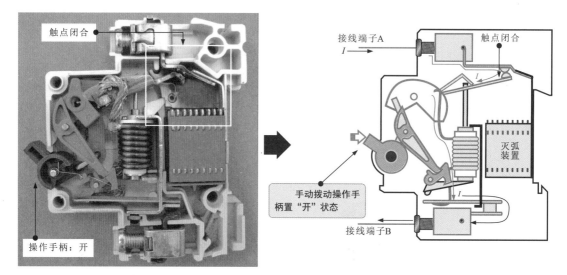

图 4-15　典型断路器在通、断两种状态下的工作示意图（续）

　　图中，当手动控制操作手柄置"开"状态时，操作手柄带动脱钩动作，连杆部分带动触点动作，触点闭合，电流经接线端子 A、触点、电磁脱扣器、热脱扣器后，由接线端子 B 输出。

　　当手动控制操作手柄置"关"状态时，操作手柄带动脱钩动作，连杆部分带动触点动作，触点断开，电流被切断。

4.4.2　过载保护器的检测

1. 熔断器的检测技能

　　熔断器的种类多样，检测方法基本相同。下面以插入式熔断器为例介绍检测方法，如图 4-16 所示。

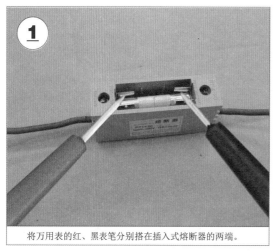

将万用表的红、黑表笔分别搭在插入式熔断器的两端。

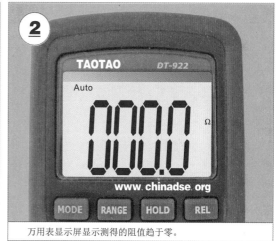

万用表显示屏显示测得的阻值趋于零。

图 4-16　熔断器的检测方法

检测插入式熔断器时，若测得的阻值很小或趋于零，则表明正常；若测得的阻值为无穷大，则表明内部熔丝已熔断。

2. 断路器的检测技能

断路器的种类多样，检测方法基本相同。下面以带漏电保护断路器为例介绍断路器的检测方法。在检测断路器前，首先观察断路器表面标识的内部结构图，判断各引脚之间的关系。

图 4-17 为带漏电保护断路器的检测方法。

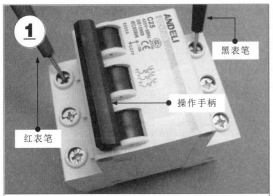

将红、黑表笔分别搭在带漏电保护断路器的两个接线端子上。

测得在断开状态下的阻值应为无穷大。

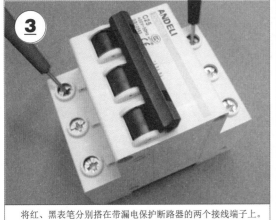

将红、黑表笔分别搭在带漏电保护断路器的两个接线端子上。

测得在闭合状态下的阻值应为0Ω。

图 4-17 带漏电保护断路器的检测方法

在检测断路器时可通过下列方法判断好坏：

①若测得各组开关在断开状态下的阻值均为无穷大，在闭合状态下均为零，则表明正常。

②若测得各组开关在断开状态下的阻值为零，则表明内部触点粘连损坏。

③若测得各组开关在闭合状态下的阻值为无穷大，则表明内部触点断路损坏。

④若测得各组开关中有任何一组损坏，均说明该断路器已损坏。

第5章
常用电子元器件的特点与检测

5.1 电阻器的特点与检测方法

5.1.1 电阻器的功能特点

电阻器简称电阻，是利用物质对所通过的电流产生阻碍作用这一特性制成的电子元器件，是电子产品中最基本、最常用的电子元器件之一。

在实际应用中，电阻器的种类多种多样，其实物外形如图5-1所示。

碳膜电阻器

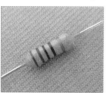
金属膜电阻器

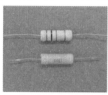
金属氧化膜电阻器

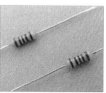
合成碳膜电阻器

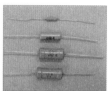
玻璃釉电阻器

水泥电阻器

排电阻器

熔断电阻器

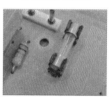
熔断器

可调电阻器
（电位器）

热敏电阻器

压敏电阻器

光敏电阻器

湿敏电阻器

气敏电阻器

图 5-1　常见电阻器的实物外形

资料与提示

电阻器的种类很多，根据功能和应用领域可分为普通电阻器、敏感电阻器和可调电阻器三大类。

普通电阻器是一种阻值固定的电阻器。根据制造工艺和功能的不同，常见的普通电阻器有碳膜电阻器、金属膜电阻器、金属氧化膜电阻器、合成碳膜电阻器、玻璃釉电阻器、水泥电阻器、排电阻器、熔断电阻器及熔断器等。

敏感电阻器是能够通过外界环境的变化（如温度、湿度、光照强度、电压等）而改变自身阻值大小的电阻器，常用的有热敏电阻器、压敏电阻器、光敏电阻器、湿敏电阻器、气敏电阻器等。

可调电阻器也称电位器，是一种阻值可任意改变的电阻器。

电阻器在电路中主要用来调节、稳定电流和电压，可作为分流器、分压器及电路的匹配负载。

※ 1. 电阻器的限流功能

阻碍电流的流动是电阻器最基本的功能。根据欧姆定律，当电阻器的两端电压固定时，阻值越大，流过电阻器的电流越小，因此电阻器常用作限流器件，如图 5-2 所示。

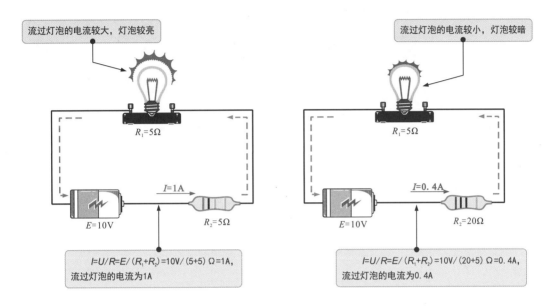

图 5-2　电阻器的限流功能

资料与提示

鱼缸加热器仅需很小的电流，适当加热即可满足水温需求，因此在电路中串联一个限流电阻，如图 5-3 所示。

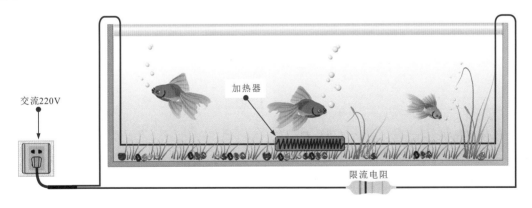

图 5-3　电阻器限流功能的应用

※ 2. 电阻器的降压功能

电阻器的降压功能如图 5-4 所示。

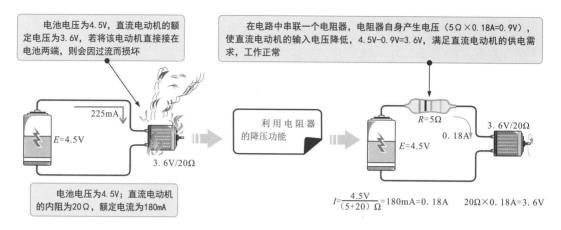

图 5-4　电阻器的降压功能

※ **3. 电阻器的分流与分压功能**

　　将两个或两个以上的电阻器并联在电路中即可进行分流，电阻器之间分别为不同的分流点，如图 5-5 所示。

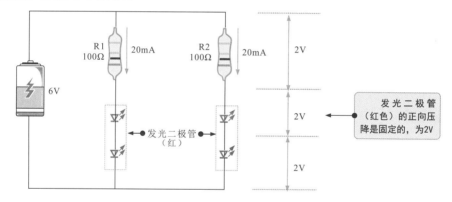

图 5-5　电阻器的分流功能

　　电阻器的分压功能如图 5-6 所示。

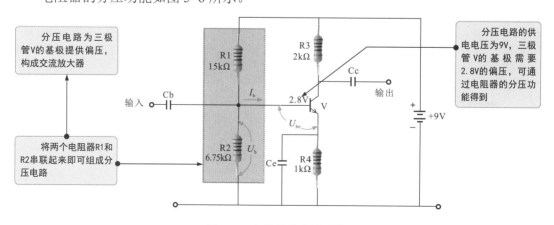

图 5-6　电阻器的分压功能

❖ 5.1.2　色环电阻器的检测方法

检测色环电阻器时，一般先识读待测色环电阻器的标称阻值，然后使用万用表检测色环电阻器的实际阻值，将其与标称阻值比对后，即可判别色环电阻器是否正常。图 5-7 为色环电阻器的检测方法。

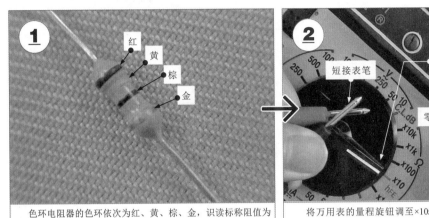

色环电阻器的色环依次为红、黄、棕、金，识读标称阻值为 240 Ω，允许偏差为±5%。

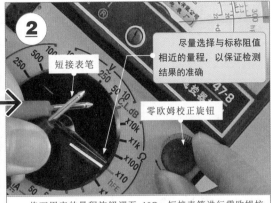

将万用表的量程旋钮调至×10Ω，短接表笔进行零欧姆校正。

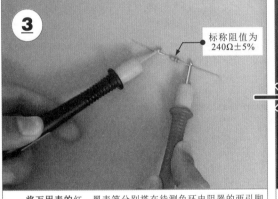

将万用表的红、黑表笔分别搭在待测色环电阻器的两引脚端。

结合量程（×10Ω），观察指针指示的位置，检测结果为 24×10Ω＝240Ω，与标称阻值一致，色环电阻器正常。

图 5-7　色环电阻器的检测方法

资料与提示

使用万用表检测电阻器时的注意事项和对检测结果的判断：

检测时，手不要碰到表笔的金属部分，也不要碰到电阻器的两个引脚，否则人体电阻会并联在待测电阻器上，影响检测结果的准确性。若检测电路板上的电阻，则可先将待测电阻器焊下或将其中一个引脚脱离焊盘后进行开路检测，避免电路中的其他电子元器件对检测结果造成影响。

◆ 实测结果等于或十分接近标称阻值：表明待测电阻器正常。

◆ 实测结果大于标称阻值：可以直接判断待测电阻器存在开路或阻值增大（比较少见）的故障。

◆ 实测结果十分接近 0 Ω：不能直接判断待测电阻器短路故障（不常见），可能是由于电阻器两端并联有小阻值的电阻器或电感器造成的，如图 5-8 所示，在这种情况下检测的阻值实际上是电感器 L 的直流电阻值，而电感器的直流电阻值通常很小。此时可将待测电阻器焊下后再进一步检测。

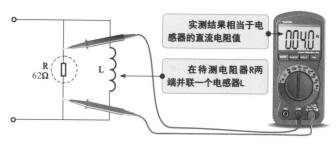

图 5-8 电阻器短路故障的判别

❖ 5.1.3 热敏电阻器的检测方法

图 5-9 为热敏电阻器的检测方法。

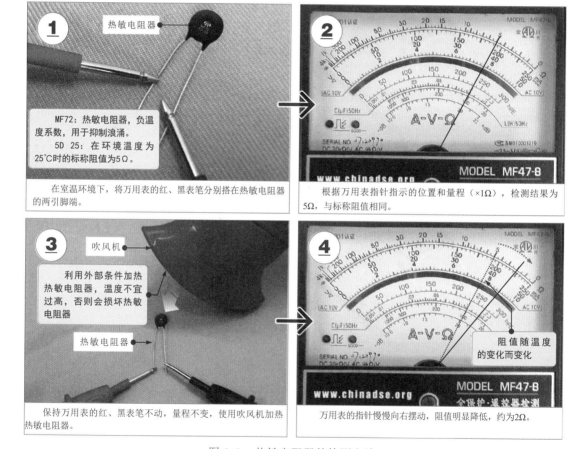

图 5-9 热敏电阻器的检测方法

资料与提示

在常温下，实测热敏电阻器的阻值接近标称阻值或与标称阻值相同，保持万用表的红、黑表笔不动，使用吹风机或电烙铁加热热敏电阻器，万用表的指针应随温度的变化而进行相应摆动，若温度变化，阻值不变，则说明该热敏电阻器的性能不良。

若阻值随温度的升高而增大，则为正温度系数热敏电阻器；若阻值随温度的升高而减小，则为负温度系数热敏电阻器。

5.1.4 光敏电阻器的检测方法

图 5-10 为光敏电阻器的检测方法。

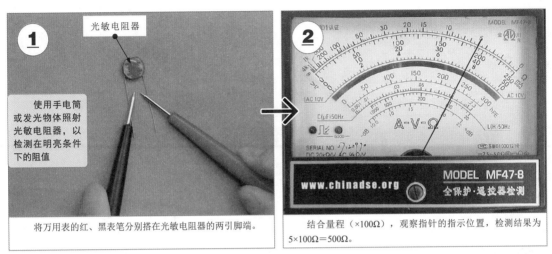

将万用表的红、黑表笔分别搭在光敏电阻器的两引脚端。

结合量程（×100Ω），观察指针的指示位置，检测结果为 5×100Ω＝500Ω。

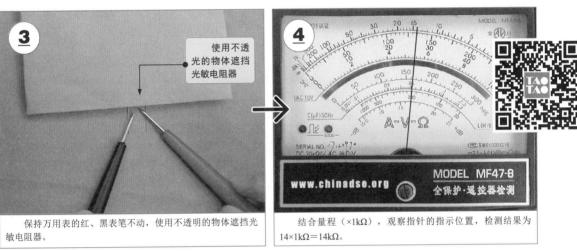

保持万用表的红、黑表笔不动，使用不透明的物体遮挡光敏电阻器。

结合量程（×1kΩ），观察指针的指示位置，检测结果为 14×1kΩ＝14kΩ。

图 5-10　光敏电阻器的检测方法

资料与提示

光敏电阻器一般没有任何标识，在实际检测时，可根据图纸资料了解标称阻值或直接根据光照强度变化时的阻值变化情况进行判断。

在正常情况下，光敏电阻器应有一个固定阻值，当光照强度变化时，阻值应随之变化，否则可判断为性能异常。

5.1.5 湿敏电阻器的检测方法

图 5-11 为湿敏电阻器的检测方法。

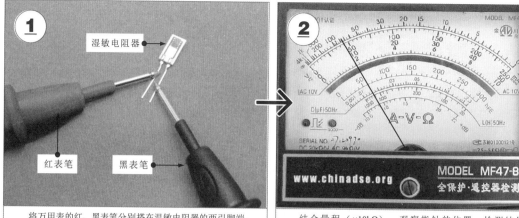

将万用表的红、黑表笔分别搭在温敏电阻器的两引脚端。	结合量程（×10kΩ），观察指针的位置，检测结果为75.6×10kΩ=756kΩ。
保持万用表的红、黑表笔不动，将潮湿的棉签放在湿敏电阻器的表面。	结合量程（×10kΩ），观察指针的位置，检测结果为33.4×10kΩ=334kΩ。

图 5-11　湿敏电阻器的检测方法

资料与提示

根据实测结果可对湿敏电阻的性能进行判断：

若湿度发生变化，湿敏电阻器的阻值无变化或变化不明显，则多为湿敏电阻器感应湿度变化的灵敏度低或性能异常；

若实测阻值趋近于零或无穷大，则说明湿敏电阻器已经损坏；

如果湿度升高，阻值增大，则为正湿度系数湿敏电阻器；

如果湿度升高，阻值减小，则为负湿度系数湿敏电阻器。

在湿度正常和湿度升高的情况下，湿敏电阻器的阻值都有一固定值，表明湿敏电阻器基本正常。若湿度变化，阻值不变，则说明湿敏电阻器的性能不良。在一般情况下，湿敏电阻器若不受外力碰撞，不会轻易损坏。

❖ 5.1.6 可调电阻器的检测方法

在检测可调电阻器的阻值之前，应首先识别可调电阻器的引脚。

图 5-12 为可调电阻器引脚的识别。

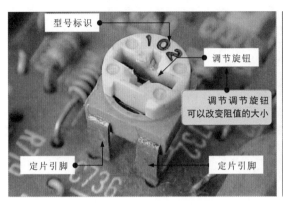

图 5-12 可调电阻器引脚的识别

图 5-13 为可调电阻器的检测方法。

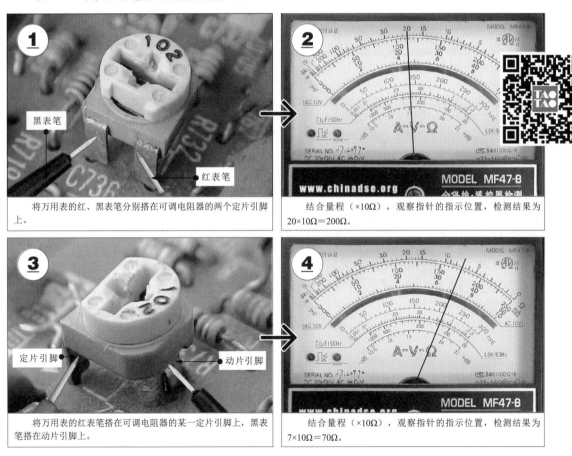

图 5-13 可调电阻器的检测方法

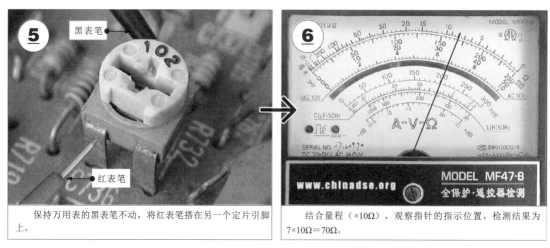

保持万用表的黑表笔不动，将红表笔搭在另一个定片引脚上。

结合量程（×10Ω），观察指针的指示位置，检测结果为7×10Ω＝70Ω。

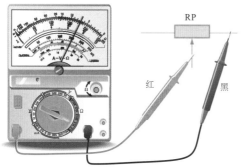

动片引脚与定片引脚之间阻值的检测方法

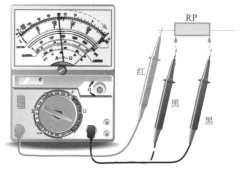

动片引脚与定片引脚之间最大阻值和最小阻值的检测方法

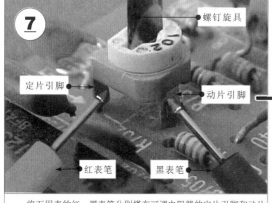

将万用表的红、黑表笔分别搭在可调电阻器的定片引脚和动片引脚上，使用螺钉旋具顺时针或逆时针调节可调电阻器的调节旋钮。

在正常情况下，随着螺钉旋具的转动，万用表的指针在零到标称阻值之间平滑摆动。

图 5-13　可调电阻器的检测方法（续）

资料与提示

根据图 5-13 检测结果可对可调电阻器的性能进行判断（若为在路检测，则应注意外围元器件的影响）：

◆若两个定片引脚之间的阻值趋近于 0 或无穷大，则表明可调电阻器已经损坏；

◆在正常情况下，定片引脚与动片引脚之间的阻值应小于标称阻值；

◆若定片引脚与动片引脚之间的最大阻值和定片引脚与动片引脚之间的最小阻值十分接近，则表明可调电阻器已失去调节功能。

5.2 电容器的特点与检测方法

5.2.1 电容器的功能特点

电容器是一种可储存电能的元器件，通常简称为电容。它与电阻器一样，广泛应用于各种电子产品中。

图 5-14 为常见电容器的实物外形。

纸介电容器

瓷介电容器

云母电容器

涤纶电容器

玻璃釉电容器

聚苯乙烯电容器

普通铝电解电容器
（液态铝质电解电容器）

固态铝电解电容器
（固态电容器）

固体钽电解电容器

贴片式钽电解电容器

液体钽电解电容器

微调可变电容器

单联可变电容器

双联可变电容器

四联可变电容器

图 5-14 常见电容器的实物外形

资料与提示

电容器的种类很多，根据电容量能否可调可分为固定电容器和可变电容器；根据电容器引脚的极性可分为无极性电容器和有极性电容器。不同种类的电容器又分为普通电容器、电解电容器和可变电容器。

普通电容器也称无极性电容器，其引脚没有正、负极性之分。在大多情况下，普通电容器由于材料和制作工艺的特点，在生产时电容量已经被固定，因此属于电容量固定的电容器。常见的普通电容器主要有纸介电容器、瓷介电容器、云母电容器、涤纶电容器、玻璃釉电容器、聚苯乙烯电容器等。

电解电容器是一种有极性的电容器，其引脚有明确的正、负极之分，在使用时，引脚极性不可接反。常见的电解电容器按电极材料不同，可分为铝电解电容器和钽电解电容器。铝电解电容器是一种液体电解质电容器，根据介电材料的状态不同，可分为普通铝电解电容器（液态铝质电解电容器）和固态铝电解电容器（固态电容器），是目前应用最广泛的电容器。钽电解电容器是采用金属钽作为正极材料而制成的电容器，主要有固体钽电解电容器和液体钽电解电容器。固体钽电解电容器根据安装的形式不同，可分为分立式钽电解电容器和贴片式钽电解电容器。

可变电容器是电容量可在一定范围内调节的电容器，一般由相互绝缘的两组极片组成。其中，固定不动的一组极片被称为定片；可动的一组极片被称为动片。可变电容器通过改变极片间的相对有效面积或距离可使电容量相应变化，主要用在无线电接收电路中选择信号（调谐）。可变电容器按照结构的不同可分为微调可变电容器、单联可变电容器、双联可变电容器和多联可变电容器。

两块金属板相对平行放置，不互相接触，就可构成一个最简单的电容器。电容器具有隔直流、通交流的特点。

图 5-15 为电容器的充、放电原理。

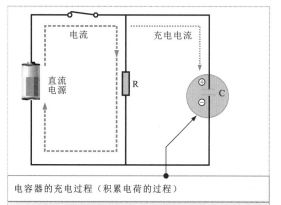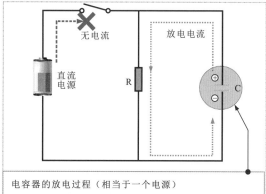

电容器的充电过程（积累电荷的过程）

将电容器的两个引脚分别与电源的正、负极连接，电源就会对电容器充电，当电容器所充电压与电源电压相等时，充电停止，电路中就不再有电流流动，相当于开路

电容器的放电过程（相当于一个电源）

将电路中的开关断开，电容器会通过电阻放电，其电流方向与充电时的电流方向相反。随着电流的流动，电容器上的电压逐渐降低，直到完全消失

图 5-15 电容器的充、放电原理

图 5-16 为电容器的频率特性示意图。

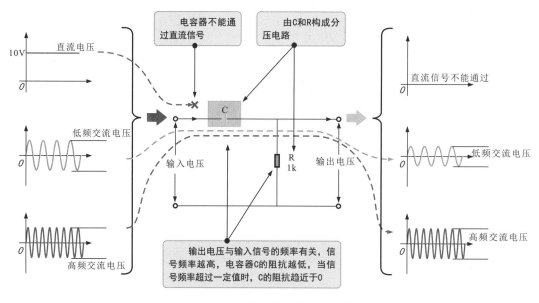

图 5-16 电容器的频率特性示意图

资料与提示

电容器的两个重要功能特点：

（1）阻止直流电流通过，允许交流电流通过；

（2）电容器的阻抗与传输信号的频率有关，信号频率越高，电容器的阻抗越小。

※ 1. 电容器的滤波功能

滤除杂波或干扰波是电容器最基本、最突出的功能。图 5-17 为电容器的滤波功能示意图。

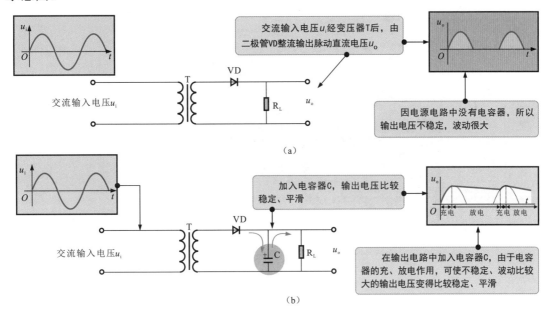

图 5-17　电容器的滤波功能示意图

※ 2. 电容器的耦合功能

电容器对交流信号的阻抗较小，可视为通路，对直流信号的阻抗很大，可视为断路。图 5-18 为电容器在电路中的耦合功能。

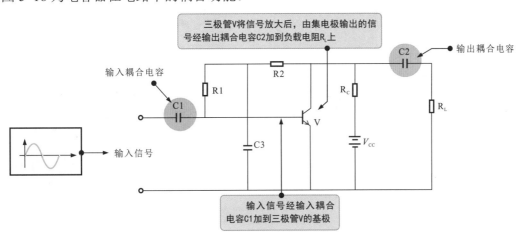

图 5-18　电容器的耦合功能

资料与提示

由图 5-18 可知，由于电容器具有隔直流的作用，因此经放大的输出信号可以经输出耦合电容器 C2 送到负载 R_L 上，而直流信号不会加到负载 R_L 上。也就是说，从负载 R_L 上只能得到交流信号。

❖ 5.2.2 普通电容器的检测方法

在检测普通电容器时，可先根据标识信息识读标称电容量，然后使用万用表检测实际电容量，最后将实测电容量与标称电容器相比较，可判断所测普通电容器的好坏。

图 5-19 为普通电容器的标识信息。

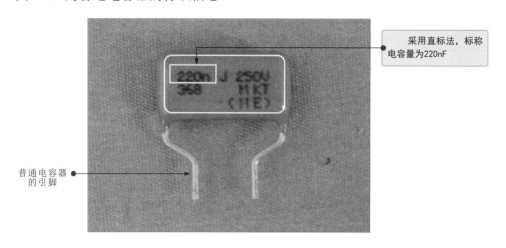

图 5-19　普通电容器的标识信息

图 5-20 为普通电容器的检测方法。

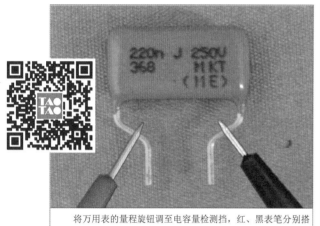

将万用表的量程旋钮调至电容量检测挡，红、黑表笔分别搭在普通电容器的两引脚端。

通过万用表的显示屏读取实测电容量为0.231μF，根据单位换算公式1μF=1×10^3nF，即0.231μF×10^3=231nF，与标称电容量相近，表明该电容器性能正常。

图 5-20　普通电容器的检测方法

资料与提示

在正常情况下，用万用表检测电容器时应有一固定的电容量，并且接近标称电容量。若实测电容量与标称电容量相差较大，则说明所测电容器损坏。

另外需要注意，用万用表检测电容器的电容量时，不可超量程检测，否则检测结果不准确，无法判断好坏。

在检测普通电容器的电容量时，也可使用数字万用表的附加测试器来完成检测。
图 5-21 为使用附加测试器检测普通电容器的电容量。

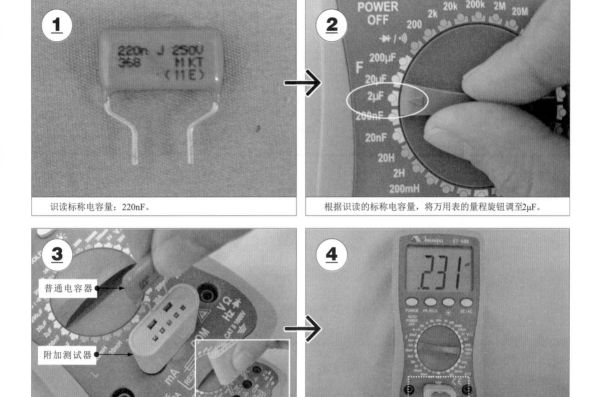

识读标称电容量：220nF。

根据识读的标称电容量，将万用表的量程旋钮调至2μF。

将数字万用表的附加测试器插入表笔插孔，将普通电容器插入附加测试器的相应插孔。

观察万用表的显示屏，读出实测电容量为0.231μF=231nF，与标称电容量基本相符，表明性能良好。

图 5-21　使用附加测试器检测普通电容器的电容量

资料与提示

在判断普通电容器的性能时，根据不同的电容量可采取不同的检测方式。

◇ 电容量小于 10pF 时

这类电容器的电容量太小，用万用表检测只能大致判断是否存在漏电、内部短路或击穿现象，此时，可用万用表的 $R\times10k\Omega$ 检测阻值，在正常情况下应为无穷大。若阻值为零，则说明所测电容器漏电或内部被击穿。

◇ 电容量为 10pF ～ 0.01μF 时

这类电容器可在连接三极管放大元器件的基础上，将电容器的充、放电过程进行放大，在正常情况下，若万用表的指针有明显的摆动，则说明性能正常。

◇ 电容量在 0.01μF 以上时

这类电容器可直接用万用表的 $R\times10k\Omega$ 检测有无充、放电过程及有无短路或漏电现象判断性能。

如果需要精确测量电容器的电容量（万用表只能粗略测量），则需使用专用的电容测量仪进行测量，如图 5-22 所示。

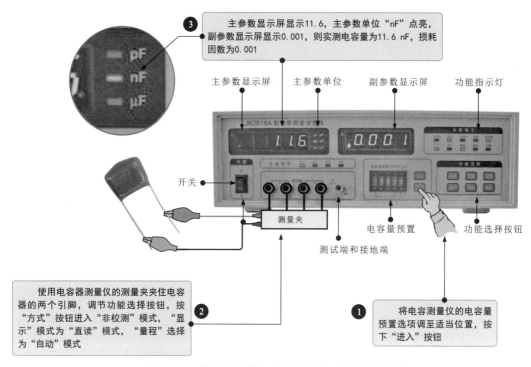

图 5-22　使用专用的电容测量仪精确测量电容量

5.2.3 电解电容器的检测方法

电解电容器的检测方法有两种：一种为检测电容量；另一种为检测直流电阻。

1. 电解电容器电容量的检测方法

在检测前，首先区分电解电容器的引脚极性，然后用电阻对电解电容器进行放电，以避免因电解电容器中存有残留电荷而影响检测结果，如图 5-23 所示。

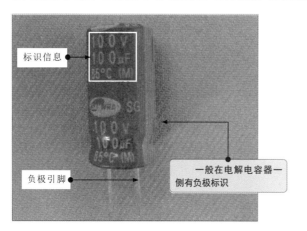

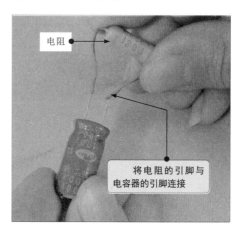

图 5-23　对电解电容器的放电操作

放电完成后，使用数字万用表检测电解电容器的电容量，如图 5-24 所示。

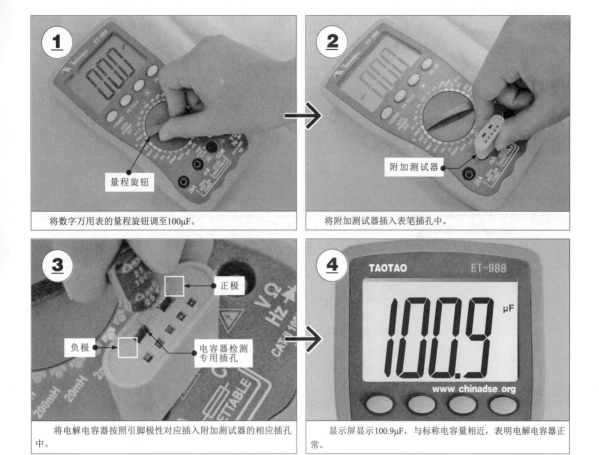

① 将数字万用表的量程旋钮调至100μF。

② 将附加测试器插入表笔插孔中。

③ 将电解电容器按照引脚极性对应插入附加测试器的相应插孔中。

④ 显示屏显示100.9μF，与标称电容量相近，表明电解电容器正常。

图 5-24　使用数字万用表检测电解电容器的电容量

资料与提示

　　电解电容器的放电操作主要针对的是大容量电解电容器，由于大容量电解电容器在工作中可能会存储很多电荷，如短路，则会因产生很大的电流而引发电击事故，损坏万用表，因此应先用电阻放电后再检测。一般可选用阻值较小的电阻，将电阻的引脚与电解电容器的引脚相连即可放电，如图 5-25 所示。

图 5-25　因未放电而产生的火花和放电操作方法

　　在通常情况下，电解电容器的工作电压在 200V 以上，即使电容量比较小也需要放电，如 60μF/200V 的电解电容器。若工作电压较低，但电容量高于 300μF，则也属于大容量电解电容器。在实际应用中，常见的大容量电容器 1000μF/50V、60μF/400V、300μF/50V、60μF/200V 等均为大容量电解电容器。

2. 电解电容器直流电阻的检测方法

在检测电解电容器时，除了使用数字万用表检测电容量是否正常外，还可以使用指针万用表显示电解电容器的充、放电过程，通过充、放电过程可判断电解电容器是否正常。

图 5-26 为用指针万用表显示电解电容器的充、放电过程及直流电阻的检测方法。

将万用表的量程旋钮调至×10k欧姆挡。

短接红、黑表笔，调节零欧姆校正旋钮，使万用表的指针指向0位。

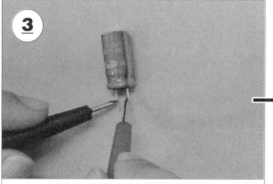

将万用表的黑表笔搭在电解电容器的正极引脚端，红表笔搭在电解电容器的负极引脚端，检测正向直流电阻（漏电电阻）。

在刚接通的瞬间，万用表的指针向右（电阻减小的方向）摆动一个较大的角度，当指针摆动到最大角度后，又逐渐向左（电阻增大的方向）回摆，最终停留在一个固定位置。

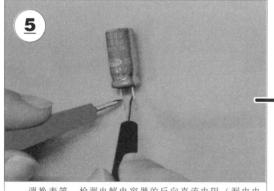

调换表笔，检测电解电容器的反向直流电阻（漏电电阻）。

在正常情况下，反向漏电电阻小于正向漏电电阻。

图 5-26 用指针万用表显示电解电容器的充、放电过程及直流电阻的检测方法

当检测电解电容器的正向直流电阻时，指针万用表的指针摆动速度较快。若指针没有摆动，则表明电解电容器已经失去电容量。

对于较大容量的电解电容器，可使用万用表显示充、放电过程；对于较小容量的电解电容器，无须使用该方法显示电解电容器的充、放电过程。

通常，在检测电解电容器的直流电阻时会遇到几种不同的检测结果，通过不同的检测结果可以大致判断电解电容器的损坏原因，如图 5-27 所示。

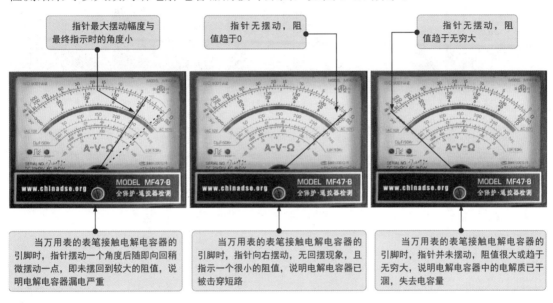

图 5-27　通过检测结果判断电解电容器的损坏原因

图 5-28 为贴片式钽电解电容器的检测方法。

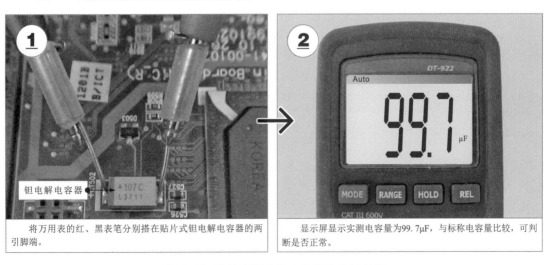

图 5-28　贴片式钽电解电容器的检测方法

5.3 电感器的特点与检测方法

5.3.1 电感器的功能特点

电感器也称电感，属于储能元器件，可以把电能转换成磁能并储存起来。

电感器的种类很多，最常见的为色环电感器、色码电感器、电感线圈、磁环电感器及微调电感器等，如图 5-29 所示。

| 色环电感器 | 色码电感器 | 空心电感线圈 | 磁棒电感线圈 |

| 磁环电感器 | 扼流圈 | 大功率贴片电感器 | 小功率贴片电感器 | 微调电感器 |

图 5-29 常见电感器的实物外形

图 5-30 为电感器的基本工作特性示意图。

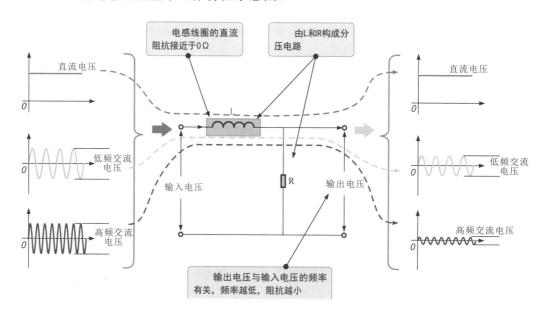

图 5-30 电感器的基本工作特性示意图

资料与提示

由图 5-30 可知，电感器的功能特点如下：

① 电感器对直流信号呈现很小的电阻（近似于短路），对交流信号呈现的阻抗与频率成正比，频率越高，阻抗越大。

② 电感器的电感量越大，对交流信号的阻抗越大。

③ 电感器具有阻止电流变化的特性，流过电感器的电流不会发生突变。

☀ 1. 电感器的滤波功能

由于电感器对交流信号阻抗很大，对直流信号阻抗很小，如果将电感量较大的电感器串接在整流电路中，就可起滤除交流信号的作用。

通常，电感器与电容器构成 LC 滤波电路，由电感器阻隔交流信号，由电容器阻隔直流信号，可对电路起平滑滤波的作用。

图 5-31 为电感器的滤波功能示意图。

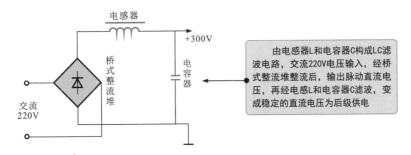

图 5-31　电感器的滤波功能示意图

☀ 2. 电感器的谐振功能

电感器与电容器并联可构成 LC 谐振电路，主要用来阻止一定频率的信号干扰。图 5-32 为电感器的谐振功能示意图。

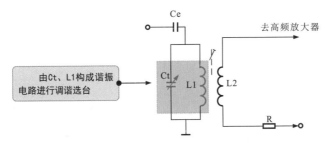

图 5-32　电感器的谐振功能示意图

电感器对交流信号的阻抗随频率的升高而增大，电容器对交流信号的阻抗随频率的升高而减小，因此由电感器和电容器并联构成的 LC 并联谐振电路有一个固有谐振频率，即共谐频率。在该频率下，LC 并联谐振电路呈现的阻抗最大。利用这种特性可以制成阻波电路，也可以制成选频电路。图 5-33 为 LC 并联谐振电路应用示意图。

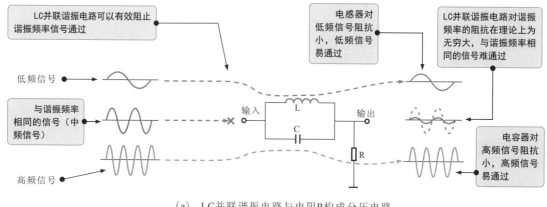

（a） LC并联谐振电路与电阻R构成分压电路

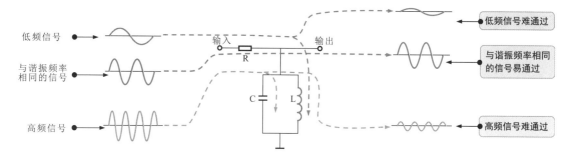

（b） 由LC并联谐振电路构成的选频电路

图 5-33　LC 并联谐振电路应用示意图

将电感器与电容器串联可构成串联谐振电路，如图 5-34 所示。

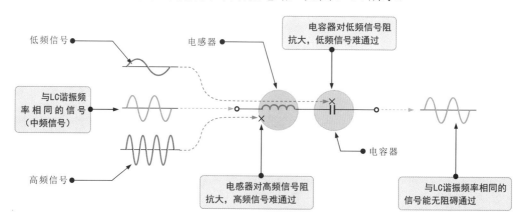

图 5-34　将电感器与电容器串联可构成串联谐振电路

资料与提示

由图 5-34 可知，当输入信号经过 LC 串联谐振电路时，频率较高的信号因阻抗大而难通过电感器，而频率较低的信号因阻抗大也难通过电容器，谐振频率信号因阻抗最小而容易通过。LC 串联谐振电路起选频作用。

❖ 5.3.2 色环电感器的检测方法

检测色环电感器时，首先根据标注的参数信息识读标称电感量，如图 5-35 所示；然后根据标称电感量调节万用表的量程，并进行色环电感器的检测，如图 5-36 所示。

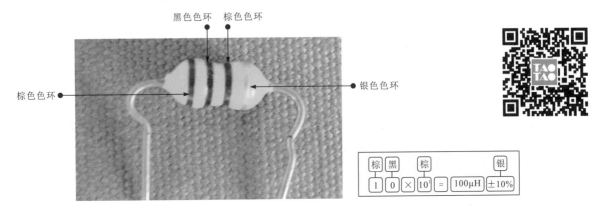

图 5-35 色环电感器标称电感量的识读

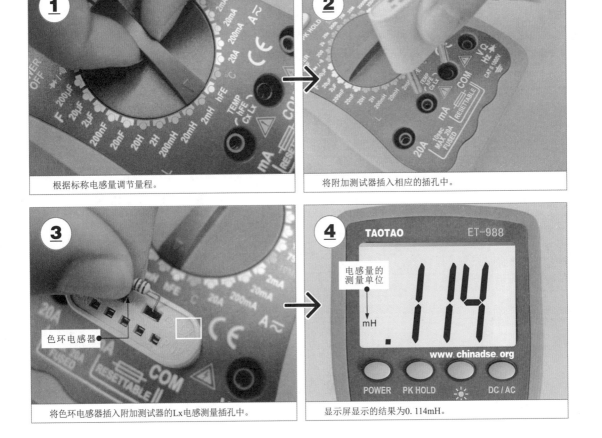

图 5-36 检测色环电感器

由图 5-36 可知，检测结果为 0.114mH，根据单位换算公式 1mH=10^3 μH，即 0.114mH×10^3 ＝ 114 μH，与标称电感量相近，若相差较大，则说明色感电感器性能不良。

值得注意的是，在设置万用表的量程时，要尽量选择与标称值相近的量程，以保证测量结果的准确性。如果设置的量程与标称值相差过大，则测量结果不准确。

5.3.3 色码电感器的检测方法

在使用万用表检测色码电感器前，应先根据标准的参数信息识读标称电感量，如图 5-37 所示。

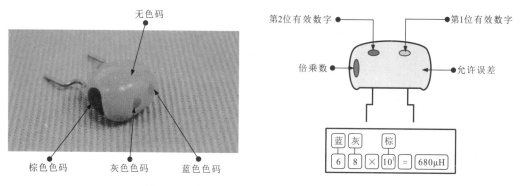

图 5-37 色码电感器标称电感量的识读

从图 5-37 可知，待测色码电感器的第 1 个色码为蓝色，表示第 1 位有效数字为 6；第 2 个色码为灰色，表示第 2 位有效数字为 8；第 3 个色码为棕色，表示倍乘数为 10^1。色码颜色依次为"蓝""灰""棕"，则色码电感器的电感量为 680 μH。

色码电感器的检测方法如图 5-38 所示。

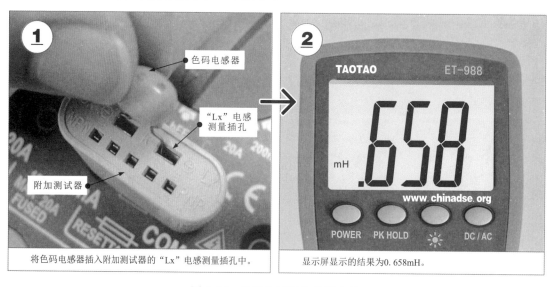

图 5-38 色码电感器的检测方法

由图 5-38 可知,检测结果为 0.658mH,根据单位换算公式,$0.658mH \times 10^3 = 658\mu H$,与标称电感量相近,表明色码电感器正常,若相差过大,则色码电感器性能不良。

❖ 5.3.4 微调电感器的检测方法

微调电感器的检测方法如图 5-39 所示。

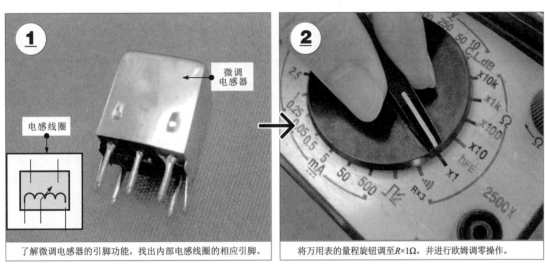

了解微调电感器的引脚功能,找出内部电感线圈的相应引脚。	将万用表的量程旋钮调至R×1Ω,并进行欧姆调零操作。

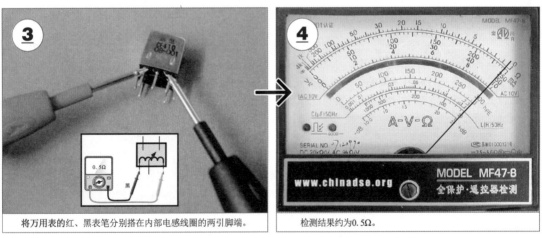

将万用表的红、黑表笔分别搭在内部电感线圈的两引脚端。	检测结果约为0.5Ω。

图 5-39 微调电感器的检测方法

在正常情况下,微调电感器内部电感线圈的阻值应较小,接近于 0。这种检测方法可用来检测微调电感器的内部是否有短路或断路的情况。

5.4 二极管的特点与检测方法

5.4.1 二极管的功能特点

二极管是最常见的电子元器件，由一个 P 型半导体和 N 型半导体组成的 PN 结两端引出相应的电极引线，再加上管壳密封制成，具有单向导电性，引脚有正、负极之分。

二极管的种类较多，按功能可以分为整流二极管、稳压二极管、发光二极管、光敏二极管、检波二极管、变容二极管、双向触发二极管等，如图 5-40 所示。

  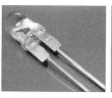 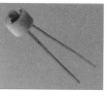 

整流二极管　　　　稳压二极管　　　　发光二极管　　　　光敏二极管　　　　检波二极管

变容二极管　　　　双向触发二极管　　　　开关二极管　　　　快恢复二极管

图 5-40　常见二极管的实物外形

资料与提示

整流二极管是一种可将交流电转变为直流电的半导体元件，常用于整流电路中。

稳压二极管是由硅材料制成的面接触型二极管。当 PN 结反向击穿时，稳压二极管的两端电压固定在某一数值上，不随电流变化，可达到稳压的目的。

发光二极管是在工作时能够发出亮光的二极管，常作为显示器件或光电控制电路中的光源。发光二极管具有工作电压低、工作电流很小、抗冲击和抗振性能好、可靠性高、寿命长的特点。

光敏二极管又称光电二极管，当受到光照时，反向阻抗会随之变化（随着光照的增强，反向阻抗由大到小）。利用这一特性，光敏二极管常作为光电传感器使用。

检波二极管利用二极管的单向导电性，与滤波电容配合，将叠加在高频载波上的低频包络信号检出来。

变容二极管是利用 PN 结的电容随外加偏压而变化这一特性制成的非线性半导体元件，在电路中起电容器的作用，广泛用在参量放大器、电子调谐及倍频器等高频和微波电路中。

双向触发二极管又称二端交流元件（DIAC），是一种具有三层结构的两端对称的半导体元件，常用来触发晶闸管或用在过压保护电路、定时电路、移相电路中。

开关二极管利用二极管的单向导电性可对电路进行开通或关断控制，导通／截止速度非常快，能满足高频和超高频电路的需要，广泛应用在开关和自动控制等电路中。

快恢复二极管（FRD）也是一种高速开关二极管，开关特性好，反向恢复时间很短，正向压降低，反向击穿电压较高（耐压值较高），主要应用在开关电源、PWM 脉宽调制电路及变频电路等电子电路中。

二极管内部的 PN 结如图 5-41 所示。

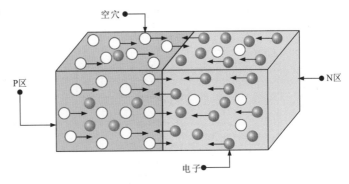

图 5-41 二极管内部的 PN 结

资料与提示

PN 结是采用特殊工艺把 P 型半导体和 N 型半导体结合在一起后，在两者交界面上形成的特殊带电薄层。P 型半导体和 N 型半导体分别被称为 P 区和 N 区。PN 结的形成是由于 P 区存在大量的空穴，N 区存在大量的电子，因浓度差别而产生扩散运动。P 区的空穴向 N 区扩散，N 区的电子向 P 区扩散，空穴与电子的运动方向相反。

根据二极管的内部结构，在一般情况下，只允许电流从正极流向负极，而不允许电流从负极流向正极，这就是二极管的单向导电性，如图 5-42 所示。

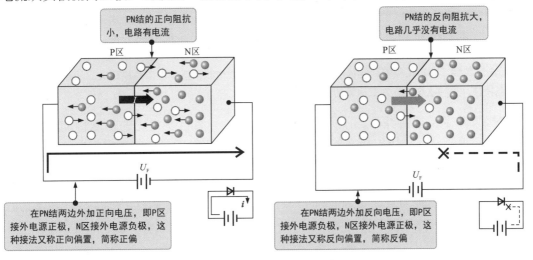

图 5-42 二极管的单向导电性

资料与提示

当 PN 结外加正向电压时，其内部的电流方向与电源提供的电流方向相同，电流很容易通过 PN 结形成电流回路。此时，PN 结呈低阻状态（正偏状态的阻抗较小），电路为导通状态。

当 PN 结外加反向电压时，其内部的电流方向与电源提供的电流方向相反，电流不易通过 PN 结形成回路。此时，PN 结呈高阻状态，电路为截止状态。

二极管的伏安特性是指加在二极管两端电压和流过二极管电流之间的关系曲线，如图 5-43 所示。

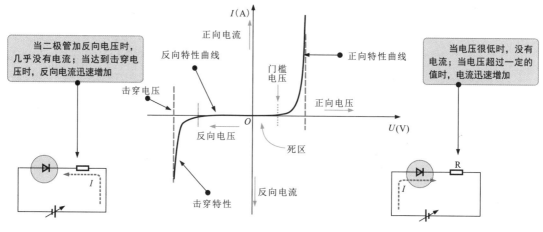

图 5-43 二极管的伏安特性

资料与提示

◇ 正向特性。在电子电路中，当二极管的正极接在高电位端，负极接在低电位端时，二极管就会导通。必须说明，当加在二极管两端的正向电压很小时不能导通，流过二极管的正向电流十分微弱，只有当正向电压达到某一数值（门槛电压，锗管为 0.2～0.3V，硅管为 0.6～0.7V）时，二极管才能真正导通。导通后，二极管两端的电压基本上保持不变（锗管约为 0.3V，硅管约为 0.7V），此时的电压被称为二极管的正向电压降。

◇ 反向特性。在电子电路中，当二极管的正极接在低电位端，负极接在高电位端时，二极管几乎没有电流流过，处于截止状态，只有微弱的反向电流流过二极管。该电流被称为漏电电流。漏电电流有两个显著特点：一是受温度影响很大；二是在反向电压不超过一定范围时，大小基本不变，即与反向电压大小无关，因此漏电电流又称为反向饱和电流。

◇ 击穿特性。在当二极管两端的反向电压增大到某一数值时，反向电流急剧增大，二极管将失去单方向导电特性，这种状态被称为二极管的击穿。

二极管除了上述特性外，不同类型的二极管还具有自身突出的功能特点，如整流二极管的整流功能、稳压二极管的稳压功能、检波二极管的检波功能等。

1. 整流二极管的整流功能

整流二极管根据自身特性可构成整流电路，将原本交变的交流电压信号整流成同相脉动的直流电压信号，变换后的波形小于变换前的波形，如图 5-44 所示。

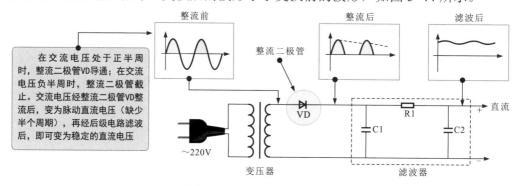

图 5-44 整流二极管的整流功能

由一个整流二极管可构成半波整流电路，由两个整流二极管可构成全波整流电路
（由两个半波整流电路组合而成），如图5-45所示。

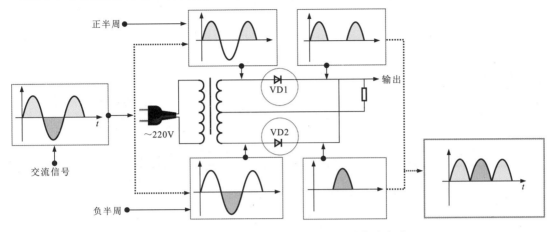

图5-45 由两个整流二极管构成的全波整流电路

将四个整流二极管封装在一起构成的独立元件被称为桥式整流堆，如图5-46所示。

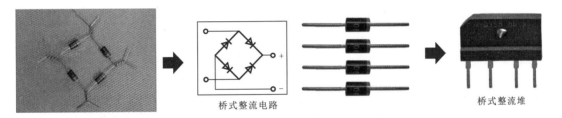

图5-46 由四个整流二极管构成的桥式整流堆

资料与提示

整流二极管的整流作用利用的是二极管单向导通、反向截止的特性。打个比方，将整流二极管想象为
一个只能单方向打开的闸门，将交流电流看作不同流向的水流，如图5-47所示。交流电流是交替变化的电流，
如用水流推动水车，交变的水流会使水车正向、反向交替运转。若在水流通道中设置一闸门，则当水流为
正向时，闸门被打开，水流推动水车运转；当水流为反向时，闸门自动关闭，水不能反向流动，水车也不
会反转。

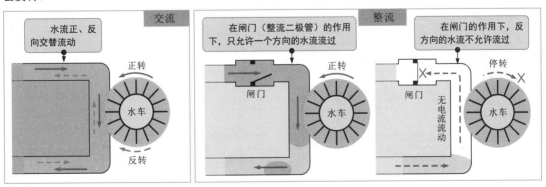

图5-47 整流二极管的整流原理示意图

※ 2. 稳压二极管的稳压功能

稳压二极管的稳压功能是能够将电路中某一点的电压稳定为一个固定值。图 5-48 为由稳压二极管构成的稳压电路。

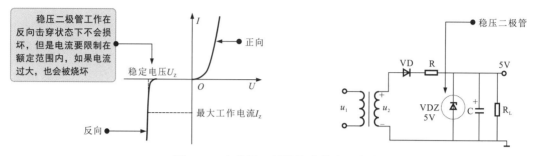

图 5-48　由稳压二极管构成的稳压电路

资料与提示

图 5-48 中，稳压二极管 VDZ 的负极接外加电压的高端，正极接外加电压的低端。当稳压二极管 VDZ 的反向电压接近击穿电压（5V）时，电流急剧增大，稳压二极管 VDZ 呈击穿状态。在该状态下，稳压二极管两端的电压保持不变（5V），从而实现稳定直流电压的功能。市场上有各种不同稳压值的稳压二极管。

※ 3. 发光二极管的指示功能

发光二极管可通过所发出的光亮指示电路的状态。图 5-49 为发光二极管在电池充电电路中的应用。

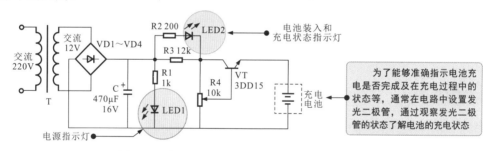

图 5-49　发光二极管在电池充电电路中的应用

※ 4. 光敏二极管的光线感知功能

图 5-50 为光敏二极管在电子玩具电路中的应用。

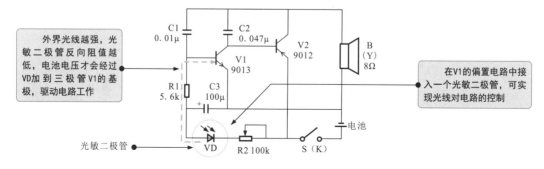

图 5-50　光敏二极管在电子玩具电路中的应用

❋ 5. 检波二极管的检波功能

检波二极管具有较高的检波效率和良好的频率特性，常用在收音机的检波电路中，如图 5-51 所示。

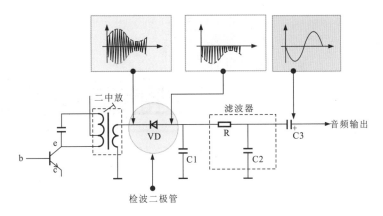

图 5-51 检波二极管在收音机检波电路中的应用

资料与提示

图 5-51 中，二中放输出的调幅波加到检波二极管 VD 的负极，由于检波二极管的单向导电特性，因此负半周调幅波通过检波二极管，正半周被截止，通过检波二极管 VD 后，输出的调幅波只有负半周。负半周的调幅波再由 RC 滤波器滤除其中的高频成分，输出其中的低频成分，输出的就是调制在载波上的音频信号。这个过程被称为检波。

◈ 5.4.2 整流二极管的检测方法

整流二极管主要利用二极管的单向导电特性实现整流功能，判断整流二极管的好坏可利用这一特性进行检测，即用万用表检测整流二极管的正、反向阻值，如图 5-52 所示。

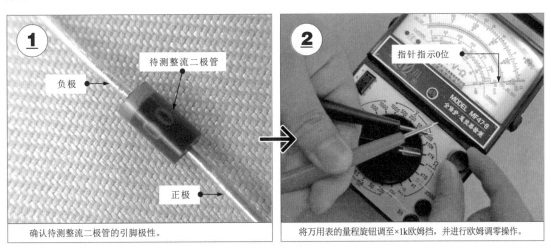

① 确认待测整流二极管的引脚极性。　　② 将万用表的量程旋钮调至×1k欧姆挡，并进行欧姆调零操作。

图 5-52 整流二极管的检测方法

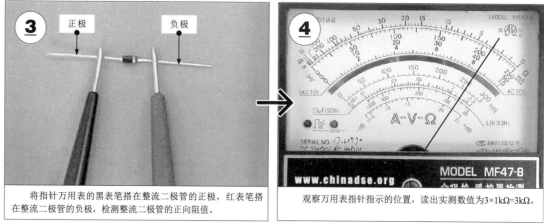

将指针万用表的黑表笔搭在整流二极管的正极，红表笔搭在整流二极管的负极，检测整流二极管的正向阻值。	观察万用表指针指示的位置，读出实测数值为3×1kΩ=3kΩ。

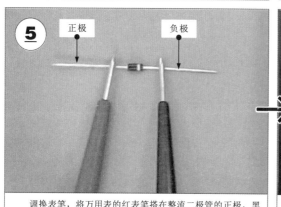

调换表笔，将万用表的红表笔搭在整流二极管的正极，黑表笔搭在整流二极管的负极，检测其反向阻值。	观察万用表指针指示的位置，读出实测数值为无穷大。

图 5-52 整流二极管的检测方法（续）

资料与提示

在正常情况下，整流二极管的正向阻值为几千欧姆，反向阻值趋于无穷大。

整流二极管的正、反向阻值相差越大越好，若测得正、反向阻值相近，则说明整流二极管已经失效。

若在使用指针万用表检测整流二极管时，表针一直不断摆动，不能停止在某一阻值上，则多为整流二极管的热稳定性不好。

5.4.3 稳压二极管的检测方法

检测稳压二极管主要就是检测稳压性能和稳压值。

检测稳压二极管的稳压值必须在外加偏压（提供反向电流）的条件下，即搭建检测电路，将稳压二极管（RD3.6E）与可调直流电源（3～10V）、限流电阻（220Ω）搭成如图5-53所示的电路，将万用表的量程旋钮调至直流电压挡，黑表笔搭在稳压二极管的正极，红表笔搭在稳压二极管的负极，观察万用表显示的电压值。

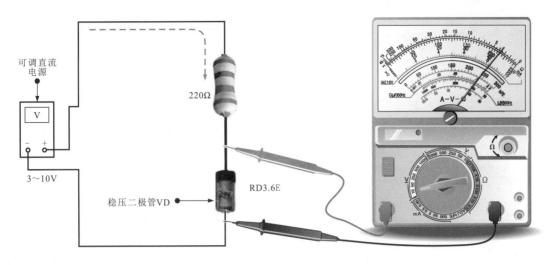

图 5-53 稳压二极管稳压值的检测方法

资料与提示

根据稳压二极管的特性，稳压二极管的反向击穿电流被限制在一定范围内时不会损坏。根据电路需要，厂商制造出了不同电流和不同稳压值的稳压二极管，如图 5-53 中的 RD3.6E。

当可调直流电源的输出电压较小时（＜稳压值 3.6V），稳压二极管截止，测得的数值应等于电源电压值。

当可调直流电源的输出电压超过 3.6V 时，测得的数值应为 3.6V。

继续增加可调直流电源的输出电压，直到 10V，稳压二极管两端的电压值仍为 3.6V，则此值即为稳压二极管的稳压值。

RD3.6E 稳压二极管的稳压值为 3.47 ~ 3.83V。也就是说，测得数值在该范围内即为合格产品。

5.4.4 发光二极管的检测操作

发光二极管的型号不同，则规格也不同。例如，红色普通发光二极管的规格为 2V/20mA，高亮度白色发光二极管的规格为 3.5V/20mA，高亮度绿色发光二极管的规格为 3.6V/30mA。

检测发光二极管应根据参数特点搭建检测电路，如图 5-54 所示。

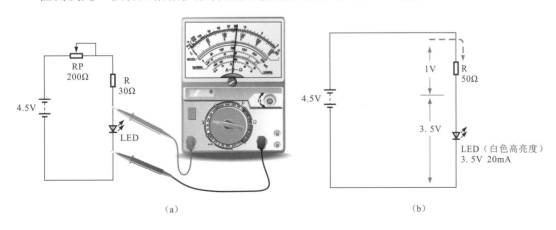

（a）   （b）

图 5-54 发光二极管检测电路

图 5-54 中，将发光二极管（LED）串接到电路中，电位器 RP 用来调节限流电阻的阻值。在调节过程中，观测 LED 的发光状态和管压降，当达到 LED 的额定工作状态时，理论上应为图 5-54（b）的关系。

检测发光二极管的性能还可以借助万用表电阻挡粗略测量，如图 5-55 所示。

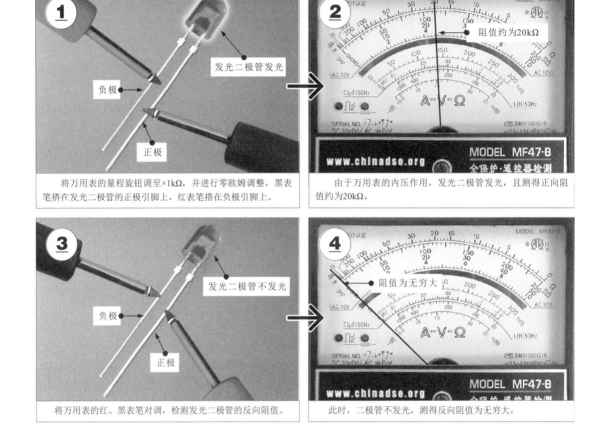

图 5-55　借助万用表电阻挡粗略测量发光二极管的性能

在检测发光二极管的正向阻值时，选择不同的欧姆挡量程，发光二极管的发光亮度不同。通常，所选量程的输出电流越大，发光二极管越亮，如图 5-56 所示。

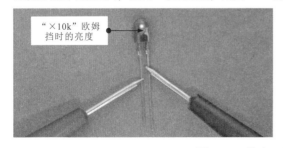 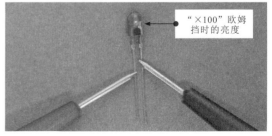

图 5-56　发光二极管的发光状态

5.5 三极管的特点与检测方法

5.5.1 三极管的功能特点

三极管是具有放大功能的半导体元件，在电子电路中有着广泛的应用。图 5-57 为常见三极管的实物外形。

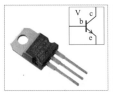 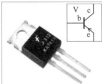   

NPN型三极管　　PNP型三极管　　小功率三极管　　中功率三极管　　大功率三极管

低频三极管　　高频三极管　　硅三极管　　锗三极管　　光敏三极管　　达林顿三极管

图 5-57　常见三极管的实物外形

资料与提示

三极管实际上是在一块半导体基片上制作两个距离很近的 PN 结。这两个 PN 结把整块半导体分成三部分，中间部分为基极（b），两侧部分分别为集电极（c）和发射极（e），排列方式有 NPN 和 PNP 两种。

根据功率不同，三极管可分为小功率三极管、中功率三极管和大功率三极管。小功率三极管的功率一般小于 0.3W；中功率三极管的功率一般在 0.3～1W 之间；大功率三极管的功率一般在 1W 以上。

根据工作频率不同，三极管可分为低频三极管和高频三极管。低频三极管的特征频率小于 3MHz，多用于低频放大电路；高频三极管的特征频率大于 3MHz，多用于高频放大电路、混频电路或高频振荡电路等。

根据 PN 结材料的不同，三极管可分为锗三极管和硅三极管。锗材料 PN 结的正向导通电压为 0.2～0.3V，硅材料 PN 结的正向导通电压为 0.6～0.7V。

根据安装形式的不同，三极管还分为分立式三极管和贴片式三极管，此外还有一些特殊三极管，如达林顿管是一种复合三极管、光敏三极管是受光控制的三极管等。

在实际电路中，三极管主要起到电流放大和开关作用。

1. 三极管的电流放大作用

三极管是一种电流放大器件，可制成交流或直流信号放大器，由基极输入一个很小的电流可控制集电极输出很大的电流，如图 5-58 所示。

资料与提示

三极管的基极（b）电流最小，且远小于另两个引脚的电流；发射极（e）电流最大（等于集电极电流和基极电流之和）；集电极（c）电流与基极（b）电流之比为三极管的放大倍数。

三极管具有放大功能的基本条件是保证基极和发射极之间加正向电压（发射结正偏），基极与集电极之间加反向电压（集电结反偏）。基极相对于发射极为正极性电压，基极相对于集电极为负极性电压。

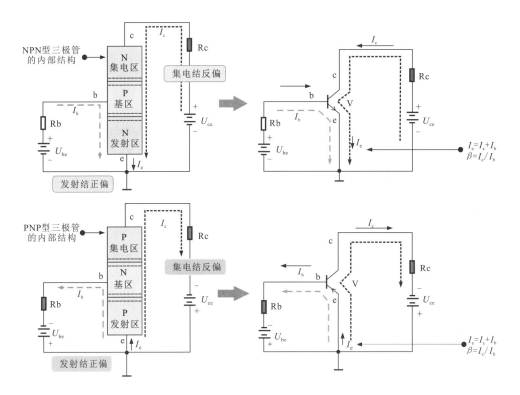

图 5-58　三极管的电流放大功能

　　基极与发射极之间的 PN 结为发射结，基极与集电极之间的 PN 结为集电结。当 PN 结两边外加正向电压时，P 区接正极，N 区接负极，这种接法称正向偏置，简称正偏。当 PN 结两边外加反向电压时，P 区接负极，N 区接正极，这种接法称反向偏置，简称反偏。

2. 三极管的开关功能

　　三极管的集电极电流在一定范围内随基极电流呈线性变化，当基极电流高过此范围时，三极管的集电极电流达到饱和值（导通）；当基极电流低于此范围时，三极管进入截止状态（断路）。三极管的这种导通或截止特性在电路中还可起到开关作用，如图 5-59 所示。

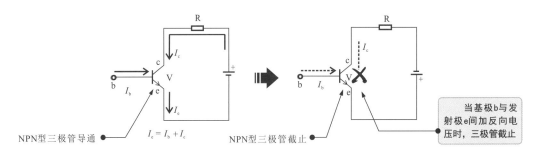

图 5-59　三极管的开关功能

5.5.2 三极管的检测方法

放大倍数是三极管的重要参数，可借助万用表检测放大倍数判断三极管的放大性能是否正常，如图 5-60 所示。

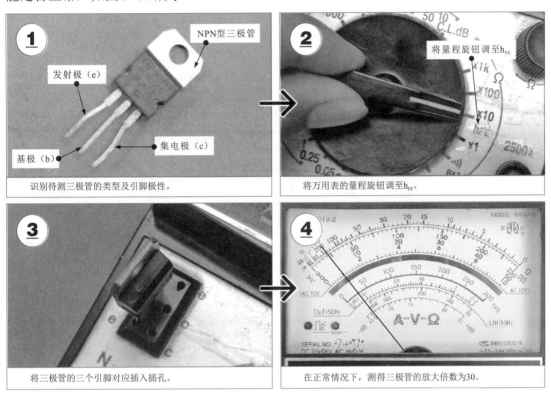

图 5-60 三极管放大倍数的检测方法

资料与提示

除可借助指针万用表检测三极管的放大倍数外，还可借助数字万用表的附加测试器进行检测。图 5-61 为使用数字万用表检测三极管的放大倍数。

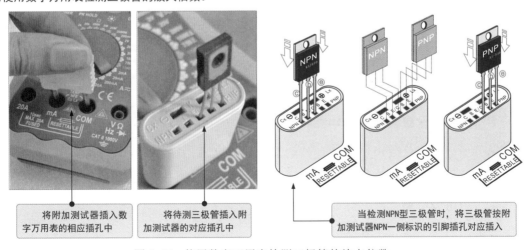

图 5-61 使用数字万用表检测三极管的放大倍数

5.6 场效应晶体管的特点与检测方法

5.6.1 场效应晶体管的功能特点

场效应晶体管（Field-Effect Transistor，FET）是一种典型的电压控制型半导体元件，具有输入阻抗高、噪声小、热稳定性好、便于集成等特点，容易被静电击穿。图 5-62 为常见场效应晶体管的实物外形。

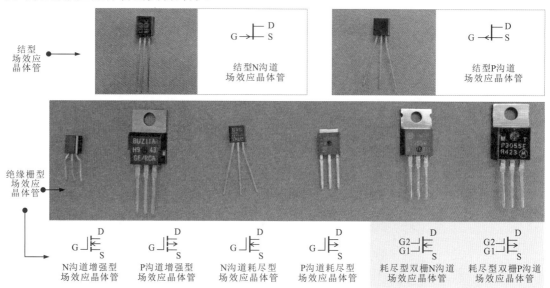

图 5-62　常见场效应晶体管的实物外形

资料与提示

场效应晶体管有三个引脚，分别为漏极（D）、源极（S）、栅极（G）。根据结构的不同，场效应晶体管可分为两大类：结型场效应晶体管（JFET）和绝缘栅型场效应晶体管（MOSFET）。

结型场效应晶体管（JFET）是在一块 N 型或 P 型半导体材料的两边制作 P 区或 N 区形成 PN 结所构成的，根据导电沟道的不同可分为 N 沟道和 P 沟道。

绝缘栅型场效应晶体管（MOSFET）简称 MOS 场效应晶体管，由金属、氧化物、半导体材料制成，因栅极与其他电极完全绝缘而得名。绝缘栅型场效应晶体管除可分为 N 沟道和 P 沟道外，还可根据工作方式的不同分为增强型和耗尽型。

场效应晶体管是一种电压控制元件，栅极不需要控制电流，只需要有一个控制电压就可以控制漏极和源极之间的电流，在电路中常用作放大元件。

1. 结型场效应晶体管的功能特点

结型场效应晶体管是利用沟道两边耗尽层的宽窄改变沟道导电特性来控制漏极电流实现放大功能的，如图 5-63 所示。

2. 绝缘栅型场效应晶体管的功能特点

绝缘栅型场效应晶体管是利用 PN 结之间感应电荷的多少改变沟道导电特性来控制漏极电流实现放大功能的，如图 5-64 所示。

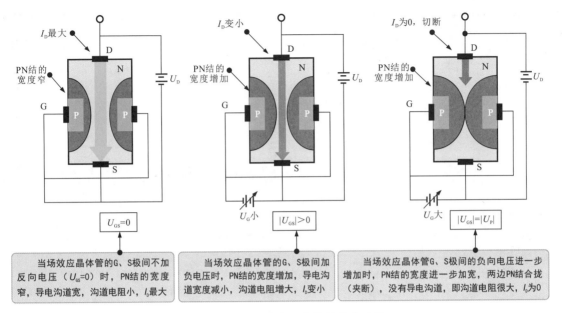

图 5-63　结型场效应晶体管的放大功能

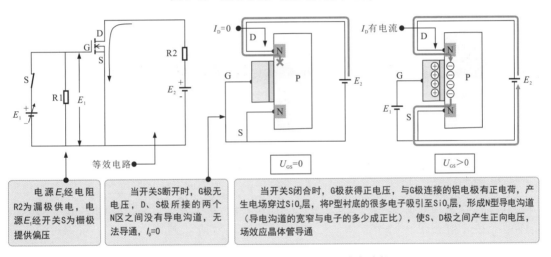

图 5-64　绝缘栅型场效应晶体管的放大功能

5.6.2 结型场效应晶体管放大能力的检测方法

　　场效应晶体管的放大能力是最基本的性能之一，一般可使用指针万用表粗略测量场效应晶体管是否具有放大能力。

　　图 5-65 为结型场效应晶体管放大能力的检测方法。

资料与提示

　　在正常情况下，万用表指针摆动的幅度越大，表明结型场效应晶体管的放大能力越好；反之，表明放大能力越差。若用螺钉旋具接触栅极（G）时指针不摆动，则表明结型场效应晶体管已失去放大能力。

　　在测量一次后再次测量时，表针可能不动，这是正常的，是因为在第一次测量时，G、S 之间的结电容积累了电荷。为能够使万用表的表针再次摆动，可在测量后短接一下 G、S。

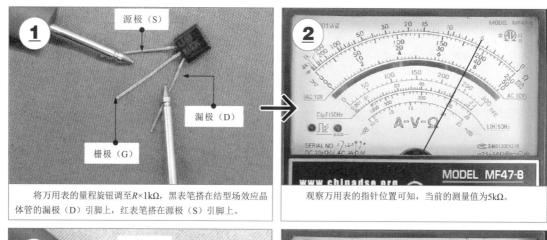

将万用表的量程旋钮调至R×1kΩ，黑表笔搭在结型场效应晶体管的漏极（D）引脚上，红表笔搭在源极（S）引脚上。

观察万用表的指针位置可知，当前的测量值为5kΩ。

用螺钉旋具接触结型场效应晶体管的栅极（G）。

可看到指针产生一个较大的摆动（向左或向右）。

图 5-65　结型场效应晶体管放大能力的检测方法

5.6.3　绝缘栅型场效应晶体管放大能力的检测方法

　　绝缘栅型场效应晶体管放大能力的检测方法与结型场效应晶体管放大能力的检测方法相同。需要注意的是，为了避免人体感应电压过高或人体静电将绝缘栅型场效应晶体管击穿，检测时尽量不要用手触碰绝缘栅型场效应晶体管的引脚，可借助螺钉旋具碰触栅极引脚完成检测，如图 5-66 所示。

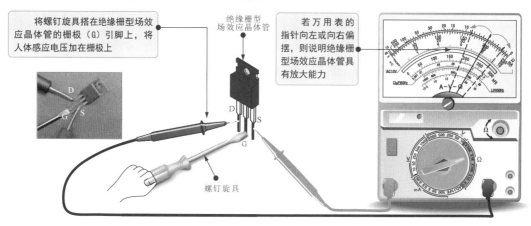

将螺钉旋具搭在绝缘栅型场效应晶体管的栅极（G）引脚上，将人体感应电压加在栅极上

绝缘栅型场效应晶体管

若万用表的指针向左或向右偏摆，则说明绝缘栅型场效应晶体管具有放大能力

螺钉旋具

图 5-66　绝缘栅型场效应晶体管放大能力的检测方法

5.7 晶闸管的特点与检测方法

5.7.1 晶闸管的功能特点

晶闸管是晶体闸流管的简称，是一种可控整流元件，也称可控硅。晶闸管在一定的电压条件下，只要有一触发脉冲就可导通，触发脉冲消失，晶闸管仍然能维持导通状态。图 5-67 为常见晶闸管的实物外形。

单向晶闸管　　　　　双向晶闸管　　　　单结晶闸管（UJT）　　可关断晶闸管（GTO）

 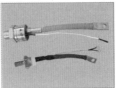

快速晶闸管　　　　　螺栓型晶闸管

图 5-67　常见晶闸管的实物外形

资料与提示

晶闸管的类型较多，分类方式多种多样：

◇ 按关断、导通及控制方式可分为普通单向晶闸管、双向晶闸管、逆导晶闸管、可关断晶闸管、BTG晶闸管、温控晶闸管及光控晶闸管等多种。

单向晶闸管（SCR）是触发后只允许一个方向的电流流过的晶闸管，相当于一个可控的整流二极管，是由 P-N-P-N 共 4 层 3 个 PN 结组成的，广泛应用在可控整流、交流调压、逆变器和开关电源等电路中。

双向晶闸管又称双向可控硅，是由 N-P-N-P-N 共 5 层 4 个 PN 结组成的，有第一电极(T1)、第二电极(T2)、控制极（G）3 个电极，在结构上相当于两个单向晶闸管反极性并联，常用在交流电路中调节电压、电流或作为交流无触点开关。

单结晶闸管（UJT）也称双基极二极管，是由一个 PN 结和两个内电阻构成的，广泛应用在振荡、定时、双稳及晶闸管触发等电路中。

◇ 按引脚和极性可分为二极晶闸管、三极晶闸管和四极晶闸管。

◇ 按封装形式可分为金属封装晶闸管、塑封封装晶闸管及陶瓷封装晶闸管。其中，金属封装晶闸管分为螺栓形晶闸管、平板形晶闸管、圆壳形晶闸管等；塑封封装晶闸管分为带散热片型晶闸管和不带散热片型晶闸管。

◇ 按电流容量可分为大功率晶闸管、中功率晶闸管和小功率晶闸管。

◇ 按关断速度可分为普通晶闸管和快速晶闸管。

晶闸管的主要功能特点是通过小电流实现高电压、高电流的控制，在实际应用中主要作为可控整流元件和可控电子开关。

1. 晶闸管作为可控整流器件使用

图 5-68 为由晶闸管构成的调压电路。

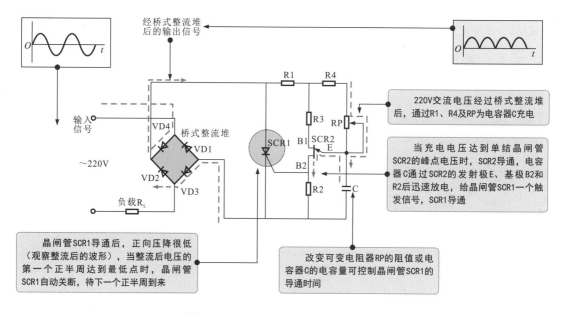

图 5-68　由晶闸管构成的调压电路

❋ 2. 晶闸管作为可控电子开关使用

图 5-69 为晶闸管作为可控电子开关的应用。

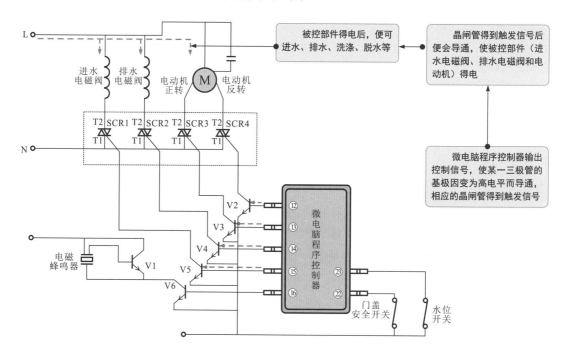

图 5-69　晶闸管作为可控电子开关的应用

❖ 5.7.2 晶闸管的检测方法

晶闸管一般借助万用表检测触发能力判断性能。单向晶闸管触发能力的检测方法如图5-70所示。

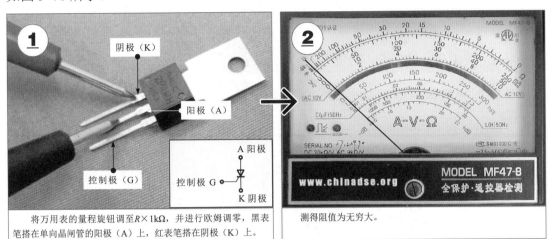

将万用表的量程旋钮调至$R \times 1k\Omega$，并进行欧姆调零，黑表笔搭在单向晶闸管的阳极（A）上，红表笔搭在阴极（K）上。

测得阻值为无穷大。

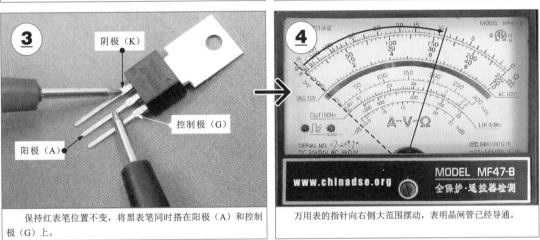

保持红表笔位置不变，将黑表笔同时搭在阳极（A）和控制极（G）上。

万用表的指针向右侧大范围摆动，表明晶闸管已经导通。

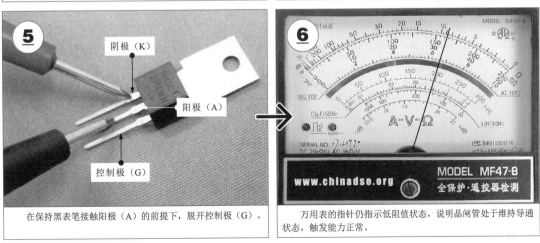

在保持黑表笔接触阳极（A）的前提下，脱开控制极（G）。

万用表的指针仍指示低阻值状态，说明晶闸管处于维持导通状态，触发能力正常。

图5-70 单向晶闸管触发能力的检测方法

第6章
常用功能部件的特点与检测

6.1 光电耦合器的功能特点和检测方法

6.1.1 光电耦合器的功能特点

光电耦合器是一种光电转换元器件。其内部实际上是由一个光敏三极管和一个发光二极管构成的,以光电方式传递信号。

光电耦合器有直射型和反射型两种。图 6-1 为常见光电耦合器的实物外形。

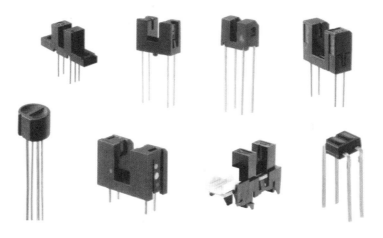

(a)直射型

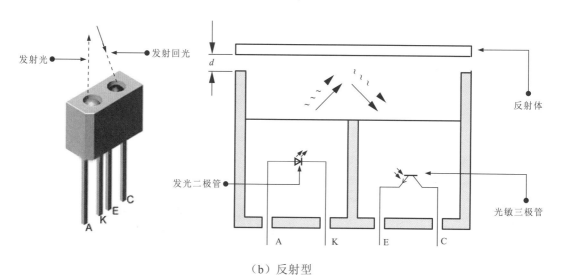

(b)反射型

图 6-1　常见光电耦合器的实物外形

光电耦合器的应用如图 6-2 所示。

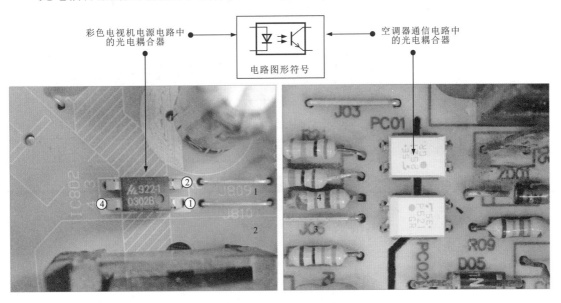

图 6-2 光电耦合器的应用

6.1.2 光电耦合器的检测方法

光电耦合器一般可通过分别检测二极管侧和光敏三极管侧的正、反向阻值来判断内部是否存在击穿短路或断路情况。

图 6-3 为光电耦合器的检测方法。

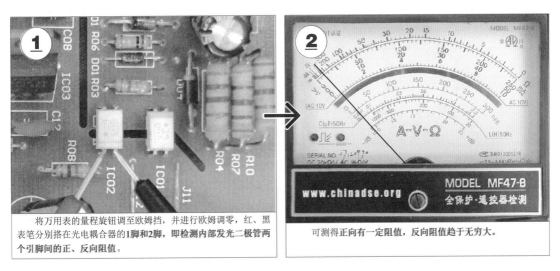

将万用表的量程旋钮调至欧姆挡，并进行欧姆调零，红、黑表笔分别搭在光电耦合器的**1脚和2脚**，即检测内部发光二极管两个引脚间的正、反向阻值。

可测得正向有一定阻值，反向阻值趋于无穷大。

图 6-3 光电耦合器的检测方法

资料与提示

在正常情况下，若不存在外围元器件的影响（可将光电耦合器从电路板上取下），则光电耦合器内部发光二极管侧的正向应有一定的阻值，反向阻值应为无穷大；光敏三极管侧的正、反向阻值都应为无穷大。

6.2 霍尔元件的功能特点和检测方法

6.2.1 霍尔元件的功能特点

霍尔元件是一种锑铟半导体元器件，在外加偏压的条件下，受到磁场的作用会有电压输出，输出电压的极性和强度与外加磁场的极性和强度有关。用霍尔元件制作的磁场传感器被称为霍尔传感器，为了提高输出信号的幅度，通常将放大电路与霍尔元件集成在一起，制成三端元器件或四端元器件，为实际应用提供极大方便。

图 6-4 是霍尔元件的电路图形符号和等效电路。

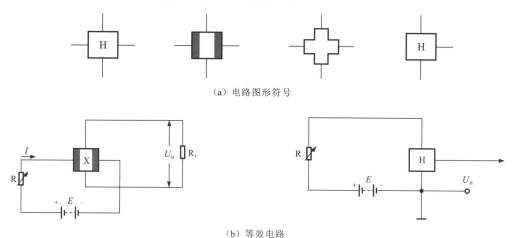

（a）电路图形符号

（b）等效电路

图 6-4 霍尔元件的电路图形符号和等效电路

霍尔元件是将放大器、温度补偿电路及稳压电源集成在一个芯片上的元器件，如图 6-5 所示。

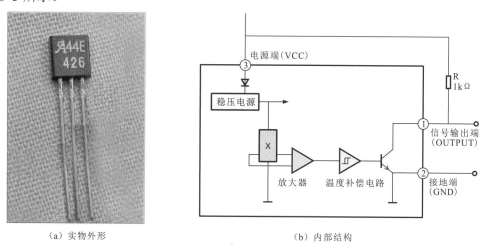

（a）实物外形

（b）内部结构

图 6-5 霍尔元件的实物外形及内部结构

霍尔元件常用的接口电路如图 6-6 所示。它可以与三极管、晶闸管、二极管、TTL 电路和 MOS 电路配接，应用便利。

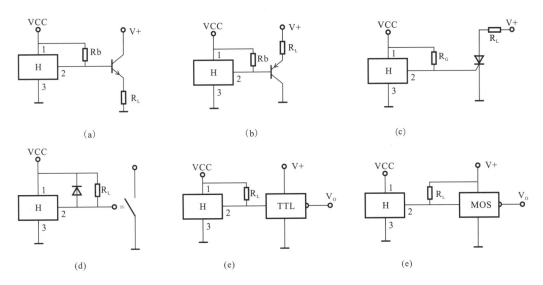

图 6-6　霍尔元件常用的接口电路

　　霍尔元件可以检测磁场的极性，并将磁场的极性变成电信号的极性，主要应用于需要检测磁场的场合，如在电动自行车无刷电动机、调速转把中均有应用。

　　无刷电动机定子绕组必须根据转子磁极的方位切换电流方向才能使转子连续旋转，因此在无刷电动机内必须设置一个转子磁极位置的传感器。这种传感器通常采用霍尔元件。图 6-7 为霍尔元件在电动自行车无刷电动机中的应用。

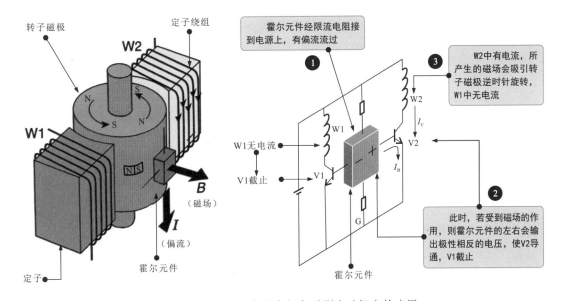

图 6-7　霍尔元件在电动自行车无刷电动机中的应用

　　图 6-8 为霍尔元件在电动自行车调速转把中的应用。电动自行车加电后，通过调速转把可以将控制信号送入控制器中，控制器根据信号的大小控制电动自行车中电动机的转速。

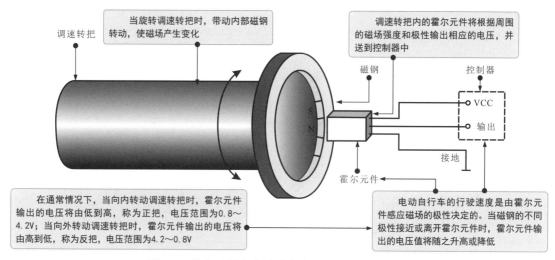

调速转把

当旋转调速转把时，带动内部磁钢转动，使磁场产生变化

调速转把内的霍尔元件将根据周围的磁场强度和极性输出相应的电压，并送到控制器中

磁钢

控制器

VCC

输出

接地

霍尔元件

在通常情况下，当向内转动调速转把时，霍尔元件输出的电压将由低到高，称为正把，电压范围为0.8～4.2V；当向外转动调速转把时，霍尔元件输出的电压将由高到低，称为反把，电压范围为4.2～0.8V

电动自行车的行驶速度是由霍尔元件感应磁场的极性决定的。当磁钢的不同极性接近或离开霍尔元件时，霍尔元件输出的电压值将随之升高或降低

图 6-8　霍尔元件在电动自行车调速转把中的应用

6.2.2 霍尔元件的检测方法

判断霍尔元件是否正常时，可使用万用表分别检测霍尔元件引脚间的阻值，以电动自行车调速转把中的霍尔元件为例，检测方法如图 6-9 所示。

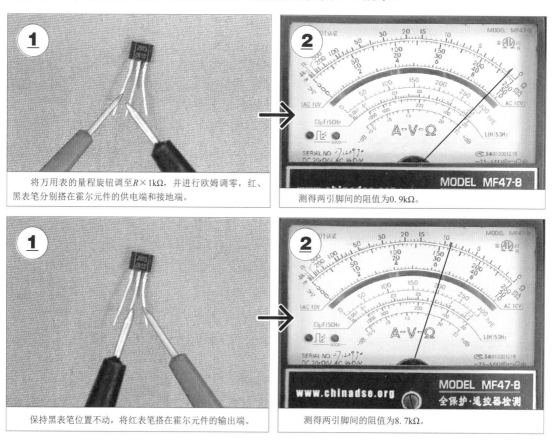

① 将万用表的量程旋钮调至 $R \times 1k\Omega$，并进行欧姆调零，红、黑表笔分别搭在霍尔元件的供电端和接地端。

② 测得两引脚间的阻值为0.9kΩ。

① 保持黑表笔位置不动，将红表笔搭在霍尔元件的输出端。

② 测得两引脚间的阻值为8.7kΩ。

图 6-9　霍尔元件的检测方法

6.3 晶振的功能特点和检测方法

6.3.1 晶振的功能特点

晶振的全称是石英晶体振荡器（Quartz Crystal Oscillator）。晶体是其中的谐振元件，用于稳定频率和选择频率，精度高，稳定度高。

晶振主要是由晶体和外围元器件构成的。图 6-10 为晶振的实物外形和内部结构及电路图形符号和等效电路。

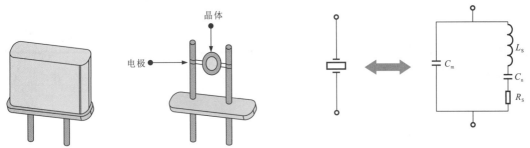

（a）晶振的实物外形和内部结构　　　　（b）电路图形符号和等效电路

图 6-10　晶振的实物外形和内部结构及电路图形符号和等效电路

资料与提示

石英（晶体）是自然界天然形成的结晶物质，具有压电效应的特性，受到机械应力时会产生振动，由此产生的电压信号的频率等于机械振动的频率，当在晶体两端施加交流电压时，会在输入电压频率的作用下振动，且在晶体的自然谐振频率下会产生最强烈的振动现象。晶体的自然谐振频率由实体尺寸及切割方式来决定。

在电子产品电路中，晶振通常与微处理器芯片内部的振荡电路构成振荡电路，为电路提供时钟信号，如图 6-11 所示。

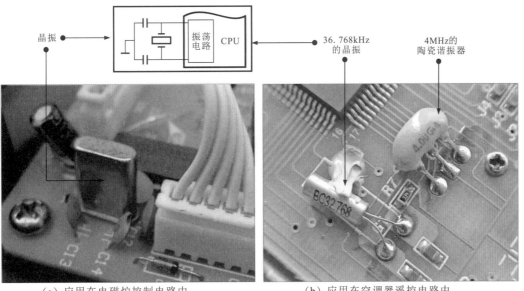

（a）应用在电磁炉控制电路中　　　　（b）应用在空调器遥控电路中

图 6-11　晶振的应用

❖ 6.3.2 晶振的检测方法

晶振的检测比较简单，一般使用示波器检测引脚的信号波形即可，在正常情况下，可观测到与晶振频率相同的信号波形，如图 6-12 所示（以空调器遥控电路中的晶振为例）。

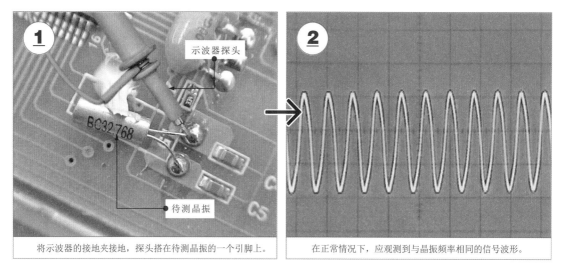

图 6-12　晶振引脚的信号波形

若实测无信号波形或信号波形异常，则说明晶振未工作，此时需要将晶振从电路板上取下，用万用表检测晶振引脚之间的阻值，如图 6-13 所示。

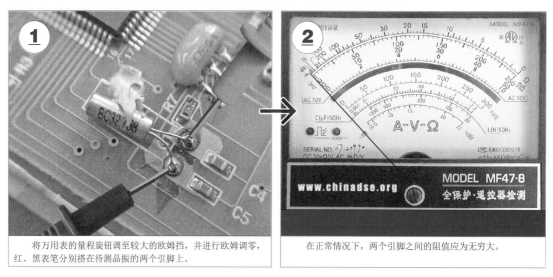

图 6-13　晶振引脚之间阻值的检测方法

若可测得一定的阻值，则说明晶振损坏；若所测阻值为无穷大，也不可立刻判断晶振正常，因为晶振出现开路故障时也会测到无穷大的阻值，此时需要采用替换法排查故障。

6.4 扬声器的功能特点和检测方法

6.4.1 扬声器的功能特点

扬声器俗称喇叭，是音响系统中不可缺少的重要部件，能够将电信号转换为声波信号。

图 6-14 为常见扬声器的实物外形及电路图形符号。

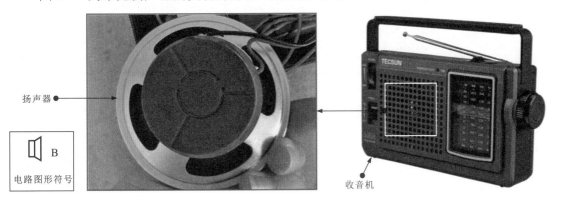

图 6-14 常见扬声器的实物外形及电路图形符号

扬声器主要是由磁路系统和振动系统组成的。磁路系统由环形磁铁和导磁板组成；振动系统由纸盆、纸盆支架、音圈、音圈支架等部分组成，如图 6-15 所示。

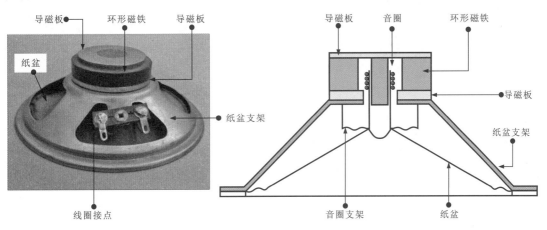

图 6-15 扬声器的结构

资料与提示

音圈是用漆包线绕制而成的，圈数很少通常只有几十圈，故阻抗很小。音圈的引出线平贴着纸盆，用胶水粘在纸盆上。纸盆是由特制的模压纸制成的，在中心加有防尘罩，防止灰尘和杂物进入磁隙，影响振动效果。

当扬声器的音圈通入音频电流后，音圈在电流的作用下产生交变的磁场，并在环形磁铁内形成的磁场中形成振动。由于音圈产生磁场的大小和方向随音频电流的变化不断改变，因此音圈会在磁场内产生振动。由于音圈和纸盆相连，因此音圈带动纸盆振动，从而引起空气振动并发出声音。

❖ 6.4.2 扬声器的检测方法

使用万用表检测扬声器时，可通过检测扬声器的阻值来判断扬声器是否损坏。检测前，可先了解待测扬声器的标称交流阻抗，为检测提供参照标准，如图 6-16 所示。

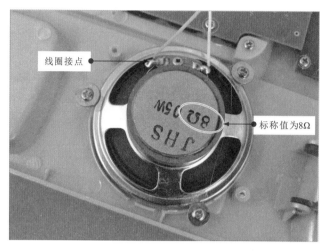

图 6-16　待测扬声器的参数标识

扬声器的检测方法如图 6-17 所示。

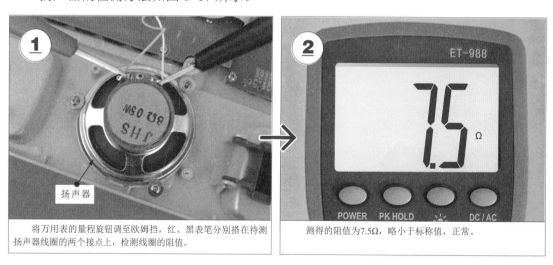

将万用表的量程旋钮调至欧姆挡，红、黑表笔分别搭在待测扬声器线圈的两个接点上，检测线圈的阻值。

测得的阻值为7.5Ω，略小于标称值，正常。

图 6-17　扬声器的检测方法

资料与提示

值得注意的是,扬声器上的标称值8Ω是该扬声器在有正常交流信号驱动时所呈现的阻值,即交流阻值;用万用表检测时, 所测的阻值为直流阻值。在正常情况下, 直流阻值应接近且小于交流阻值。

若所测阻值为零或无穷大, 则说明扬声器已损坏, 需要更换。

如果扬声器性能良好, 则在检测时, 将万用表的一支表笔搭在线圈的一个接点上, 当另一支表笔触碰线圈的另一个接点时, 扬声器会发出"咔咔"声;如果扬声器损坏, 则不会有声音发出。此外, 若扬声器出现线圈粘连或卡死、纸盆损坏等情况,则用万用表检测是判别不出来的,必须通过试听音响效果才能判别。

6.5 蜂鸣器的功能特点和检测方法

6.5.1 蜂鸣器的功能特点

蜂鸣器从结构上分为压电式蜂鸣器和电磁式蜂鸣器。压电式蜂鸣器是由陶瓷材料制成的。电磁式蜂鸣器是由电磁线圈构成的。从工作原理上，蜂鸣器可以分为无源蜂鸣器和有源蜂鸣器。无源蜂鸣器内部无振荡源，必须有驱动信号才能发声。有源蜂鸣器内部有振荡源，只要外加直流电压即可发声。

图 6-18 为常见蜂鸣器的实物外形及电路图形符号。

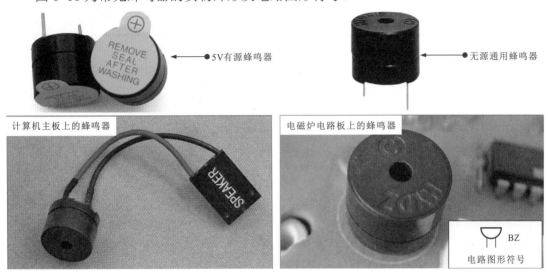

图 6-18 常见蜂鸣器的实物外形及电路图形符号

蜂鸣器主要作为发声器件广泛应用在各种电子产品中。例如，图 6-19 为简易门窗防盗报警电路。该电路主要是由振动传感器 CS01 及其外围元器件构成的。在正常状态下，CS01 的输出端为低电平信号输出，继电器不工作；当 CS01 受到撞击时，其内部电路将振动信号转化为电信号并由输出端输出高电平，使继电器 KA 吸合，控制蜂鸣器发出警示声音，引起人们的注意。

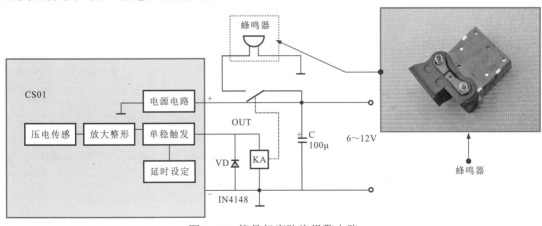

图 6-19 简易门窗防盗报警电路

图 6-20 为电动自行车防盗报警锁电路。当电动自行车被移动时，振动传感器 S1 会有信号送到 V1 的基极，经 V1 放大后，加到 IC1 的 1 脚，经 IC1 处理后由 4 脚输出，经 V2 驱动蜂鸣器发声，发出警示声音，引起车主注意。

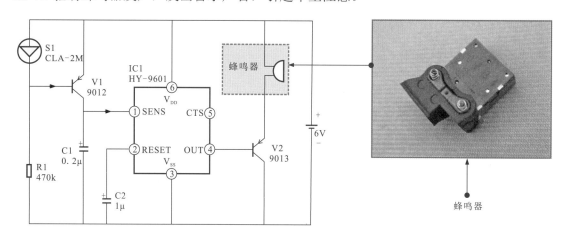

图 6-20　电动自行车防盗报警锁电路

6.5.2 蜂鸣器的检测方法

判断蜂鸣器好坏的方法有两种：一种是借助万用表检测阻值判断好坏，操作简单方便；另一种是借助直流稳压电源供电听声音的方法判断好坏，准确可靠。

1. 借助万用表检测蜂鸣器

在检测蜂鸣器前，首先根据待测蜂鸣器上的标识识别出正、负极引脚，为蜂鸣器的检测提供参照标准。下面使用数字万用表对蜂鸣器进行检测，将数字万用表的量程旋钮置调至欧姆挡，检测方法如图 6-21 所示。

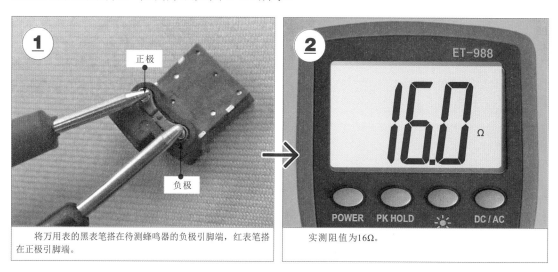

将万用表的黑表笔搭在待测蜂鸣器的负极引脚端，红表笔搭在正极引脚端。

实测阻值为16Ω。

图 6-21　蜂鸣器的检测方法

在正常情况下，蜂鸣器正、负引脚间的阻值应有一个固定值（一般为 8Ω 或 16Ω），当表笔接触引脚端的一瞬间或间断接触蜂鸣器的引脚端时，蜂鸣器会发出"吱吱"的声响。若测得引脚间的阻值为无穷大、零或未发出声响，则说明蜂鸣器已损坏。

※ 2. 借助直流稳压电源检测蜂鸣器

直流稳压电源用于为蜂鸣器提供直流电压。首先将直流稳压电源的正极与蜂鸣器的正极（蜂鸣器的长引脚端）连接，负极与蜂鸣器的负极（蜂鸣器的短引脚端）连接，连接方法如图 6-22 所示。

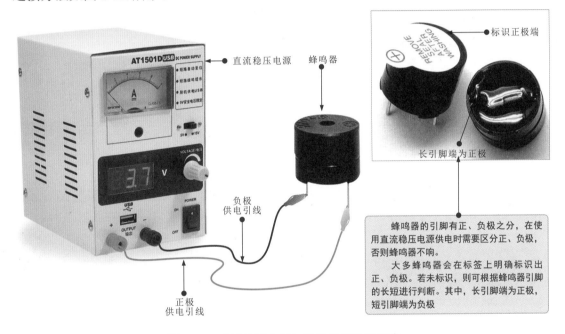

图 6-22　直流稳压电源与蜂鸣器的连接方法

检测时，将直流稳压电源通电，并从低到高调节直流稳压电源的输出电压（不能超过蜂鸣器的额定电压），通过观察蜂鸣器的状态判断性能好坏。

在正常情况下，借助直流稳压电源为蜂鸣器供电时，蜂鸣器能发出声响，且随着供电电压的升高，声响变大；随着供电电压的降低，声响变小。若实测时不符合，则多为蜂鸣器失效或损坏，此时一般选用同规格型号的蜂鸣器代换即可。

6.6 电池的功能特点和检测方法

6.6.1 电池的功能特点

电池是为电子产品提供电能的器件，应用于各种需要直流电源的产品或设备中。图 6-23 为几种电池的实物外形及电路图形符号。

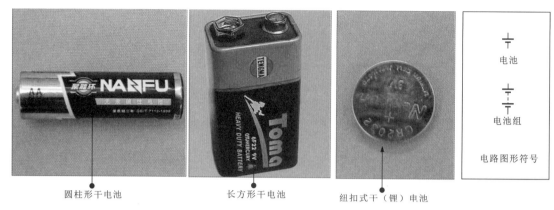

圆柱形干电池　　　　　　　长方形干电池　　　　　纽扣式干（锂）电池

图 6-23　几种电池的实物外形及电路图形符号

6.6.2　电池的检测方法

电池作为一种电能供给部件，在使用万用表检测时，可通过检测其输出的直流电压来判断性能，如图 6-24 所示。

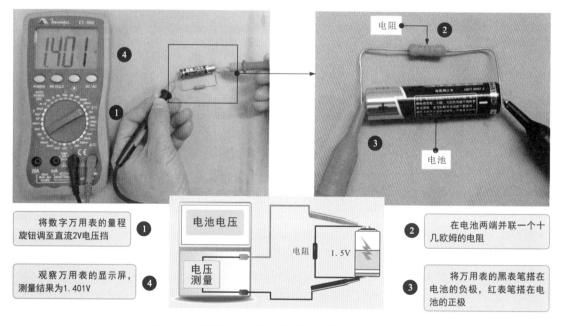

| 将数字万用表的量程旋钮调至直流2V电压挡 ❶ | 在电池两端并联一个十几欧姆的电阻 ❷ |

| 观察万用表的显示屏，测量结果为1.401V ❹ | 将万用表的黑表笔搭在电池的负极，红表笔搭在电池的正极 ❸ |

图 6-24　使用数字万用表检测电池输出的直流电压

在正常情况下，电池输出的直流电压应近似于标称值（电量充足时，实测值略大于标称值），若略低于或相差很多，则说明电池电量下降或几乎耗尽。

资料与提示

在一般情况下，用万用表直接测量电池时，不论电池电量是否充足，测量结果都会与标称值基本相同，也就是说，测量电池空载时的电压不能判断电池的电量情况。电池电量耗尽的主要表现是电池内阻增加，接上电阻后，电流会在内阻上消耗电能，并产生电压降。例如，一节 5 号干电池，电池空载时的电压为 1.5V，但接上电阻后，电压降为 0.5V，表明电池电量几乎耗尽。

另外，有些万用表具有电池消耗状态的检测功能。这种万用表设有专用电池检测挡，当将万用表的量程旋钮调至电池检测挡时，在该挡内部有电阻与电池并联，如图 6-25 所示，可以直接检测电池性能，无需外部并联电阻。

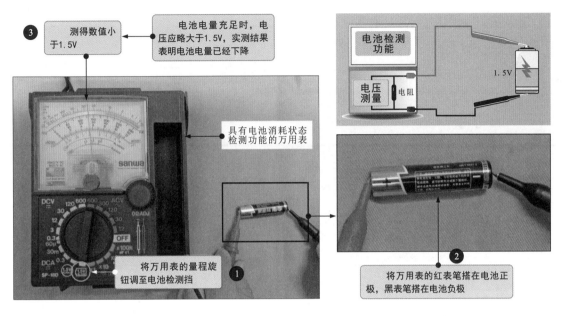

图 6-25　使用具有电池消耗状态检测功能的万用表检测电池性能

资料与提示

图 6-26 为同一块电池分别使用直流电压挡和电池检测挡的实测结果对照。

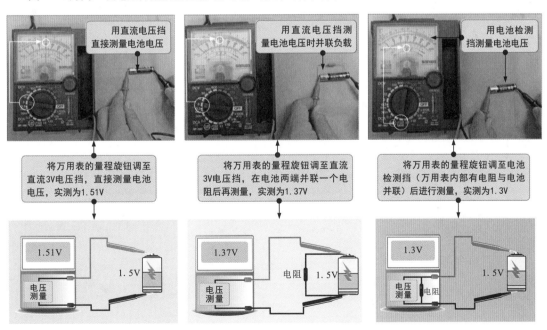

图 6-26　同一块电池分别使用直流电压挡和电池检测挡的实测结果对照

6.7 数码显示器的功能特点和检测方法

6.7.1 数码显示器的功能特点

数码显示器实际上是一种数字显示器件，又可称为 LED 数码管，是电子产品中常用的显示器件，如应用在电磁炉、微波炉操作面板上用来显示工作状态、运行时间等。

图 6-27 为常见数码显示器的实物外形及典型应用。

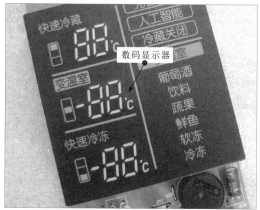

图 6-27　常见数码显示器的实物外形及典型应用

数码显示器用多个发光二极管组成笔段显示相应的数字或图像，用 DP 表示小数点。图 6-28 为数码显示器的引脚排列和连接方式。

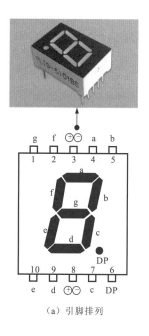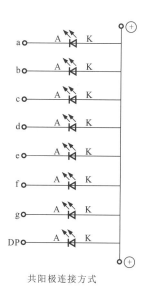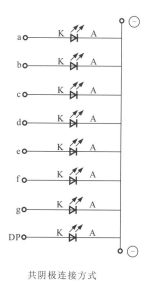

（a）引脚排列　　　　　　　　　　（b）连接方式

图 6-28　数码显示器的引脚排列和连接方式

　　数码显示器按照字符笔画段数的不同可以分为七段数码显示器和八段数码显示器。段是指数码显示器字符的笔画（a～g）。八段数码显示器比七段数码显示器多一个发光二极管单元，即多一个小数点显示DP。

❖ 6.7.2 数码显示器的检测方法

　　数码显示器一般可借助万用表检测。检测时，可通过检测相应笔段的阻值来判断数码显示器是否损坏。检测之前，应首先了解待测数码显示器各笔段所对应的引脚，如图 6-29 所示。

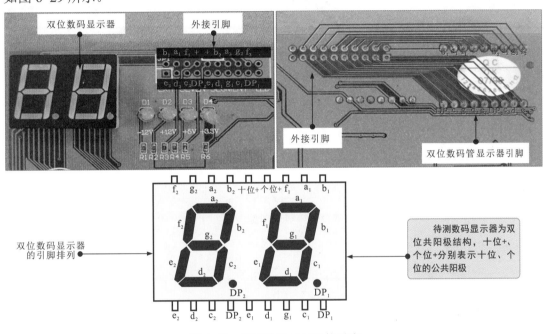

图 6-29　待测数码显示器的引脚

　　图 6-30 为双位数码显示器的检测方法。

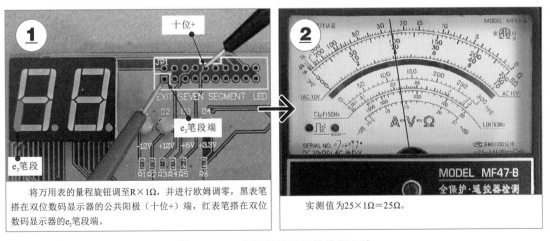

图 6-30　双位数码显示器的检测方法

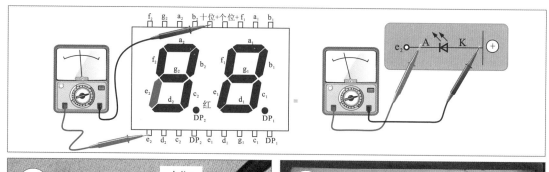

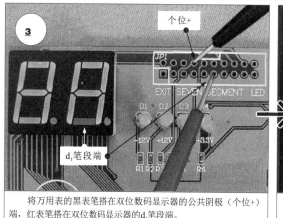

将万用表的黑表笔搭在双位数码显示器的公共阴极（个位+）端，红表笔搭在双位数码显示器的d_1笔段端。

实测值为23×1Ω=23Ω。

图 6-30　双位数码显示器的检测方法（续）

资料与提示

图 6-30 中，在正常情况下，当检测相应的笔段时，笔段应发光，且有一定的阻值；若笔段不发光或阻值为无穷大或零，均说明该笔段的发光二极管已损坏。

另外需要注意的是，图 6-30 检测的是采用共阳极结构的双位数码显示器，若为采用共阴极结构的双位数码显示器，则在检测时，应将红表笔接触公共阴极，黑表笔接触各个笔段端。

6.8　变压器的功能特点和检测方法

变压器可利用电磁感应原理传递电能或传输交流信号，广泛应用在各种电子产品中，是将两组或两组以上的线圈绕制在同一骨架或同一铁芯上制成的。

图 6-31 为变压器的实物外形和结构。

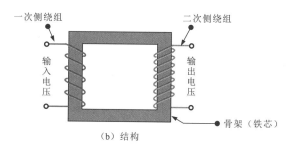

（a）实物外形　　　　　　　　　　　　　　　　（b）结构

图 6-31　变压器的实物外形和结构

6.8.1 变压器的功能特点

变压器在电路中主要用来实现电压变换、阻抗变换、相位变换、电气隔离、信号传输等功能。

1. 变压器的电压变换功能

提升或降低交流电压是变压器在电路中的主要功能，如图 6-32 所示。

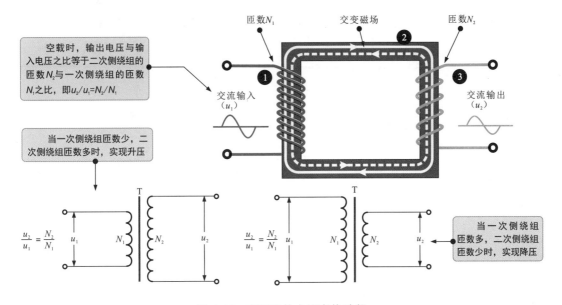

图 6-32　变压器的电压变换功能

图 6-32 中，❶当交流 220V 电压流过一次侧绕组时，在一次侧绕组上形成感应电动势；❷在绕制的线圈中产生交变磁场，使铁芯磁化；❸二次侧绕组也产生与一次侧绕组变化相同的交变磁场，根据电磁感应原理，二次侧绕组便会产生交流电压。

2. 变压器的阻抗变换功能

变压器通过一次侧线圈、二次侧线圈可实现阻抗变换，即一次侧与二次侧线圈的匝数比不同，输入与输出的阻抗也不同，如图 6-33 所示。

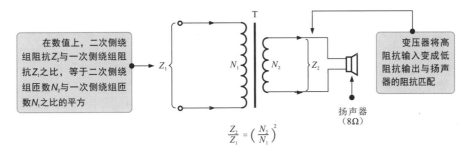

$$\frac{Z_2}{Z_1} = \left(\frac{N_2}{N_1}\right)^2$$

图 6-33　变压器的阻抗变换功能

3. 变压器的相位变换功能

通过改变变压器一次侧和二次侧绕组的绕线方向和连接，可以很方便地将输入信号的相位倒相，如图 6-34 所示。

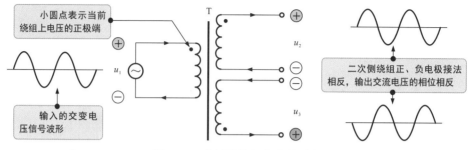

图 6-34　变压器的相位变换功能

4. 变压器的电气隔离功能

根据变压器的变压原理，一次侧绕组的交流电压是通过电磁感应原理"感应"到二次侧绕组上的，没有进行实际的电气连接，因而变压器具有电气隔离功能，如图 6-35 所示。

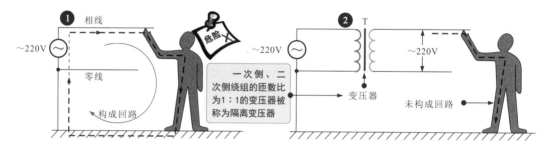

图 6-35　变压器的电气隔离功能

资料与提示

图 6-35 中，❶无隔离变压器的电气线路：人体直接与市电 220V 接触，会通过大地与交流电源形成回路而发生触电事故；❷接入隔离变压器的电气线路：接入隔离变压器后，因变压器线圈分离而起到隔离作用，当人体接触到交流 220V 电压时，不会构成回路，保证了人身安全。

6.8.2 变压器的检测方法

变压器是一种以一次侧、二次侧绕组为核心的部件，当使用万用表检测时，可通过检测绕组阻值来判断变压器是否损坏。

1. 变压器绕组阻值的检测方法

检测变压器绕组阻值主要包括对一次侧、二次侧绕组自身阻值的检测、绕组与绕组之间绝缘电阻的检测、绕组与铁芯或外壳之间绝缘电阻的检测三个方面，如图 6-36 所示。

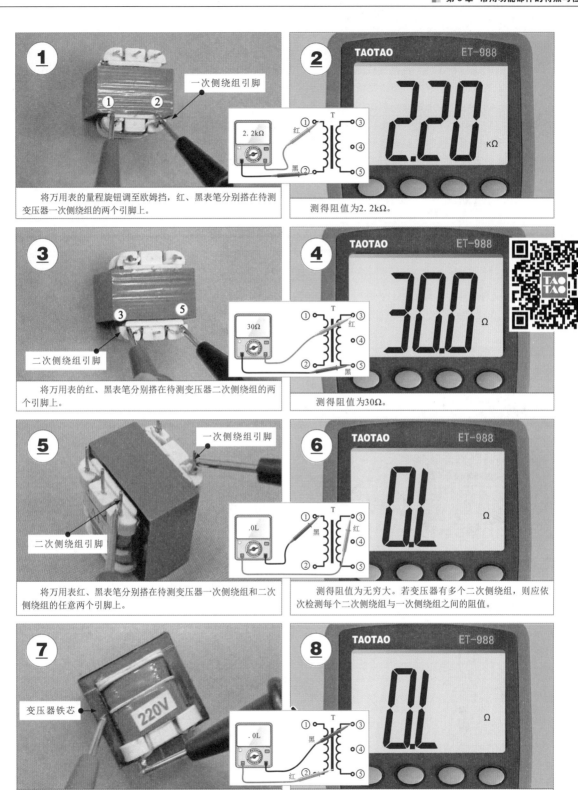

图 6-36 变压器绕组阻值的检测方法

资料与提示

变压器的绕组其实是一种电感线圈，当用万用表的电阻挡检测阻值时，在正常情况下，应有一个固定阻值；若实测阻值为无穷大，则说明所测绕组存在断路现象。

变压器的绕组与绕组之间应为电气隔离，当用万用表的电阻挡检测阻值时，在正常情况下，两绕组之间的阻值应为无穷大；若阻值很小，则说明两绕组之间存在短路现象。

变压器的绕组与铁芯或外壳之间具有绝缘特性，在正常情况下，各绕组与铁芯或外壳之间应良好绝缘，用万用表的电阻挡检测阻值时应为无穷大。若阻值很小，则说明所测绕组与铁芯或外壳之间存在短路现象。

2. 变压器输入、输出电压的检测方法

变压器的主要功能就是电压变换，因此在正常情况下，若输入电压正常，则应输出变换后的电压，使用万用表检测时，可通过检测输入、输出电压来判断变压器是否损坏。

在检测之前，需要区分待测变压器的输入、输出引脚，了解输入、输出电压值，为变压器的检测提供参照标准，如图6-37所示。

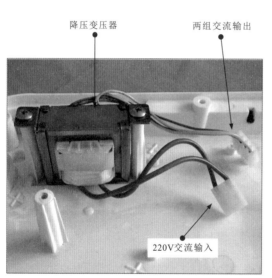
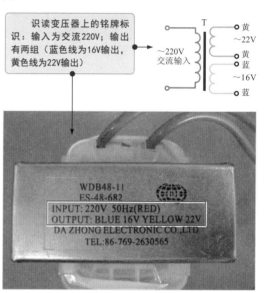

（a）区分待测变压器的输入、输出引脚

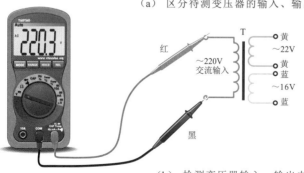

（b）检测变压器输入、输出电压

图6-37 变压器输入、输出电压的检测方法

图 6-38 为变压器输入、输出电压的检测案例。

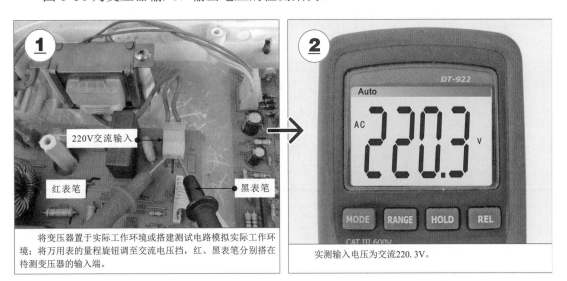

① 220V交流输入　红表笔　黑表笔

将变压器置于实际工作环境或搭建测试电路模拟实际工作环境；将万用表的量程旋钮调至交流电压挡，红、黑表笔分别搭在待测变压器的输入端。

② 实测输入电压为交流220.3V。

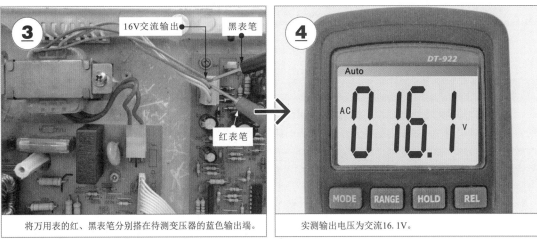

③ 16V交流输出　黑表笔　红表笔

将万用表的红、黑表笔分别搭在待测变压器的蓝色输出端。

④ 实测输出电压为交流16.1V。

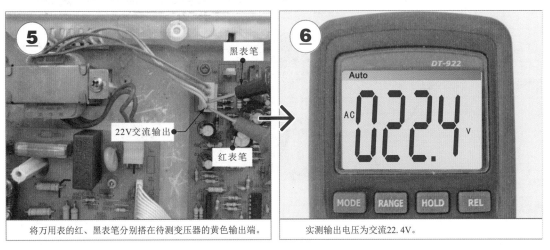

⑤ 黑表笔　22V交流输出　红表笔

将万用表的红、黑表笔分别搭在待测变压器的黄色输出端。

⑥ 实测输出电压为交流22.4V。

图 6-38　变压器输入、输出电压的检测案例

❋ 3. 变压器绕组电感量的检测方法

变压器一次侧、二次侧绕组都相当于多匝数的电感线圈，检测时，可以用万用电桥检测一次侧、二次侧绕组的电感量来判断变压器的好坏。

在检测之前，应首先区分待测变压器的绕组引脚，如图6-39所示。

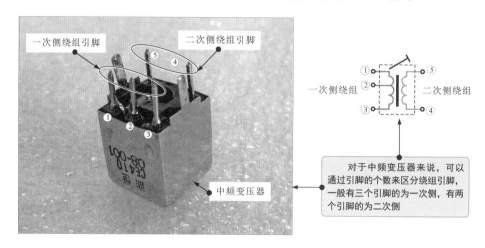

图6-39　区分待测变压器的绕组引脚

资料与提示

对于其他类型的变压器来说，如果没有标识变压器的一次侧、二次侧，则一般可以通过观察引线粗细的方法来区分。通常，对于降压变压器，线径较细引线的一侧为一次侧，线径较粗引线的一侧为二次侧；线圈匝数较多的一侧为一次侧，线圈匝数较少的一侧为二次侧。另外，通过测量绕组的阻值也可区分，即阻值较大的一侧为一次侧，阻值较小的一侧为二次侧。如果是升压变压器，则区分方法正好相反。

图6-40为使用万用电桥检测变压器绕组电感量的方法。

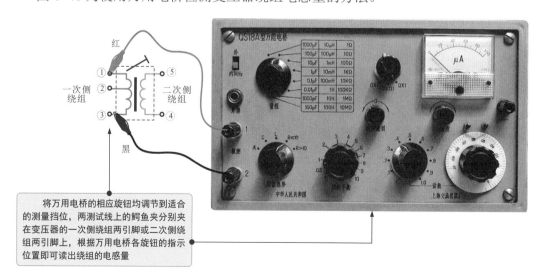

图6-40　使用万用电桥检测变压器绕组电感量的方法

图 6-41 为变压器绕组电感量的检测案例。

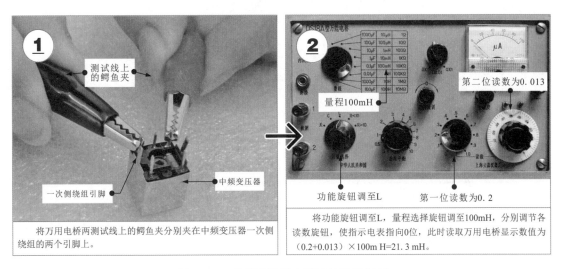

将万用电桥两测试线上的鳄鱼夹分别夹在中频变压器一次侧绕组的两个引脚上。

将功能旋钮调至 L,量程选择旋钮调至 100mH,分别调节各读数钮,使指示电表指向 0 位,此时读取万用电桥显示数值为(0.2+0.013)×100m H=21.3 mH。

图 6-41　变压器绕组电感量的检测案例

资料与提示

万用电桥的旋钮虽然比较多,但每个旋钮都有各自的功能,在了解每个旋钮的功能后,读取数值就会十分简单,如图 6-42 所示。

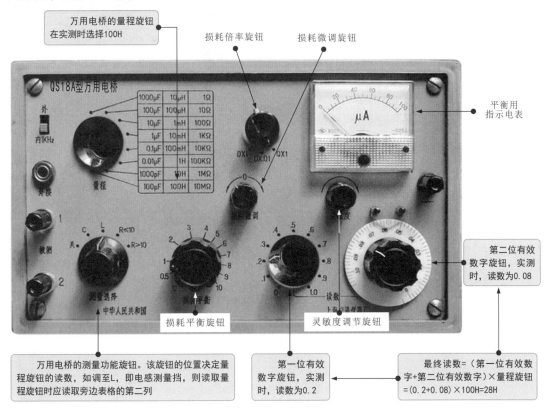

图 6-42　万用电桥

第7章
电动机的拆卸与检修

7.1 电动机的种类

电动机是一种利用电磁感应原理将电能转换为机械能的动力部件，种类多样。

7.1.1 永磁式直流电动机

永磁式直流电动机的定子磁极是由永久磁体组成的，利用永磁体提供磁场，使转子在磁场的作用下旋转。

图 7-1 为永磁式直流电动机的结构组成。

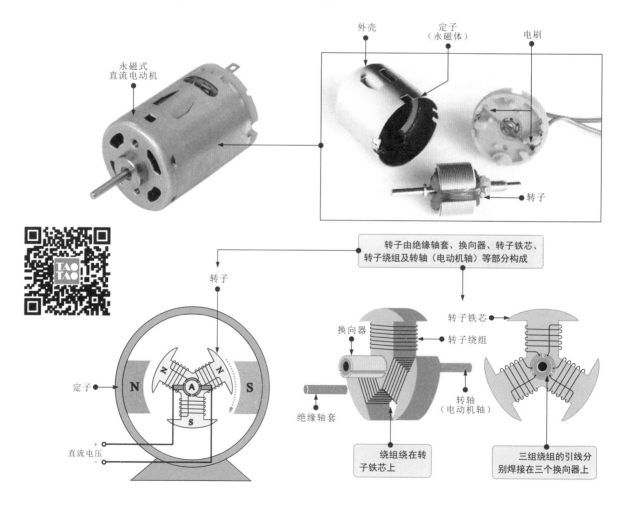

图 7-1 永磁式直流电动机的结构组成

7.1.2 电磁式直流电动机

电磁式直流电动机是将用于产生定子磁场的永磁体用电磁铁取代，转子由转子铁芯、绕组（线圈）及转轴等组成，如图 7-2 所示。

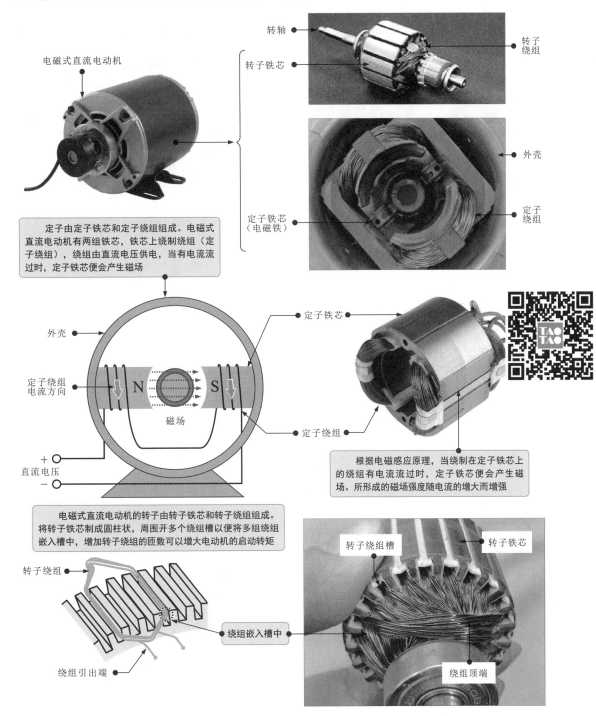

图 7-2　电磁式直流电动机的结构组成

7.1.3 有刷直流电动机

有刷直流电动机的内部设置电刷和换向器，主要由定子、转子、电刷及换向器等组成，如图 7-3 所示。

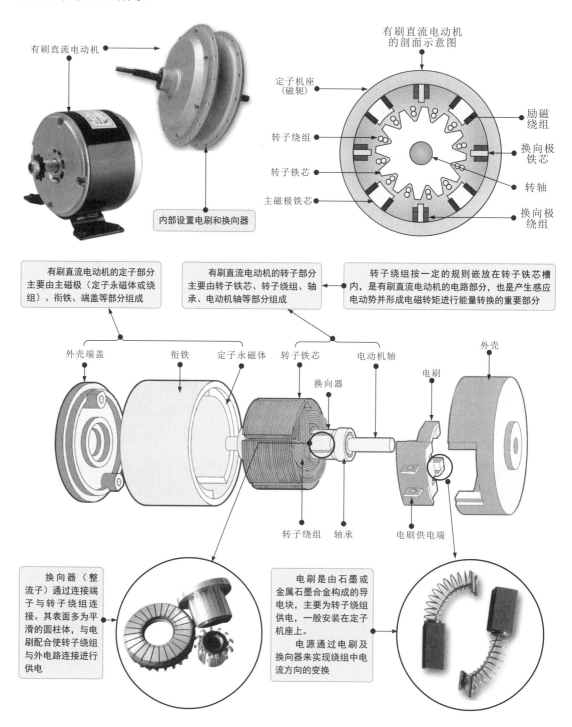

有刷直流电动机

内部设置电刷和换向器

有刷直流电动机的剖面示意图

定子机座（磁轭）

转子绕组

转子铁芯

主磁极铁芯

励磁绕组

换向极铁芯

转轴

换向极绕组

有刷直流电动机的定子部分主要由主磁极（定子永磁体或绕组）、衔铁、端盖等部分组成

有刷直流电动机的转子部分主要由转子铁芯、转子绕组、轴承、电动机轴等部分组成

转子绕组按一定的规则嵌放在转子铁芯槽内，是有刷直流电动机的电路部分，也是产生感应电动势并形成电磁转矩进行能量转换的重要部分

外壳端盖　衔铁　定子永磁体　转子铁芯　电动机轴　外壳

换向器　电刷

转子绕组　轴承　电刷供电端

换向器（整流子）通过连接端子与转子绕组连接。其表面多为平滑的圆柱体，与电刷配合使转子绕组与外电路连接进行供电

电刷是由石墨或金属石墨合金构成的导电块，主要为转子绕组供电，一般安装在定子机座上。电源通过电刷及换向器来实现绕组中电流方向的变换

图 7-3　有刷直流电动机的结构组成

7.1.4 无刷直流电动机

无刷直流电动机没有电刷和换向器。其转子是由永久磁钢制成的；绕组绕制在定子上；定子上的霍尔元件用来检测转子磁极的位置，以便借助该位置的信号控制定子绕组中的电流方向和相位，驱动转子旋转。

无刷直流电动机的外形多样，但基本结构相同，都是由转轴、转子、定子绕组、霍尔元件等组成的，如图 7-4 所示。

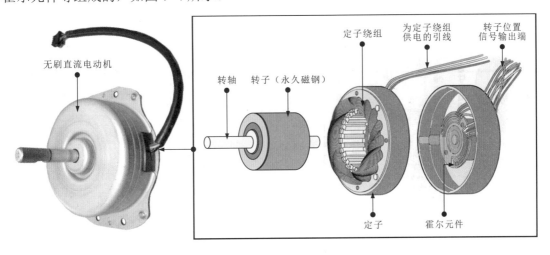

图 7-4　无刷直流电动机的结构组成

霍尔元件是无刷直流电动机中的传感部件，一般固定在定子上，如图 7-5 所示。

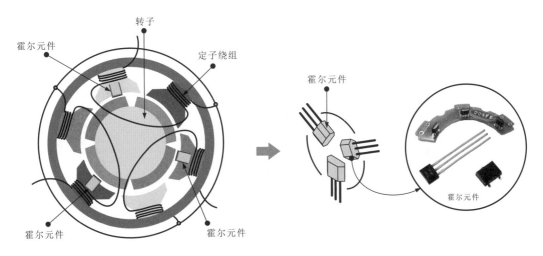

图 7-5　无刷直流电动机中的霍尔元件

7.1.5 交流同步电动机

交流同步电动机的转速与供电电源的频率同步，若工作在电源频率恒定的条件下，则转速恒定不变，与负载无关。

交流同步电动机根据结构的不同，有转子需要励磁的同步电动机和转子不需要励磁的同步电动机。

1. 转子需要励磁的同步电动机

转子需要励磁的同步电动机主要是由显极式转子、定子绕组、定子铁芯、转子绕组及轴套集电环等组成的，如图7-6所示。

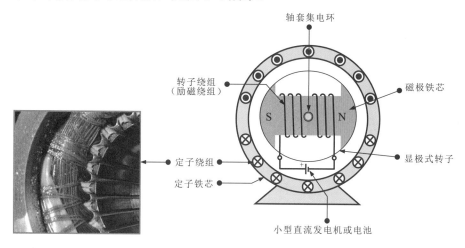

图7-6 转子需要励磁的同步电动机的结构组成

2. 转子不需要励磁的同步电动机

转子不需要励磁的同步电动机主要由转子和定子等组成，如图7-7所示。转子的表面被切成平面，并装有笼型绕组。笼型转子磁极由永磁体制成，具有保持磁性的特点，可产生启动转矩。

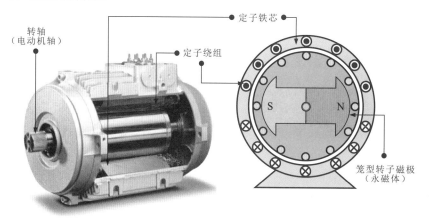

笼型转子磁极用来产生启动转矩，当电动机的转速达到一定值时，转子即可跟踪定子绕组的电流频率并达到同步，转子的极性是由定子感应出来的。它的极数与定子的极数相等，当转子的速度达到一定值时，转子上的笼型绕组就会失去作用，只靠转子磁极跟踪定子磁极达到同步

图7-7 转子不需要励磁的同步电动机的结构组成

资料与提示

同步电动机的转速 $n=60f/p$。式中，f 为电源频率；p 为磁极对数。

如果磁极对数为1，电源频率为50Hz，则转速为 $60\times50/1=3000$（r/min）。

如果磁极对数为2，电源频率为50Hz，则转速为 $60\times50/2=1500$（r/min）。

7.1.6 交流异步电动机

交流异步电动机的转速与供电电源的频率不同步。

根据供电方式不同，交流异步电动机主要分为单相交流异步电动机和三相交流异步电动机。

1. 单相交流异步电动机

单相交流异步电动机采用单相交流电源（由一根相线、一根零线构成的交流220V电源）供电，主要由定子、转子、转轴、轴承、端盖等部分组成，如图7-8所示。

端盖　　定子　　转子　　端盖

轴承和垫片　　转轴　　轴承和垫片

主要是由定子铁芯、定子绕组等部分构成的

目前主要有笼型转子和绕线型转子（换向器型）两种结构

定子绕组

转子铁芯（层叠结构）

转轴

笼型转子

定子铁芯

绕线型转子是将绕组绕在转子铁芯上，绕组的引线分别接在换向器上

换向器

转子绕组

转子铁芯

定子铁芯的层叠结构

绕线型转子

转轴（电动机轴）

图 7-8　单相交流异步电动机的结构组成

2. 三相交流异步电动机

三相交流异步电动机采用三相交流电源供电，转矩较大、效率较高，多用在大功率动力设备中。

三相交流异步电动机与单相交流异步电动机的结构相似，主要是由定子、转子、转轴、轴承、端盖、外壳等部分组成的，如图7-9所示。

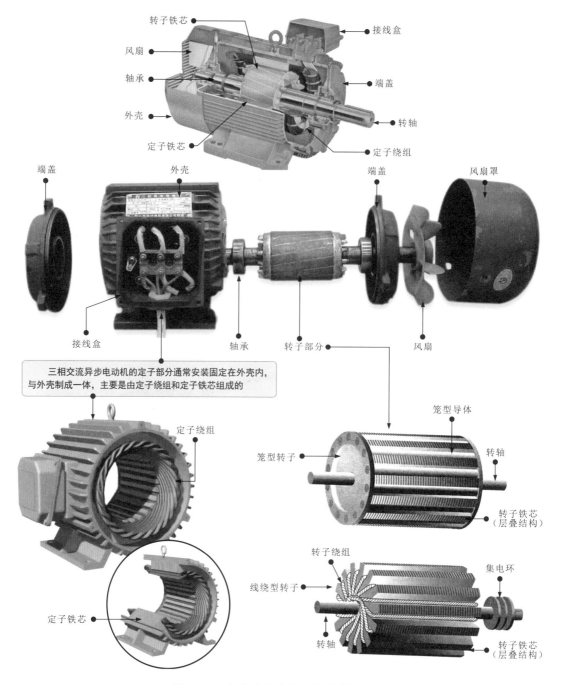

图 7-9　三相交流异步电动机的结构组成

7.2 电动机的拆卸

7.2.1 有刷直流电动机的拆卸

以电动自行车中的有刷直流电动机为例，拆卸有刷直流电动机主要分为拆卸端盖、分离有刷直流电动机的定子和转子、拆卸电刷及电刷架等环节，如图 7-10 所示。

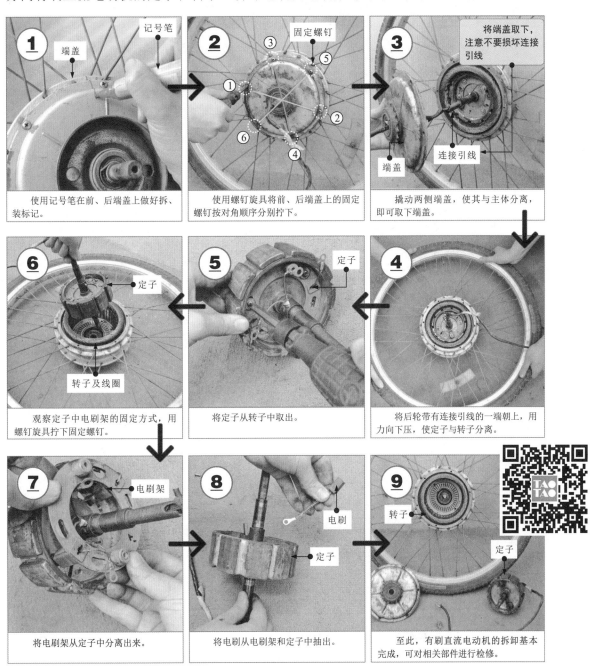

图 7-10 有刷直流电动机的拆卸方法

7.2.2 无刷直流电动机的拆卸

以电动自行车中无刷直流电动机为例，拆卸无刷直流电动机主要分为拆卸端盖、分离定子和转子等环节，如图 7-11 所示。

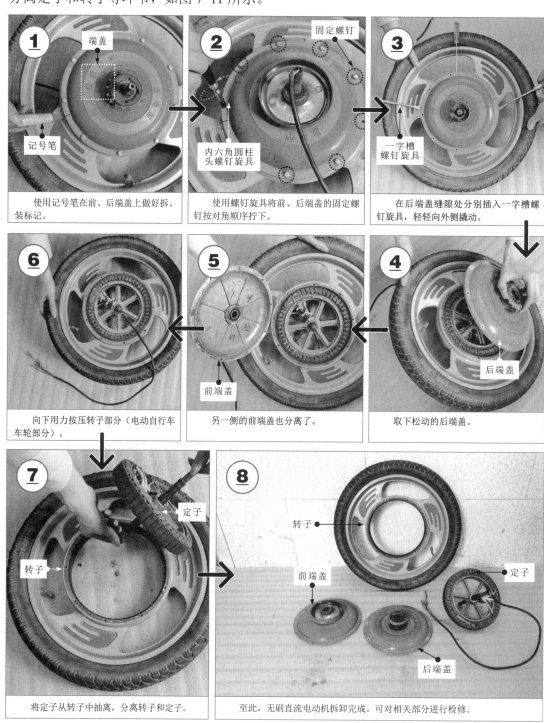

① 使用记号笔在前、后端盖上做好拆、装标记。

② 使用螺钉旋具将前、后端盖的固定螺钉按对角顺序拧下。

③ 在后端盖缝隙处分别插入一字槽螺钉旋具，轻轻向外侧撬动。

⑥ 向下用力按压转子部分（电动自行车车轮部分）。

⑤ 另一侧的前端盖也分离了。

④ 取下松动的后端盖。

⑦ 将定子从转子中抽离，分离转子和定子。

⑧ 至此，无刷直流电动机拆卸完成。可对相关部分进行检修。

图 7-11　无刷直流电动机的拆卸方法

7.2.3 单相交流电动机的拆卸

单相交流电动机的结构多种多样，但基本的拆卸方法大致相同。下面以常见电风扇中的单相交流电动机为例讲述具体的拆卸方法，如图 7-12 所示。

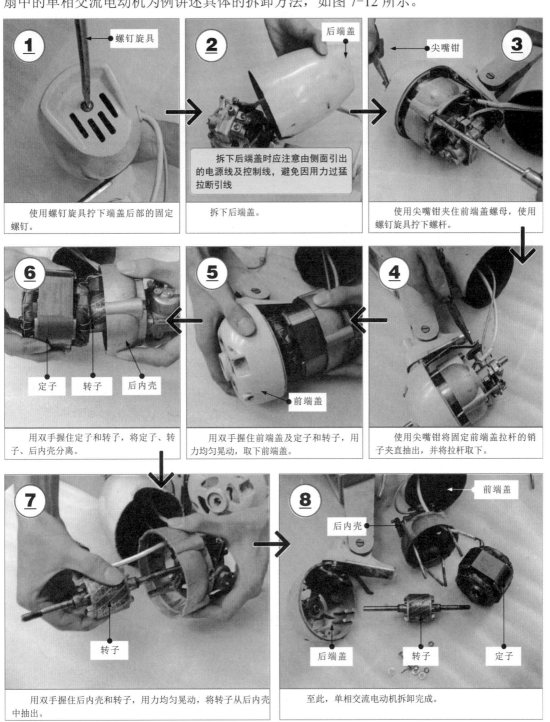

图 7-12　单相交流电动机的拆卸方法

7.2.4 三相交流电动机的拆卸

三相交流电动机的拆卸方法如图 7-13 所示。

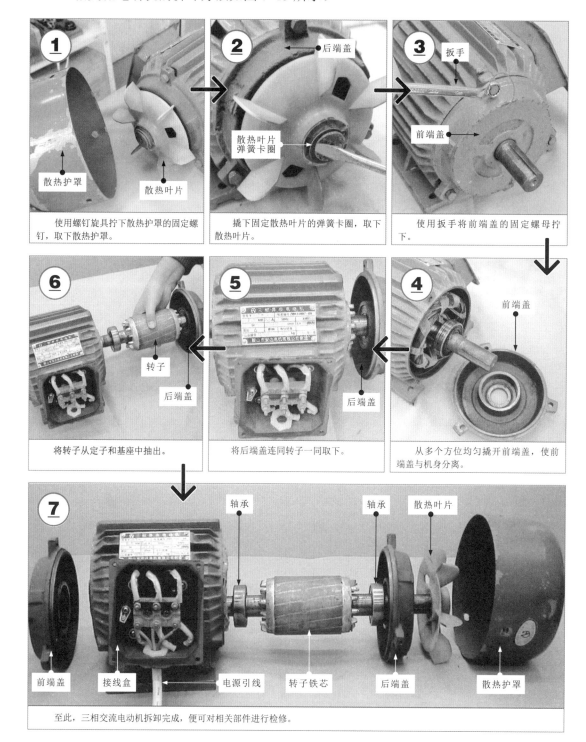

图 7-13 三相交流电动机的拆卸方法

7.3 电动机的检测

电动机作为一种以绕组（线圈）为主要电气部件的动力设备，在检测时，主要是对绕组及传动状态进行检测，包括绕组电阻、绝缘电阻、空载电流及转速等。

7.3.1 绕组电阻的检测

绕组是电动机的主要组成部件，在电动机的实际应用中，损坏的概率相对较高。在检测时，一般可用万用表的电阻挡进行粗略检测，也可以使用万用电桥进行精确检测，进而判断绕组有无短路或断路故障。

1. 借助万用表粗略检测电动机绕组的电阻

图 7-14 为借助万用表粗略检测电动机绕组电阻的方法。

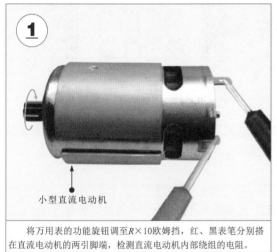

将万用表的功能旋钮调至 R×10 欧姆挡，红、黑表笔分别搭在直流电动机的两引脚端，检测直流电动机内部绕组的电阻。

万用表实测电阻约为100Ω。

图 7-14　借助万用表粗略检测电动机绕组电阻的方法

资料与提示

普通直流电动机是通过电源和换向器为绕组供电的，有两根引线。检测时，相当于检测一个电感线圈的电阻，如图 7-15 所示，应能检测到一个固定的数值，当检测一些小功率直流电动机时，会因其受万用表内电流的驱动而旋转。

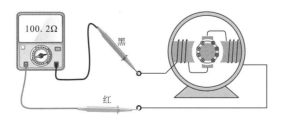

图 7-15　直流电动机绕组电阻的检测原理示意图

单相交流电动机绕组电阻的检测方法如图 7-16 所示。

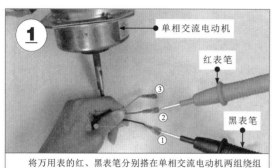

将万用表的红、黑表笔分别搭在单相交流电动机两组绕组的引出线上（①、②）。

从万用表的显示屏上读取实测第一组绕组的电阻 R_1 为232.8Ω。

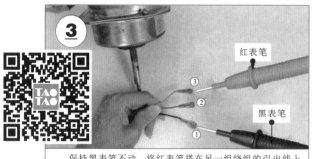

保持黑表笔不动，将红表笔搭在另一组绕组的引出线上（①、③）。

从万用表的显示屏上读取实测第二组绕组的电阻值 R_2 为256.3Ω。

图 7-16　单相交流电动机绕组电阻的检测方法

资料与提示

如图 7-17 所示，若所测电动机为单相交流电动机，则检测两两绕组之间的电阻所得到的三个数值 R_1、R_2、R_3，应满足其中两个数值之和等于第三个数值（$R_1+R_2=R_3$）。若 R_1、R_2、R_3 中的任意一个数值为无穷大，则说明绕组内部存在断路故障。若所测电动机为三相交流电动机，则检测两两绕组之间的电阻所得到的三个数值 R_1、R_2、R_3，应满足三个数值相等（$R_1=R_2=R_3$）。若 R_1、R_2、R_3 中的任意一个数值为无穷大，则说明绕组内部存在断路故障。

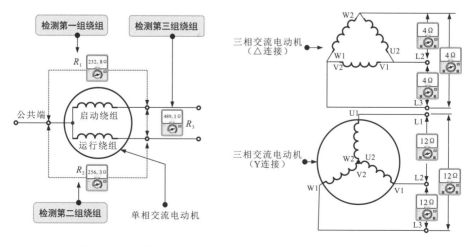

图 7-17　单相交流电动机与三相交流电动机绕组电阻的关系

2. 借助万用电桥检测电动机绕组的电阻

借助万用电桥检测电动机绕组的电阻如图 7-18 所示。

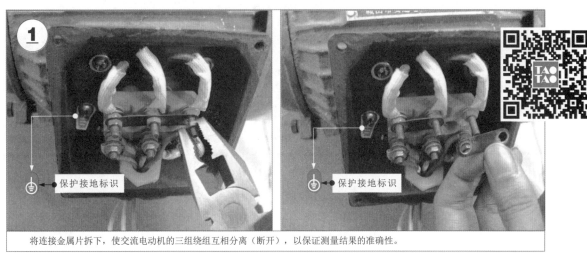

将连接金属片拆下，使交流电动机的三组绕组互相分离（断开），以保证测量结果的准确性。

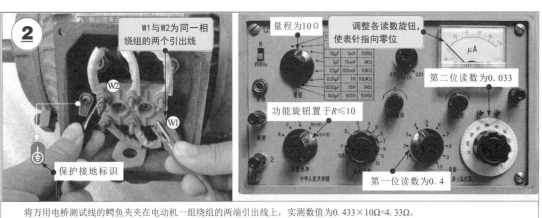

将万用电桥测试线的鳄鱼夹夹在电动机一组绕组的两端引出线上，实测数值为 0.433×10Ω=4.33Ω。

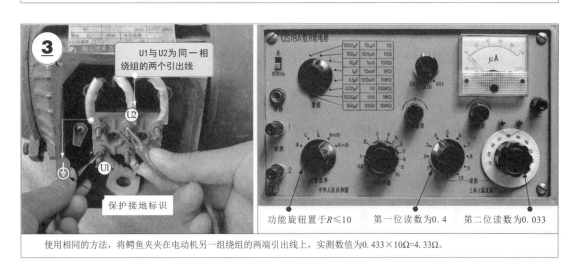

使用相同的方法，将鳄鱼夹夹在电动机另一组绕组的两端引出线上，实测数值为 0.433×10Ω=4.33Ω。

图 7-18　借助万用电桥检测电动机绕组的电阻

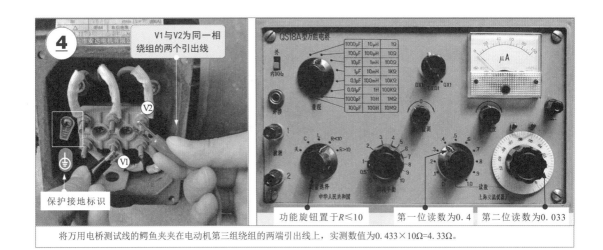

将万用电桥测试线的鳄鱼夹夹在电动机第三组绕组的两端引出线上，实测数值为0.433×10Ω=4.33Ω。

图7-18 借助万用电桥检测电动机绕组的电阻（续）

7.3.2 绝缘电阻的检测

电动机绝缘电阻一般借助兆欧表进行检测，可有效发现设备受潮、部件局部脏污、绝缘击穿、引线接外壳及老化等问题。

1. 电动机绕组与外壳之间绝缘电阻的检测方法

图7-19为借助兆欧表检测三相交流电动机绕组与外壳之间的绝缘电阻。

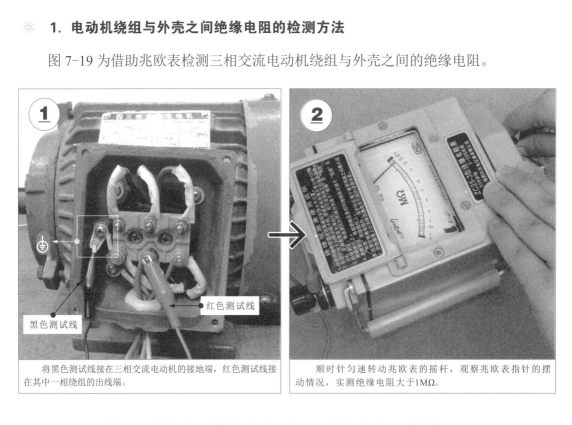

将黑色测试线接在三相交流电动机的接地端，红色测试线接在其中一相绕组的出线端。

顺时针匀速转动兆欧表的摇杆，观察兆欧表指针的摆动情况，实测绝缘电阻大于1MΩ。

图7-19 借助兆欧表检测三相交流电动机绕组与外壳之间的绝缘电阻

资料与提示

借助兆欧表检测三相交流电动机绕组与外壳之间的绝缘电阻时，应匀速转动兆欧表的摇杆，并观察指针的摆动情况。在图 7-19 中，实测绝缘电阻大于 1MΩ。

为确保测量的准确，需要待兆欧表的指针慢慢回到初始位置后，再检测其他绕组与外壳的绝缘电阻，若检测结果远小于 1MΩ，则说明三相交流电动机的绝缘性能不良或内部导电部分与外壳之间有漏电情况。

※ 2. 电动机绕组与绕组之间绝缘电阻的检测方法

图 7-20 为借助兆欧表检测三相交流电动机绕组与绕组之间的绝缘电阻（分别检测 U—V、U—W、V—W 之间的电阻）。

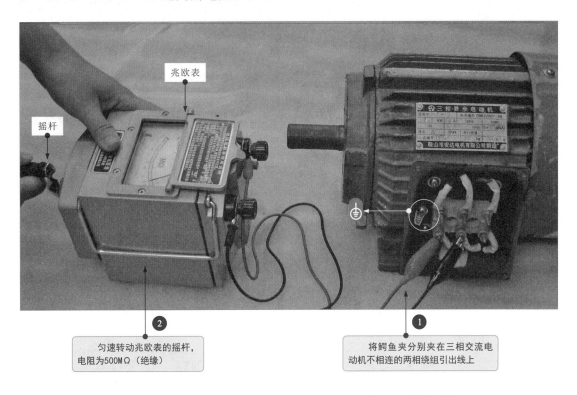

兆欧表

摇杆

② 匀速转动兆欧表的摇杆，电阻为500MΩ（绝缘）

① 将鳄鱼夹分别夹在三相交流电动机不相连的两相绕组引出线上

图 7-20　借助兆欧表检测三相交流电动机绕组与绕组之间的绝缘电阻

资料与提示

在检测绕组之间的绝缘电阻时，需取下绕组间的接线片，即确保绕组之间没有任何连接关系。若测得的绝缘电阻为零或阻值较小，则说明绕组之间存在短路现象。

◇ 7.3.3 空载电流的检测

电动机的空载电流是在未带任何负载情况下运行时绕组中的运行电流，一般使用钳形表进行检测，如图 7-21 所示。

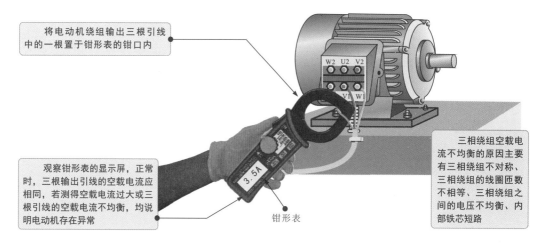

将电动机绕组输出三根引线中的一根置于钳形表的钳口内

观察钳形表的显示屏，正常时，三根输出引线的空载电流应相同，若测得空载电流过大或三根引线的空载电流不均衡，均说明电动机存在异常

3.5A

钳形表

三相绕组空载电流不均衡的原因主要有三相绕组不对称、三相绕组的线圈匝数不相等、三相绕组之间的电压不均衡、内部铁芯短路

图 7-21　电动机空载电流的检测方法

图 7-22 为借助钳形表检测电动机空载电流的操作方法。

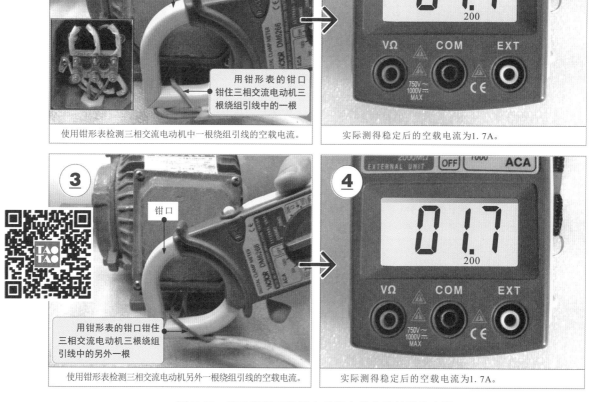

图 7-22　借助钳形表检测电动机空载电流的操作方法

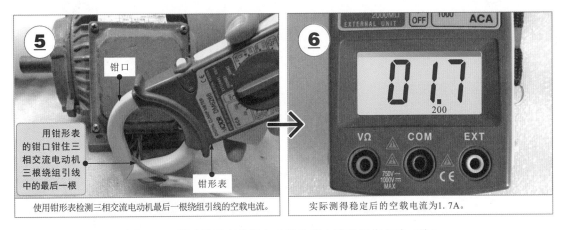

图 7-22　借助钳形表检测电动机空载电流的操作方法（续）

若测得三根绕组引线中的一根空载电流过大或三根绕组引线的空载电流不均衡，均说明电动机存在异常。在一般情况下，空载电流过大的原因主要是电动机内部铁芯不良、电动机转子与定子之间的间隙过大、电动机线圈的匝数过少、电动机绕组连接错误。

7.3.4 转速的检测

电动机的转速是电动机在运行时每分钟旋转的转数。图 7-23 为使用专用的电动机转速表检测电动机的转速。

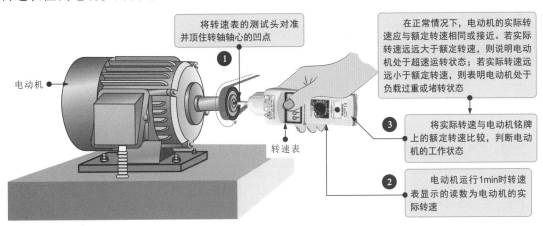

图 7-23　电动机转速的检测方法

在检测没有铭牌的电动机时，应先确定其额定转速，通常采用指针万用表进行确定。首先将电动机各绕组之间的金属连接片取下，使各绕组之间保持绝缘，再将指针万用表的功能旋钮调至 0.05mA，将红、黑表笔分别接在某一绕组的两端，匀速转动电动机主轴一周，观测一周内指针万用表指针左右摆动的次数。若指针万用表的指针摆动一次，则为 2 极电动机（2800r/min）；若指针万用表的指针摆动两次，则为 4 极电动机（1400r/min）；依次类推，摆动三次为 6 极电动机（900r/min）。

7.4 电动机主要部件的检修

电动机的铁芯、转轴、电刷、换向器等都是容易磨损的部件，应重点进行检修。

7.4.1 铁芯的检修

铁芯包含定子铁芯和转子铁芯两个部分。铁芯的检修主要从铁芯锈蚀、铁芯松弛、铁芯烧损、铁芯扫膛及槽齿弯曲等方面进行修复。

1. 铁芯锈蚀的检修

当电动机长期处在潮湿、有腐蚀性气体的环境中时，铁芯表面容易锈蚀，可通过打磨和重新绝缘等手段修复。

图 7-24 为铁芯锈蚀的检修方法。

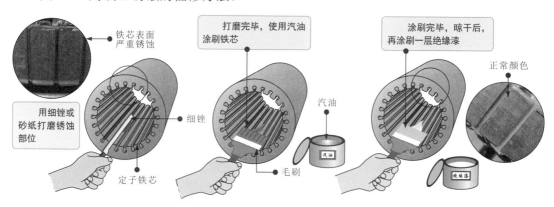

图 7-24　铁芯锈蚀的检修方法

2. 定子铁芯松弛的检修

电动机在运行时，定子铁芯因受热膨胀会受到附加压力，使绝缘漆膜压平，硅钢片之间的密度降低，从而出现松动现象。

图 7-25 为定子铁芯松弛的检修方法。

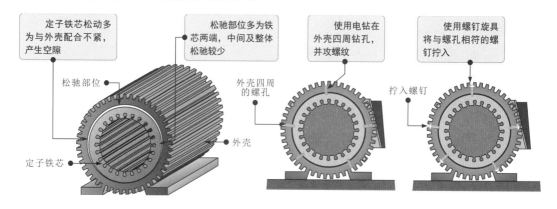

图 7-25　定子铁芯松弛的检修方法

※ 3. 转子铁芯松弛的检修

当电动机的转子铁芯出现松弛现象时，其松弛部位多为转子铁芯与转轴之间的连接部位，此时可采用螺母紧固的方法进行修复。

图 7-26 为转子铁芯松弛的检修方法。

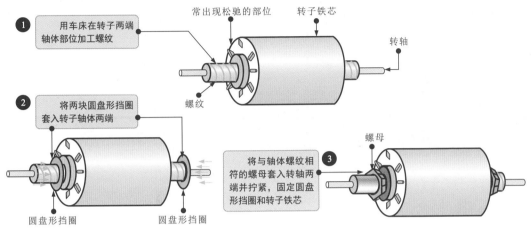

图 7-26　转子铁芯松弛的检修方法

※ 4. 铁芯槽齿弯曲的检修

铁芯槽齿弯曲、变形会导致电动机工作异常，如绕组受挤压破坏绝缘、绕制绕组无法嵌入铁芯槽中等。

图 7-27 为铁芯槽齿弯曲的检修方法。

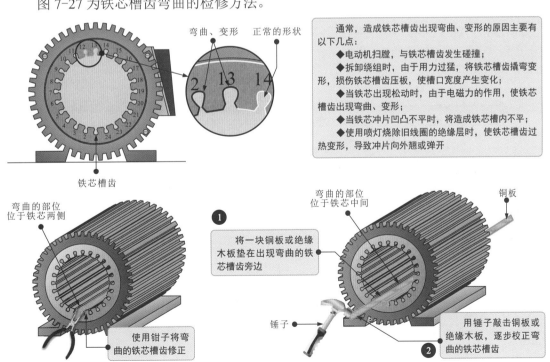

图 7-27　铁芯槽齿弯曲的检修方法

7.4.2 转轴的检修

转轴是电动机输出机械能的主要部件，穿插在转子铁芯的中心部位，支撑转子铁芯旋转。转轴的材质或强度、与关联部件的配合、正反冲击作用、拆装等均可造成转轴损坏，主要包括转轴弯曲、轴颈磨损、出现裂纹、键槽磨损等。若转轴损坏严重，则只能进行更换。

图 7-28 为电动机转轴的常规检修方法。

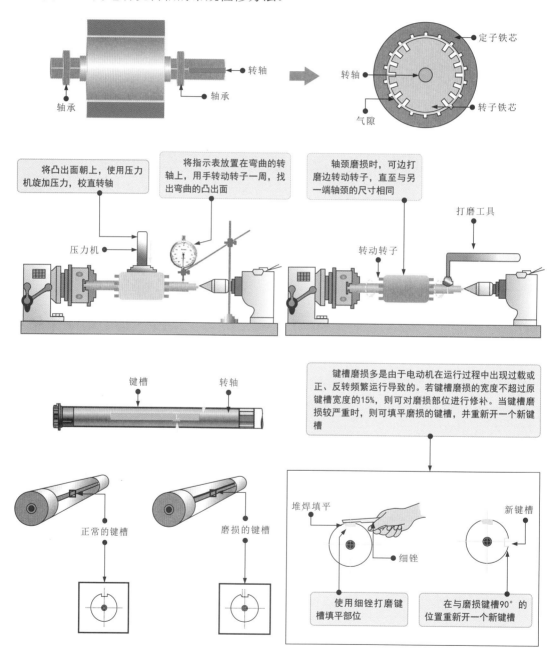

图 7-28　电动机转轴的常规检修方法

7.4.3 电刷的检修

电刷是有刷直流电动机中的关键部件，可与换向器配合给转子绕组传递电流。由于电刷的工作特点，因此机械磨损是电刷的主要故障表现。若发现电刷磨损严重，则应选择同规格的电刷代换。

图 7-29 为电刷的故障特点和代换方法。

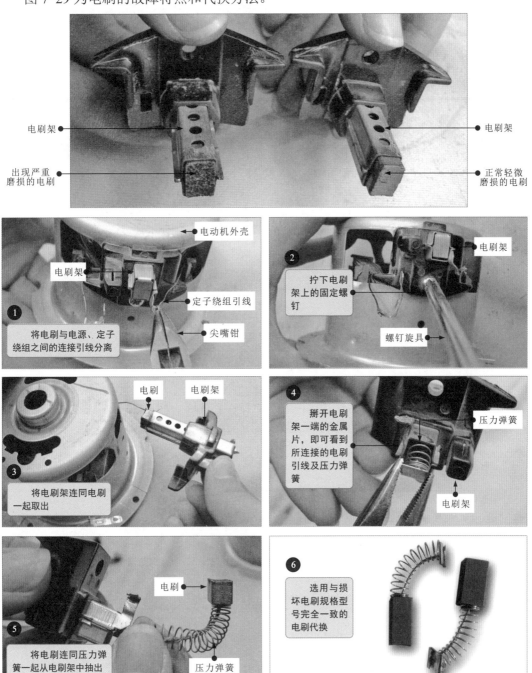

图 7-29　电刷的故障特点和代换方法

7.4.4 换向器的检修

电动机的换向器通常安装在转子上，通过铜条导体与转子绕组连接，用来与电刷配合为转子绕组供电。

1. 换向器氧化磨损的检修

换向器在长期的使用过程中，由于磨损、磕碰或频繁拆卸等经常会引起换向器导体表面、壳体等部位出现氧化、磨损、裂痕、烧伤等故障。

图 7-30 为换向器氧化磨损的检修方法。

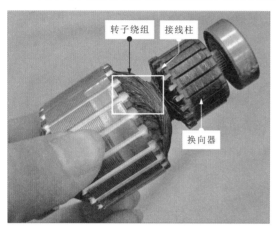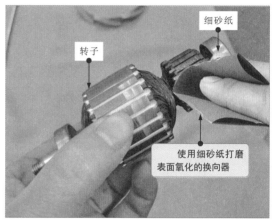

图 7-30　换向器氧化磨损的检修方法

2. 换向器铜环松动的检修

换向器铜环松动通常会造成换向器与电刷因接触不稳定产生打火现象，使换向器表面出现磨损或过热的现象。

图 7-31 为换向器铜环松动的检修方法。

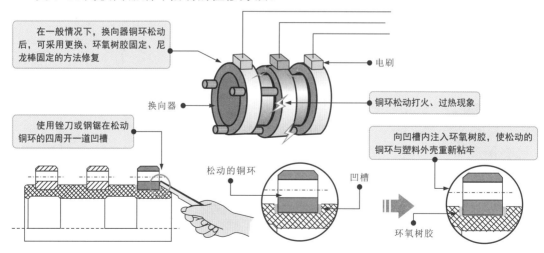

图 7-31　换向器铜环松动的检修方法

第8章

照明控制线路

8.1 照明控制线路的结构特征

照明控制线路是将各种电气部件连接起来，用来控制照明灯的点亮与熄灭，以实现照明控制功能的线路。根据应用环境的不同，照明控制线路分为室内照明控制线路和公共照明控制线路，如图 8-1 所示。

图 8-1　照明控制线路

8.1.1 室内照明控制线路的结构特征

室内照明控制线路的实际应用如图 8-2 所示。

图 8-2　室内照明控制线路的实际应用

室内照明控制线路应用在室内，当室内光线不足时，用来照亮室内环境，结构示意图及控制方式如图 8-3 所示。

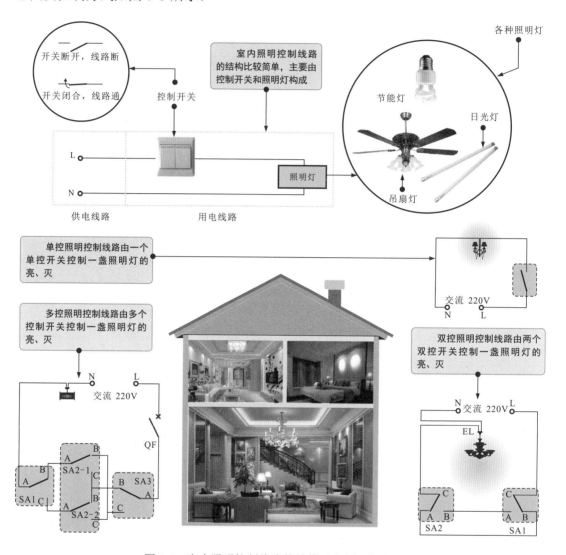

图 8-3　室内照明控制线路的结构示意图及控制方式

图 8-4 为由三个控制开关控制一盏照明灯的线路结构组成。

图 8-5 为图 8-4 的实物连接示意图。

由图 8-5 可知，室内照明控制线路中的主要部件包括导线、控制开关和照明灯等。

☀ 1. 导线

室内照明控制线路敷设的导线一般选择截面积为 $2.5mm^2$ 和 $4mm^2$ 的铜芯导线，如图 8-6 所示。

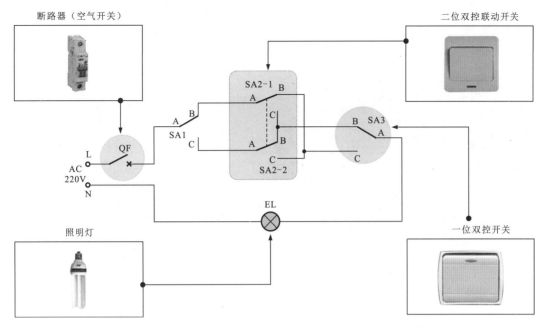

图 8-4　由三个控制开关控制一盏照明灯的线路结构组成

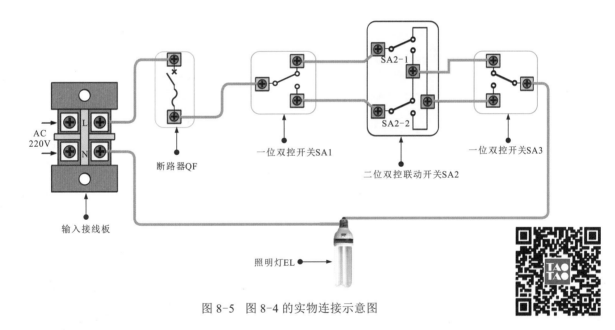

图 8-5　图 8-4 的实物连接示意图

❈　2. 控制开关

图 8-7 为室内照明控制线路中控制开关的实物图，主要有单控开关、双控开关、调光开关、遥控开关、触摸开关、声控开关、光控开关、声光控开关及智能开关等。

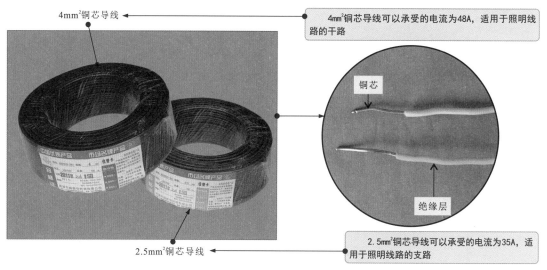

4mm²铜芯导线

4mm²铜芯导线可以承受的电流为48A，适用于照明线路的干路

铜芯

绝缘层

2.5mm²铜芯导线

2.5mm²铜芯导线可以承受的电流为35A，适用于照明线路的支路

图 8-6　室内照明控制线路中的导线

资料与提示

选择室内照明控制线路的导线时，应该根据允许的电压损失进行选择，当电流通过导线时会产生电压损失，电压损失的范围为 ±5%。按允许电压损失选择导线截面积的计算公式为

$$S= \frac{PL}{Y \triangle U_r U_N^2} \times 100 \ (\mathrm{mm^2})$$

式中，S 为导线的截面积（$\mathrm{mm^2}$）；P 为通过线路的有功功率（kW）；L 为线路的长度（km）；Y 为导线材料的电导率，铜导线的电导率为 58×10^{-6}（$1/\Omega \cdot \mathrm{m}$），铝导线的电导率为 35×10^{-6}（$1/\Omega \cdot \mathrm{m}$）；$\triangle U_r$ 表示允许的电压损失（%）；U_N 为线路的额定电压（kV）。

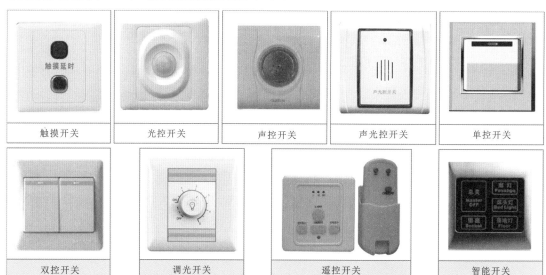

| 触摸开关 | 光控开关 | 声控开关 | 声光控开关 | 单控开关 |
| 双控开关 | 调光开关 | 遥控开关 | | 智能开关 |

图 8-7　室内照明控制线路中控制开关的实物图

触摸开关、光控开关、声控开关、声光控开关等多用于楼道照明控制；单控开关、双控开关、调光开关等多用于室内照明控制；遥控开关、智能开关等多用在智能化酒店、商场等大型场所。

☀ 3. 照明灯

图 8-8 为室内照明控制线路中常用照明灯的实物图。目前，室内照明控制线路中使用的照明灯大体可以分为普通日光灯、节能灯和 LED 灯。

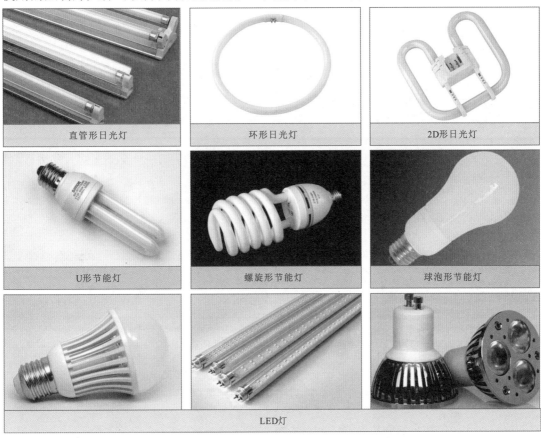

直管形日光灯	环形日光灯	2D形日光灯
U形节能灯	螺旋形节能灯	球泡形节能灯
LED灯		

图 8-8　室内照明控制线路中常用照明灯的实物图

资料与提示

节能灯是利用气体放电的原理发光的，不需要镇流器和启辉器。日光灯是通过灯管内惰性气体和水银的相互作用，从而使管壁上的荧光粉发光的，需要启辉器和镇流器。

图 8-9 为镇流器、启辉器和 LED 灯控制器的实物图。

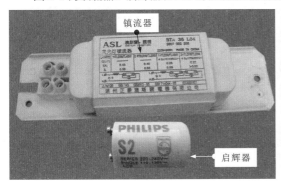

图 8-9　镇流器、启辉器和 LED 灯控制器的实物图

❖ 8.1.2 公共照明控制线路的结构特征

公共照明控制线路应用在需要提高亮度的公共场所。其控制方式主要分为人工控制和自动控制。

图 8-10 为公共照明控制线路的实际应用。公共照明控制线路常用于小区环境照明、公路照明、景观照明、道路照明及灯箱照明等。

小区环境照明

公路照明

景观照明

道路照明

灯箱照明

图 8-10　公共照明控制线路的实际应用

资料与提示

常见的公共照明控制线路包括景观照明控制线路、小区环境照明控制线路、公路照明控制线路及信号灯控制线路等。与室内照明控制线路不同的是，公共照明控制线路的照明灯数量通常较多，且大多具有自动控制的特点。

在公共照明控制线路中，几个、十几个或上百个照明灯同时受控于一组控制线路，采用集中控制方式，如楼宇内的楼道照明灯、公路两侧的照明灯等。

公共照明控制线路与室内照明控制线路类似，也是通过控制开关的通、断来实现对照明灯的点亮或熄灭控制的，如图 8-11 所示。

图 8-12 为典型的公共照明控制线路。

图 8-13 为典型公共照明控制线路的实物连接示意图。

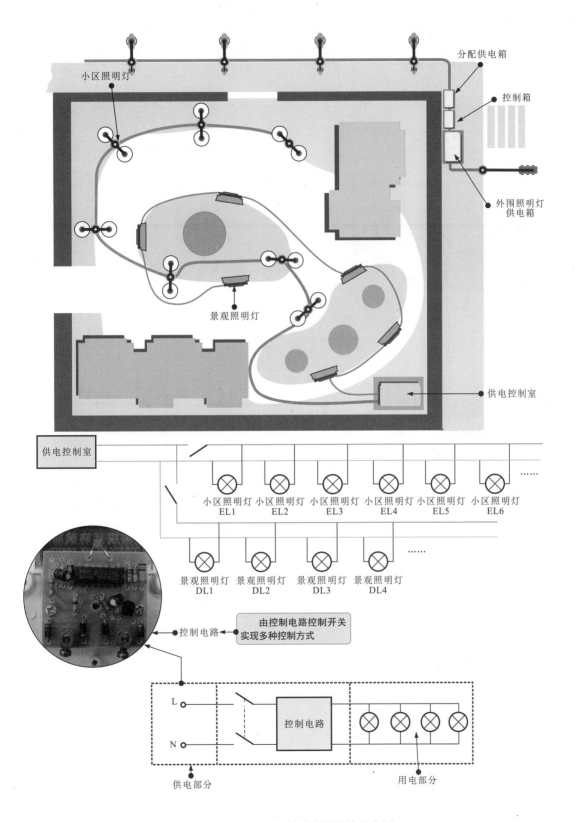

图 8-11 公共照明控制线路的结构示意图

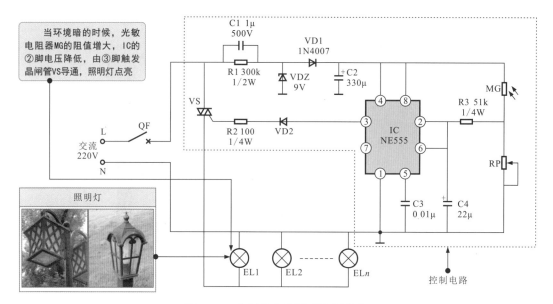

图 8-12　典型的公共照明控制线路

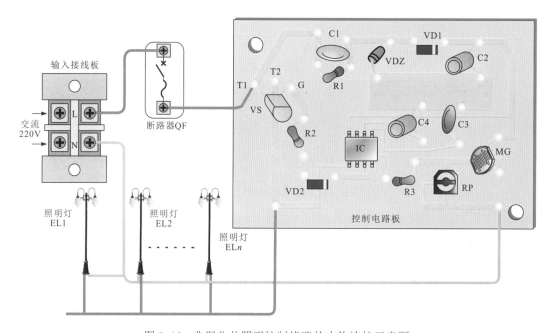

图 8-13　典型公共照明控制线路的实物连接示意图

由图 8-13 可知，公共照明控制线路中的主要部件有电力线缆、控制器（控制电路）、照明灯等。

❋ 1. 电力线缆

公共照明控制线路中的电力线缆通常会选择直径较粗的线缆。线缆的直径根据照明灯的数量选择。由于照明灯多数需要同时开启，所以在选择线缆直径时，应考虑线缆是否能承受照明灯同时开启时的最大电流。

图 8-14 为公共照明控制线路中所使用的电力线缆。

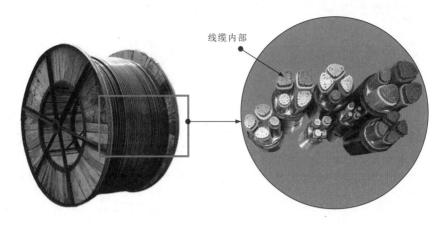

图 8-14　公共照明控制线路中所使用的电力线缆

资料与提示

电力线缆横截面的结构如图 8-15 所示。

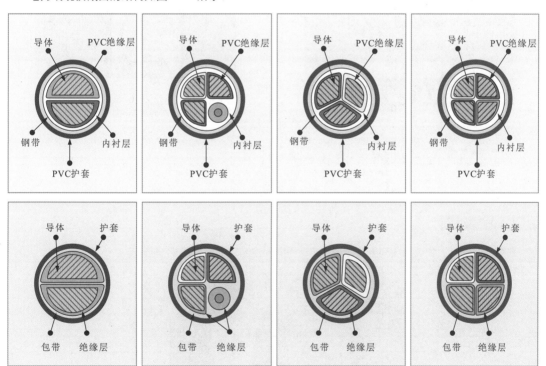

图 8-15　电力线缆横截面的结构

※ 2. 控制器

图 8-16 为公共照明控制线路中的控制器实物图。

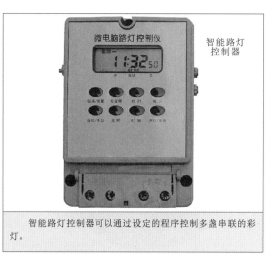

智能路灯
控制器

智能路灯控制器可以通过设定的程序控制多盏串联的彩灯。

光控路灯控制器

光控路灯控制器可以通过光线自动控制路灯。

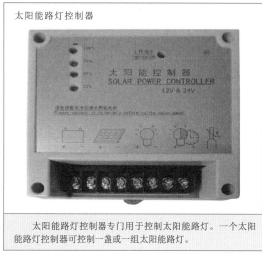

太阳能路灯控制器

太阳能路灯控制器专门用于控制太阳能路灯。一个太阳能路灯控制器可控制一盏或一组太阳能路灯。

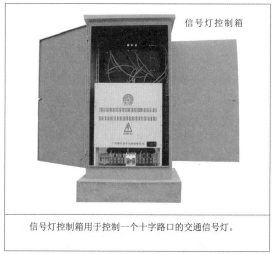

信号灯控制箱

信号灯控制箱用于控制一个十字路口的交通信号灯。

图 8-16 公共照明控制线路中的控制器实物图

资料与提示

在有些照明灯上会设置控制电路，用来实现不同的控制功能，如图 8-17 所示。

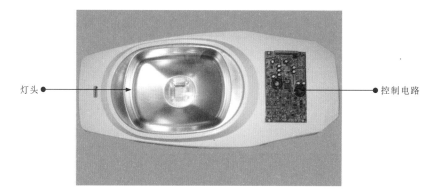

灯头 ●

● 控制电路

图 8-17 设置控制电路的照明灯实物图

※ 3. 照明灯

图 8-18 为公共照明控制线路中的照明灯。

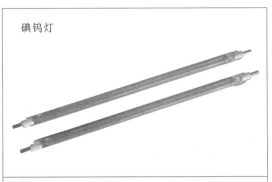

碘钨灯

碘钨灯通常应用于照明能力较强、悬挂高度较高的环境，具有结构简单、体积小、使用寿命短、温度较高等特点。

高压汞灯

高压汞灯又称高压水银灯，多用于车间、街道、车站、建筑工地等，光线好，照明能力强。

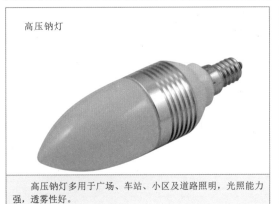

高压钠灯

高压钠灯多用于广场、车站、小区及道路照明，光照能力强，透雾性好。

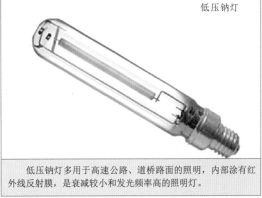

低压钠灯

低压钠灯多用于高速公路、道桥路面的照明，内部涂有红外线反射膜，是衰减较小和发光频率高的照明灯。

图 8-18 公共照明控制线路中的照明灯

资料与提示

　　LED 灯包括 LED 照明灯、LED 轮廓灯、LED 彩虹灯、LED 投影灯等，应用时，常采用将多个发光二极管（LED）组合成各种形状或图案，如图 8-19 所示。

LED 照明灯

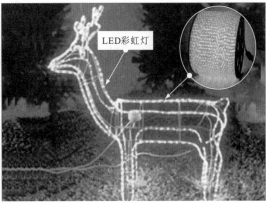

LED彩虹灯

图 8-19　LED 灯的应用

8.2 照明控制线路的检修

8.2.1 室内照明控制线路的检修

当室内照明控制线路出现故障时，可以通过故障现象分析整个照明控制线路，从而缩小故障范围，锁定故障部件，如图8-20所示。

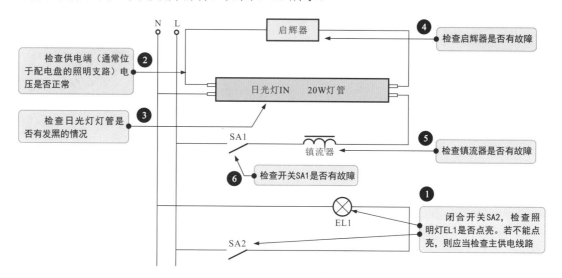

图8-20 室内照明控制线路的故障分析

楼道照明控制线路的故障分析如图8-21所示。

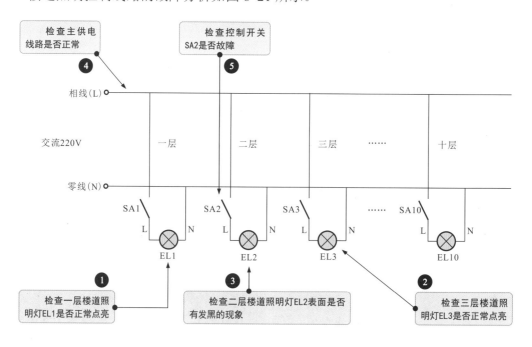

图8-21 楼道照明控制线路的故障分析

室内照明控制线路的检修方法如图 8-22 所示。

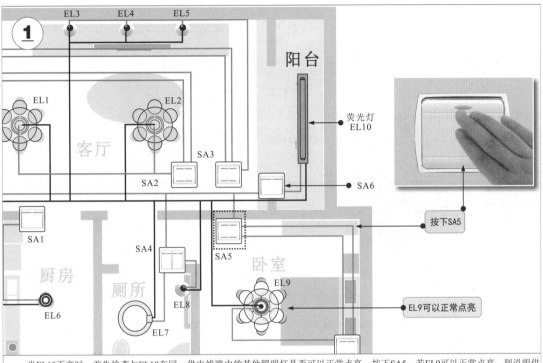

当EL10不亮时，首先检查与EL10在同一供电线路中的其他照明灯是否可以正常点亮，按下SA5，若EL9可以正常点亮，则说明供电线路正常。

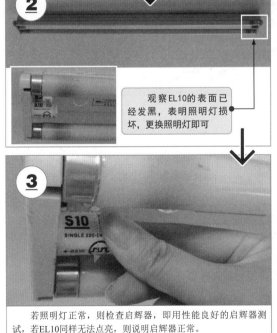

观察EL10的表面已经发黑，表明照明灯损坏，更换照明灯即可

若照明灯正常，则检查启辉器，即用性能良好的启辉器测试，若EL10同样无法点亮，则说明启辉器正常。

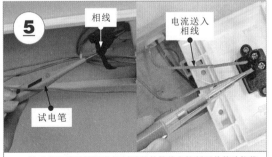

检查镇流器，即用新的镇流器测试，若EL10正常点亮，则说明镇流器损坏，更换即可；否则说明故障不是由镇流器引起的。

相线

电流送入相线

试电笔

检查线路连接情况及控制开关的接线和控制开关的功能状态，找到故障部位，排除故障即可。

图 8-22 室内照明控制线路的检修方法

图 8-23 为楼道照明控制线路的检修方法。

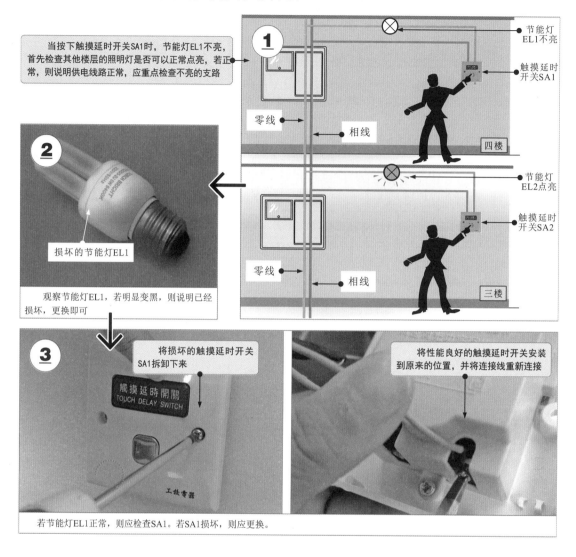

当按下触摸延时开关SA1时，节能灯EL1不亮，首先检查其他楼层的照明灯是否可以正常点亮，若正常，则说明供电线路正常，应重点检查不亮的支路

节能灯EL1不亮

触摸延时开关SA1

零线

相线

四楼

节能灯EL2点亮

触摸延时开关SA2

零线

相线

三楼

损坏的节能灯EL1

观察节能灯EL1，若明显变黑，则说明已经损坏，更换即可

将损坏的触摸延时开关SA1拆卸下来

觸摸延時開關
TOUCH DELAY SWITCH

工扶电器

将性能良好的触摸延时开关安装到原来的位置，并将连接线重新连接

若节能灯EL1正常，则应检查SA1。若SA1损坏，则应更换。

图 8-23 楼道照明控制线路的检修方法

资料与提示

　　触摸延时开关的内部由多个电子元器件和集成电路组成，不能使用单控开关的检测方法进行检测，应将其连接在220V的供电线路中，并连接一盏照明灯，在确定供电线路和照明灯都正常的情况下，触摸该开关，若可以控制照明灯点亮，则说明正常；若无法控制照明灯点亮，则说明已经损坏。

　　需要注意的是，在楼道照明控制线路中，灯座的检查也不可忽视，若节能灯、触摸延时开关均正常，则应检查灯座中的金属导体是否锈蚀，并将万用表的两支表笔分别搭在金属导体的相线和零线上，若能测出220V的供电电压，则说明灯座正常；否则说明灯座损坏。

8.2.2 公共照明控制线路的检修

　　公共照明控制线路的故障分析如图 8-24 所示。

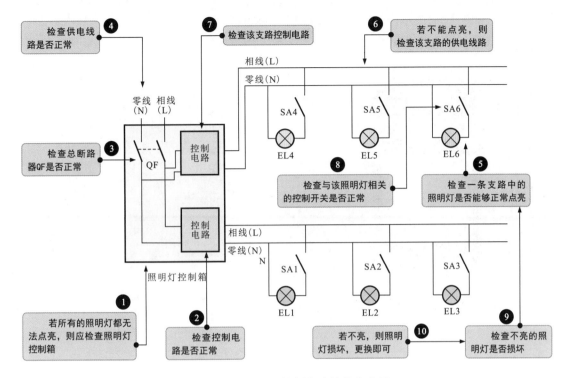

图 8-24 公共照明控制线路的故障分析

当照明灯出现白天点亮、黑夜熄灭的故障时，应当检查线路的控制方式。若控制方式为自动控制，则可能是因为设置故障；若控制方式为人为控制，则可能是由于操作失误导致的。

当小区照明控制线路出现故障时，应先了解小区照明控制线路的控制方式，小区照明控制线路如图 8-25 所示。

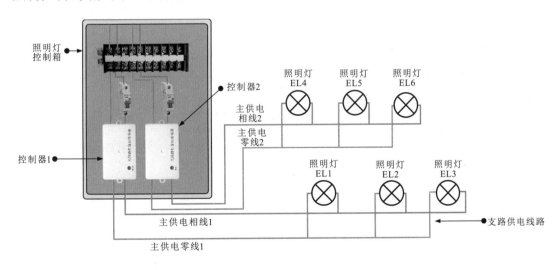

图 8-25 小区照明控制线路

当小区照明控制线路中由控制器 1 控制的照明灯 EL1、EL2、EL3 不能正常点亮时，应当检查由控制器 1 送出的供电电压是否正常，如图 8-26 所示。

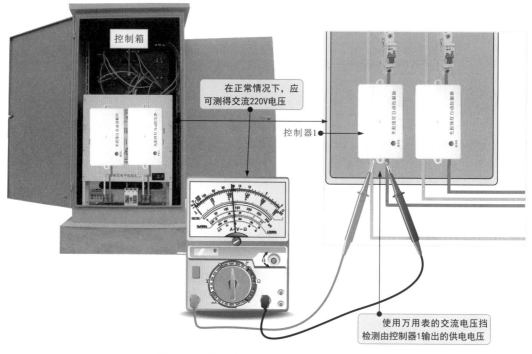

图 8-26　检查由控制器 1 送出的供电电压

若供电电压正常，则应检查主供电线路的供电电压，即使用万用表检测照明灯 EL3 的供电电压，如图 8-27 所示。若无供电电压，则说明支路供电线路有故障。

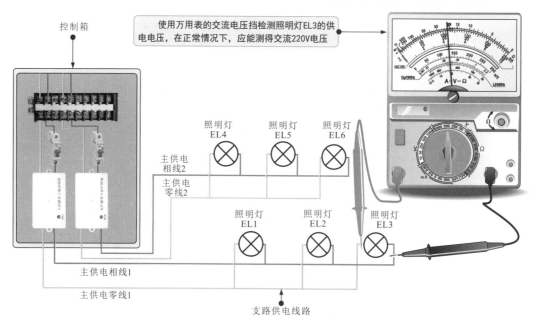

图 8-27　检测照明灯 EL3 的供电电压

若支路供电线路正常，则检查照明灯，可以用新的相同型号的照明灯测试，若可以点亮，则说明原照明灯损坏，更换照明灯即可，如图8-28所示。

图 8-28 检查及更换照明灯

资料与提示

公路照明控制线路设有专用的城市路灯监控系统，可以监控和远程控制公路照明控制线路，如图8-29所示。

图 8-29 专用的城市路灯监控系统外观

8.3 常见照明控制线路

8.3.1 一个单控开关控制一盏照明灯的线路

一个单控开关控制一盏照明灯的线路在室内照明控制系统中最常用，控制过程十分简单，如图8-30所示。

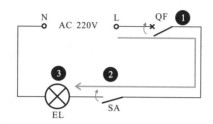

图8-30 一个单控开关控制一盏照明灯的线路

资料与提示

图8-30中，❶合上断路器QF，接通交流220V电压；❷按动单控开关SA，内部触点接通；❸照明灯EL点亮，为室内提供照明。

8.3.2 两个单控开关分别控制两盏照明灯的线路

两个单控开关分别控制两盏照明灯的线路也是室内照明控制系统中最常用的，控制过程也十分简单，如图8-31所示。

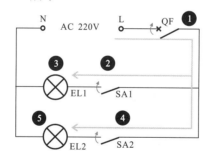

图8-31 两个单控开关分别控制两盏照明灯的线路

资料与提示

图8-31中，❶合上断路器QF，接通交流220V电压；

❷按动单控开关SA1，内部触点接通；

❸照明灯EL1点亮，为室内提供照明；

❹按动单控开关SA2，内部触点接通；

❺照明灯EL2点亮，为室内提供照明。

8.3.3 两个双控开关共同控制一盏照明灯的线路

两个双控开关共同控制一盏照明灯的线路可实现两地控制一盏照明灯，常用于控制卧室中的照明灯，一般在床头安装一个双控开关，在进入卧室的房门处再安装一个双控开关，实现两处都可对照明灯进行点亮和熄灭的控制，如图8-32所示。

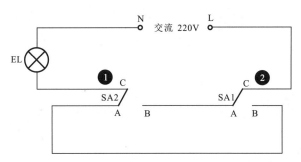

图 8-32 两个双控开关共同控制一盏照明灯的线路

图 8-32 中，❶当双控开关 SA1 的 C 点与 A 点连接、SA2 的 C 点与 A 点连接时，照明线路处于断路状态，照明灯 EL 不亮。

❷当任意一个双控开关动作，如 SA1 的 C 点与 B 点连接，则照明线路形成回路，照明灯 EL 点亮。此时，若 SA2 同时动作，则照明线路仍然不能形成回路，照明灯 EL 不亮。

8.3.4 两室一厅室内照明控制线路

两室一厅室内照明控制线路包括客厅、卧室、书房、厨房、厕所、玄关等部分的吊灯、顶灯、射灯、节能灯、日光灯等的控制线路，可为室内各部位提供照明。

图 8-33 为两室一厅室内照明控制线路。

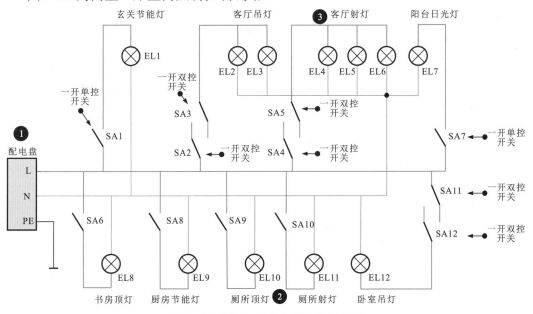

图 8-33 两室一厅室内照明控制线路

图 8-33 中，❶由室内配电盘引出各分支供电引线。

❷玄关节能灯、书房顶灯、厨房节能灯、厕所顶灯、厕所射灯、阳台日光灯都采用一开单控开关控制一盏照明灯的结构形式。闭合一开单控开关，照明灯得电点亮；断开一开单控开关，照明灯失电熄灭。

❸客厅吊灯、客厅射灯和卧室吊灯均采用一开双控开关控制，可实现两地控制一盏或一组照明灯的点亮和熄灭。

◈ 8.3.5 日光灯调光控制线路

日光灯调光控制线路利用电容器与控制开关组合控制日光灯的亮度，当控制开关处在不同挡位时，日光灯的发光强度不同，如图 8-34 所示。

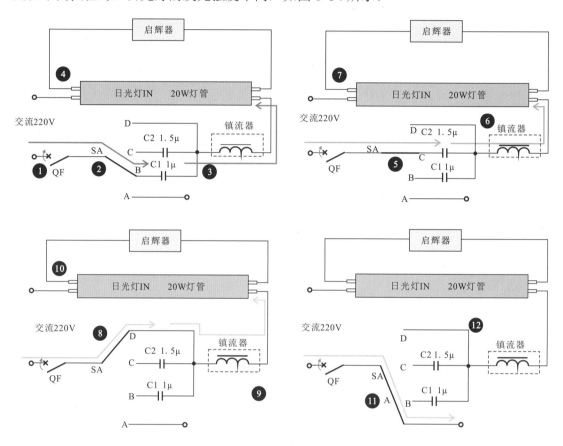

图 8-34 日光灯调光控制线路

资料与提示

图 8-34 中，❶合上断路器 QF，接通交流 220V 电压。

❷拨动多位开关 SA 的触点与 B 端连接。

❸电压经电容器 C1、镇流器、启辉器为日光灯供电。

❹电容器 C1 的电容量较小，阻抗较大，产生的压降较高，日光灯发出较暗的光线。

❺拨动多位开关 SA 的触点与 C 端连接。

❻电压经电容器 C2、镇流器、启辉器为日光灯供电。

❼电容器 C2 的电容量相对于电容器 C1 的电容量大，阻抗较低，产生的压降较低，日光灯发出的亮度增强。

❽拨动多位开关 SA 的触点与 D 端连接。

❾电压经镇流器、启辉器为日光灯供电。

❿交流 220V 电压加在日光灯的两端，日光灯最亮。

⓫拨动多位开关 SA 的触点与 A 端连接。

⓬供电电路不能形成回路，日光灯不亮。

8.3.6 卫生间门控照明控制线路

卫生间门控照明控制线路可自动控制照明灯的亮 / 灭，在有人开门进入卫生间时，照明灯自动点亮；走出卫生间时，照明灯自动熄灭，如图 8-35 所示。

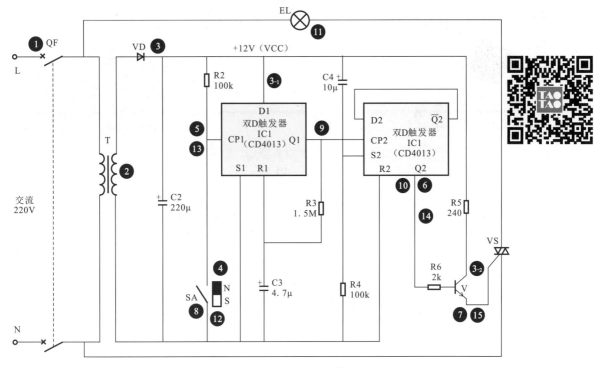

图 8-35 卫生间门控照明控制线路

资料与提示

图 8-35 中，❶合上断路器 QF，接通交流 220V 电压。

❷交流 220V 电压经变压器 T 降压。

❸降压后的交流电压经 VD 整流和 C2 滤波后，变为 +12V 的直流电压。

  ❸₁ +12V 直流电压为双 D 触发器 IC1 的 D1 端供电。

  ❸₂ +12V 直流电压为三极管 V 的集电极供电。

❹当门关闭时，磁控开关 SA 处于闭合状态。

❺双 D 触发器 IC1 的 CP1 端为低电平。

❸₁ + ❺→❻双 D 触发器 IC1 的 Q1 端和 Q2 端输出低电平。

❼三极管 V 和双向晶闸管 VS 均处于截止状态，照明灯 EL 不亮。

❽当有人进入卫生间时，门被打开并关闭，磁控开关 SA 断开后又接通。

❾双 D 触发器 IC1 的 CP1 端产生高电平触发信号，Q1 端输出高电平，并送入 CP2 端。

❿双 D 触发器 IC1 内部受触发而翻转，Q2 端输出高电平。

⓫三极管 V 导通，为双向晶闸管 VS 的控制极提供触发信号，VS 导通，照明灯 EL 点亮。

⓬当有人走出卫生间时，门被打开并关闭，磁控开关 SA 断开后又接通。

⓭双 D 触发器 IC1 的 CP1 端产生高电平触发信号，Q1 端输出高电平，并送入 CP2 端。

⓮双 D 触发器 IC1 内部受触发而翻转，Q2 端输出低电平。

⓯三极管 V 截止，双向晶闸管 VS 截止，照明灯熄灭。

❖ 8.3.7 触摸延时照明控制线路

触摸延时照明控制线路是利用触摸延时开关控制照明灯迅速点亮而后延迟熄灭的线路，当无人碰触触摸延时开关时，照明灯不亮；当有人碰触触摸延时开关时，照明灯点亮，并可以实现延时一段时间后自动熄灭的功能，如图 8-36 所示。

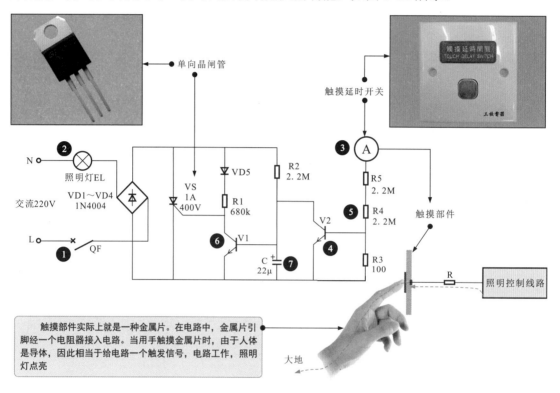

图 8-36　触摸延时照明控制线路

资料与提示

图 8-36 中，❶合上总断路器 QF，接通交流 220V 电压，交流 220V 电压经桥式整流电路 VD1 ～ VD4 整流后输出直流电压，为后级电路供电。

❷直流电压经电阻器 R2 后为电解电容器 C 充电，充电完成后，为三极管 V1 提供导通信号，使三极管 V1 导通，晶闸管 VS 的触发端为低电压，处于截止状态，照明灯 EL 不亮。

❸当人体触摸触摸延时开关 A 时，经电阻器 R5、R4 将触发信号送到三极管 V2 的基极，使三极管 V2 导通。

❹当三极管 V2 导通后，电解电容器 C 经三极管 V2 放电，三极管 V1 因基极电压降低而截止，晶闸管 VS 的控制极电压升高达到触发电压，VS 导通，照明灯 EL 点亮。

❺当人体离开触摸延时开关 A 后，三极管 V2 因无触发信号而截止，使电解电容器 C 再次充电。由于电阻器 R2 的阻值较大，导致电解电容器 C 的充电电流较小，充电时间较长。

❻在电解电容器 C 充电完成之前，三极管 V1 一直处于截止状态，晶闸管 VS 仍处于导通状态，照明灯 EL 继续点亮。

❼当电解电容器 C 充电完成后，三极管 V1 导通，晶闸管 VS 因触发电压降低而截止，照明灯 EL 熄灭。

❖ 8.3.8 楼道应急照明控制线路

楼道应急照明控制线路可在市电断电时自动为应急照明灯供电，当市电供电正常时，为蓄电池充电；当市电断电时，蓄电池为应急照明灯供电，应急照明灯点亮，进行应急照明。

图 8-37 为楼道应急照明控制线路。

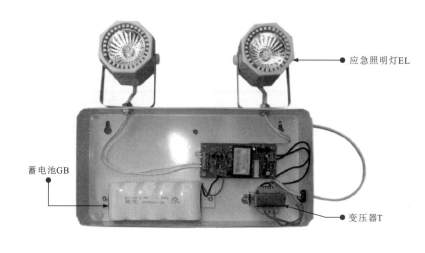

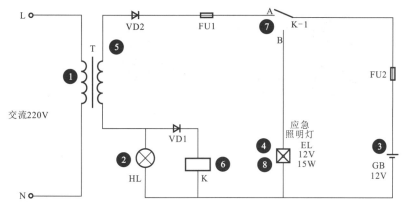

图 8-37　楼道应急照明控制线路

资料与提示

图8-37中，❶交流 220V 电压经变压器 T 降压后输出交流低压，再经整流二极管 VD1、VD2 变为直流电压，为后级电路供电。

❷在正常状态下，待机指示灯 HL 点亮，继电器 K 线圈得电，触点 K-1 与 A 点接通。

❸在触点 K-1 与 A 点接通时，为蓄电池 GB 充电。

❹应急照明灯 EL 供电电路因无法形成回路而不亮。

❺当交流 220V 电压失电时，变压器 T 无输出电压。

❻后级电路无供电，待机指示灯 HL 熄灭，继电器 K 线圈失电。

❼触点 K-1 与 A 点断开，与 B 点接通。

❽蓄电池 GB 经熔断器 FU2、触点 K-1 的 B 点为应急照明灯 EL 供电，应急照明灯 EL 点亮。

8.3.9 声控照明控制线路

光线较暗的公共场合通常会设置声控照明控制线路，在无声音时，照明灯不亮，有声音时，照明灯点亮，且经过一段时间后自动熄灭，如图 8-38 所示。

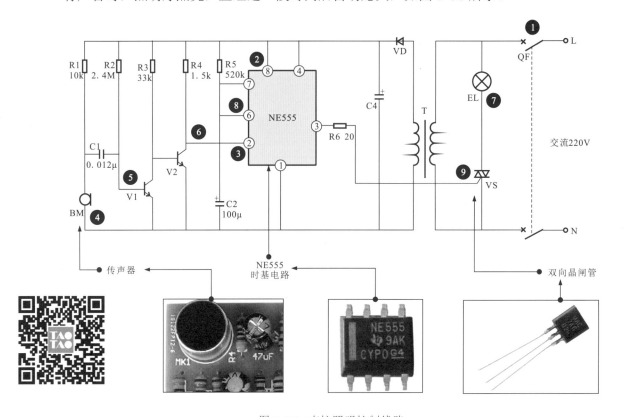

图 8-38　声控照明控制线路

资料与提示

图 8-38 中，❶合上总断路器 QF，接通交流 220V 电压，交流 220V 电压经变压器 T 降压、整流二极管 VD 整流、滤波电容器 C4 滤波后变为直流电压。

❷直流电压为 NE555 时基电路的 8 脚提供工作电压。

❸无声音时，NE555 时基电路的 2 脚为高电平、3 脚输出低电平，VS 处于截止状态。

❹有声音时，传声器 BM 将声音信号转换为电信号。

❺电信号经电容器 C1 后送往三极管 V1 的基极，经 V1 放大后，由 V1 的集电极送往三极管 V2 的基极，使 V2 输出放大后的音频信号。

❻三极管 V2 将放大后的音频信号加到 NE555 时基电路的 2 脚，NE555 时基电路受音频信号的作用，由 3 脚输出高电平，双向晶闸管 VS 导通。

❼交流 220V 电压为照明灯 EL 供电，EL 点亮。

❽当声音停止后，三极管 V1 和 V2 无信号输出，但电容器 C2 的充电电压使 NE555 时基电路的 6 脚电压逐渐升高。

❾当电压升高到一定值后（8V 以上，2/3 的供电电压），NE555 时基电路内部复位，由 3 脚输出低电平，双向晶闸管 VS 截止，照明灯 EL 熄灭。

8.3.10 大厅调光照明控制线路

大厅调光照明控制线路主要由电源开关、光电耦合器、晶闸管、继电器等元器件组成，通过电源开关与控制线路配合实现对照明灯点亮个数的调节，即按动电源开关一次，点亮一盏照明灯；按动电源开关两次，点亮两盏照明灯；按动电源开关三次，点亮 3 盏照明灯。由此可实现总体照明亮度的调节，多用于大厅等公共场合。

图 8-39 为大厅调光照明控制线路。

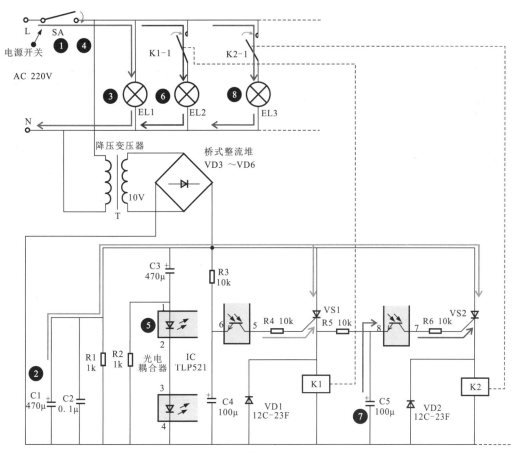

图 8-39 大厅调光照明控制线路

资料与提示

图 8-39 中，❶当电源开关 SA 第一次接通时，交流 220V 电压经变压器和桥式整流堆降压和整流后送入控制电路中。

❷在接通瞬间，电容器 C1 和 C2 上的电压还未充电，电容器 C3 两端的电压不能突变。

❸光电耦合器 IC 内瞬间导通后截止，电容器 C4 未充电，晶闸管 VS1、VS2 截止，照明电路中只有照明灯 EL1 点亮。

❹当电源开关 SA 在短时间内断开后再次接通时，电容器 C1 将直流电压加到晶闸管 VS1 和 VS2 的阳极。

❺光电耦合器 IC 再次导通，电容器 C4 上已充电为正电压，晶闸管 VS1 导通。

❻继电器 K1 动作，常开触点 K-1 闭合，同时为电容器 C5 充电，照明灯 EL1 和 EL2 同时点亮。

❼当电源开关 SA 在短时间内再次断开后又再次接通时，由于电容器 C5 已充电，因此使晶闸管 VS2 导通。

❽继电器 K2 动作，常开触点 K2-1 闭合，照明灯 EL1、EL2 和 EL3 同时点亮。

❖ **8.3.11 声光双控楼道照明控制线路**

声光双控楼道照明控制线路是利用声光感应器件控制照明灯的线路。白天光照较强，即使有声音，照明灯也不亮；夜晚降临或光线较弱时，可以通过声音控制照明灯点亮，并能实现延时一段时间后自动熄灭的功能。

图 8-40 为声光双控楼道照明控制线路。

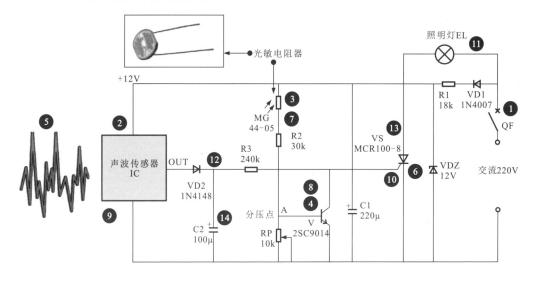

图 8-40　声光双控楼道照明控制线路

资料与提示

图 8-40 中，❶合上总断路器 QF，接通交流 220V 电压。

❷交流 220V 电压经二极管 VD1 整流、稳压二极管 VDZ 稳压、滤波电容器 C1 滤波后，输出 +12V 直流电压，为声波传感器 IC 供电。

❸白天光照较强时，光敏电阻器 MG 受强光照射，呈低阻状态，压降较低，分压点 A 点电压偏高。

❹分压点 A 点电压偏高，加到三极管 V 基极，V 导通，将晶闸管 VS 的触发电极接地。

❺声波传感器 IC 接收到声音后转换为电信号，由输出端输出高电平，因晶闸管 VS 的触发极接地，声波传感器的触发信号不起作用。

❻晶闸管 VS 因无法接收到触发信号而处于截止状态，照明灯供电电路不能形成回路，照明灯 EL 不亮。

❼夜晚来临时，光照强度逐渐减弱，光敏电阻器 MG 的阻值逐渐增大。

❽光敏电阻器 MG 阻值增大，压降升高，分压点 A 点电压降低，三极管 V 截止，为照明灯 EL 点亮做准备，进入等待状态。

❾声波传感器 IC 接收到声音后转换为电信号，由输出端输出音频信号，经 VD2 整流后为电解电容器 C2 充电。

❿电解电容器 C2 充电后电压升高，为晶闸管 VS 提供触发信号，VS 导通。

⓫晶闸管 VS 导通后，照明灯供电电路形成回路，照明灯 EL 点亮。

⓬声音停止后，声波传感器 IC 停止输出电信号。

⓭由电解电容器 C2 放电，维持晶闸管 VS 导通，照明灯 EL 继续点亮。

⓮当电解电容器 C2 的放电量逐渐减小，直至无法维持晶闸管 VS 导通时，照明灯 EL 才会完全熄灭。

8.3.12 景观照明控制线路

图 8-41 为景观照明控制线路。

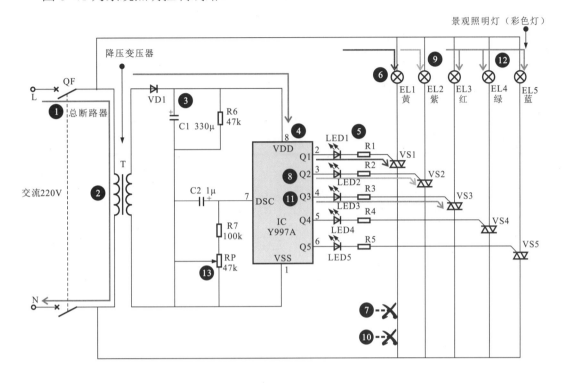

图 8-41　景观照明控制线路

资料与提示

图 8-41 中，❶合上总断路器 QF，接通交流 220V 电压。

❷交流 220V 电压经变压器 T 后变为交流低压。

❸交流低压经整流二极管 VD1 整流、滤波电容器 C1 滤波后变为直流电压。

❹直流电压加到 IC（Y997A）的 8 脚提供工作电压。

❺IC 的 8 脚有供电电压后，内部电路开始工作，2 脚首先输出高电平脉冲信号，使 LED1 点亮。

❻同时，高电平信号经电阻器 R1 后，加到双向晶闸管 VS1 的控制极，VS1 导通，彩色灯 EL1（黄）点亮。

❼IC 的 3 脚、4 脚、5 脚、6 脚输出低电平脉冲信号，外接的双向晶闸管均处于截止状态，LED 和彩色灯不亮。

❽一段时间后，IC 的 3 脚输出高电平脉冲信号，LED2 点亮。

❾同时，高电平信号经电阻器 R2 后，加到双向晶闸管 VS2 的控制极，VS2 导通，彩色灯 EL2（紫）点亮。

❿IC 的 2 脚和 3 脚输出高电平脉冲信号，有两组 LED 和彩色灯被点亮，4 脚、5 脚和 6 脚输出低电平脉冲信号，外接的双向晶闸管处于截止状态，LED 和彩色灯不亮。

⓫依次类推，当 IC 的 2～6 脚输出高电平脉冲信号时，LED 和彩色灯便会点亮。

⓬由于 2～6 脚输出脉冲的间隔和持续时间不同，因此双向晶闸管触发的时间也不同，5 个彩色灯便会按驱动脉冲的规律点亮和熄灭。

⓭IC 内的振荡频率取决于 7 脚外的时间常数电路，微调 RP 的阻值可以改变振荡频率。

第9章

供配电线路

9.1 供配电线路的结构特征

供配电线路是用来提供、分配和传输电能的线路，按所承载电能类型的不同可分为高压供配电线路和低压供配电线路，如图9-1所示。

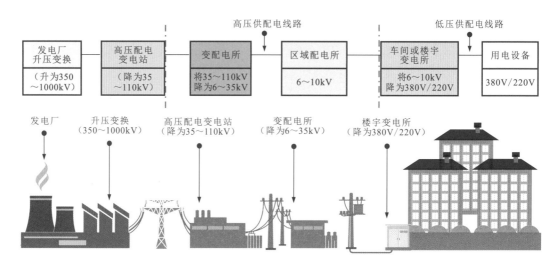

图 9-1 供配电线路

9.1.1 高压供配电线路

高压供配电线路的实际应用如图9-2所示。

图 9-2 高压供配电线路的实际应用

1. 高压供配电线路的结构

高压供配电线路是由各种高压供配电设备组成的。图9-3为高压供配电线路的结构。

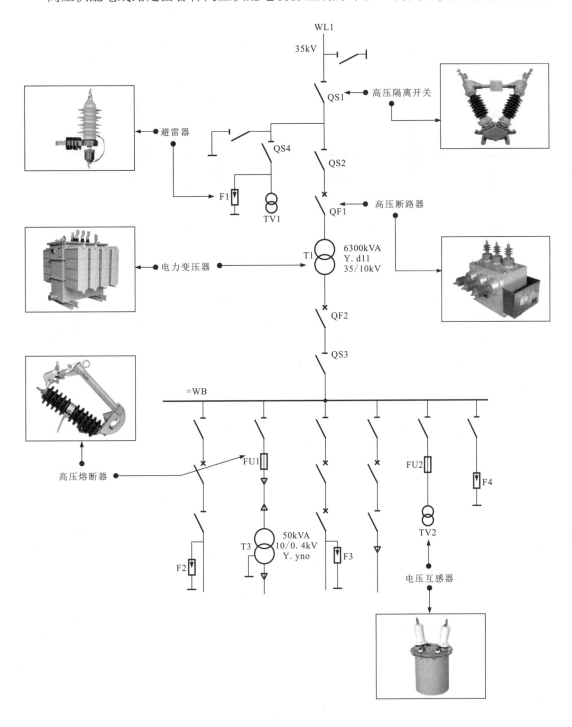

图 9-3　高压供配电线路的结构

2. 高压供配电线路的连接关系

图 9-4 为高压供配电线路的连接关系。

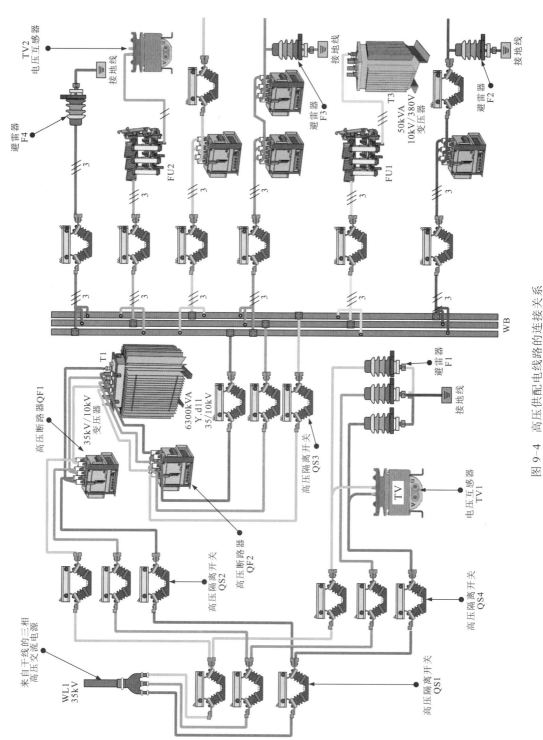

图 9-4 高压供配电线路的连接关系

※ 3. 高压供配电线路中的主要部件

高压供配电线路中的主要部件包括高压断路器、高压隔离开关、高压熔断器、高压电流互感器、高压电压互感器、高压补偿电容器、避雷器、电力变压器、母线等。

高压断路器（QF）是高压供配电线路中具有保护功能的开关装置，如图9-5所示，当高压供配电负载线路发生短路故障时，高压断路器会自动断路进行保护。

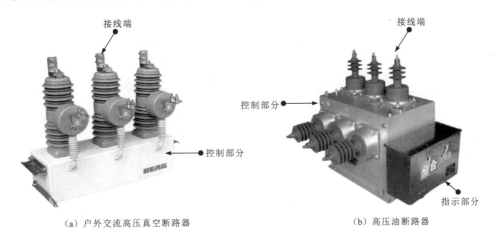

（a）户外交流高压真空断路器　　　　　　（b）高压油断路器

图9-5　高压断路器的实物外形

高压隔离开关（QS）用于隔离高压，保护高压电气设备的安全，需与高压断路器配合使用，如图9-6所示。高压隔离开关没有灭弧功能，不能用于产生电弧的场合。当高压隔离开关发生故障时，无法保证供电线路与输出端之间隔离，会导致输出电路带电，应注意防止可能发生的触电事故。

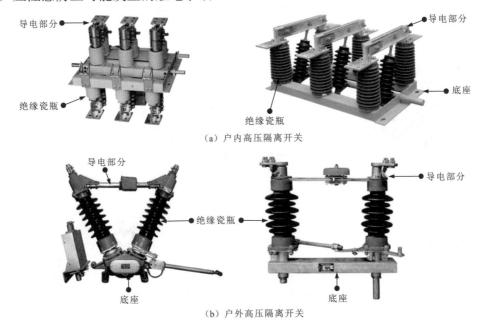

（a）户内高压隔离开关

（b）户外高压隔离开关

图9-6　高压隔离开关的实物外形

　　高压熔断器（FU）是用于保护高压供配电线路中电气设备安全的装置，如图9-7所示。当高压供配电线路出现过流的情况时，高压熔断器会自动断开电路，以确保高压供配电线路及电气设备的安全。高压熔断器发生故障时，会使高压供配电线路在过流的情况下失去断路保护作用，导致线缆和电气设备损坏。

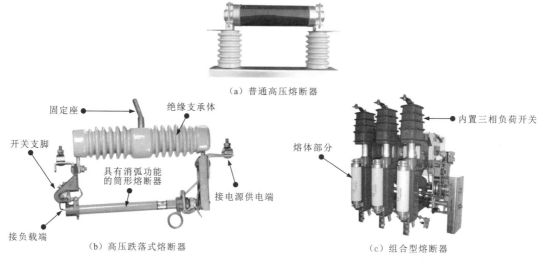

（a）普通高压熔断器

（b）高压跌落式熔断器　　　　　　　　　（c）组合型熔断器

图9-7　高压熔断器的实物外形

　　高压电流互感器（TA）是用来检测高压供配电线路流过电流的装置，如图9-8所示。它是一种将大电流转换成小电流的变压器，是高压供配电线路中的重要组成部分，广泛应用在继电保护、电能计量、远程控制等方面。高压电流互感器通过线圈感应可检测出电流的大小，可在电流过大时进行报警和保护。高压电流互感器出现故障时，会导致电流检测和过流保护功能失效，导致电气设备损坏。

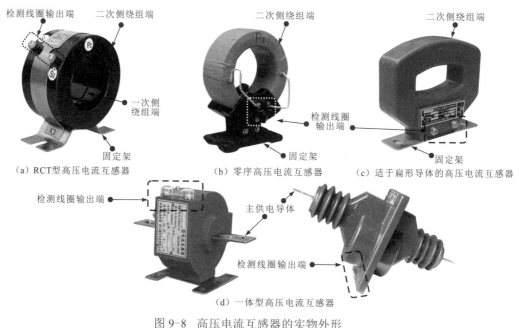

（a）RCT型高压电流互感器　　　（b）零序高压电流互感器　　（c）适于扁形导体的高压电流互感器

（d）一体型高压电流互感器

图9-8　高压电流互感器的实物外形

高压电压互感器（TV）是一种把高压电压按比例关系变换成 100 V 或更低电压的变压器，如图 9-9 所示，通常与电流表或电压表配合使用，指示线路的电压值和电流值，用作保护、计量、仪表装置。当高压电压互感器发生故障时，可能导致监控或检测设备工作失常，也可能引起供电故障。

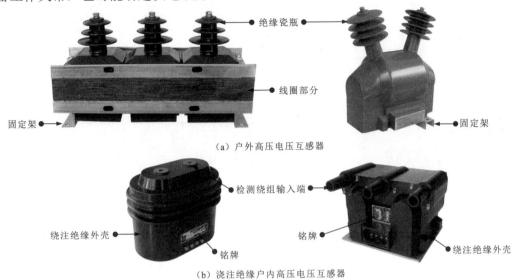

（a）户外高压电压互感器

（b）浇注绝缘户内高压电压互感器

图 9-9　高压电压互感器的实物外形

图 9-10 为高压补偿电容器和避雷器的实物外形。高压补偿电容器是一种耐高压的大型金属壳电容器，有三个端子，由三个电容器制成一体，分别接到三相电源上，与电气设备并联，用于补偿相位延迟的无效功率，提高供电效率。避雷器可以对线路中聚集过多的电荷（或静电）进行放电，通常位于带电导线与地之间，与被保护的变配电设备呈并联状态，当避雷器发生故障时，会使线路失去防雷功能，使电气设备易受雷击而损坏，导致系统供电失常。

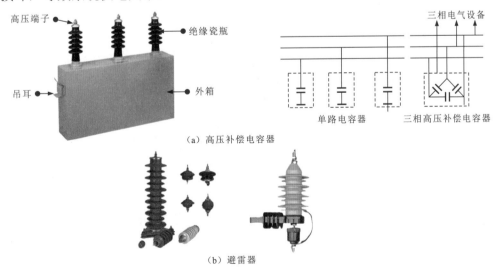

（a）高压补偿电容器

（b）避雷器

图 9-10　高压补偿电容器和避雷器的实物外形

　　电力变压器（T）是高压供配电系统中的重要特征部件，用来实现电能的输送和变换，如图 9-11 所示。在远程传输时，电力变压器将发电站送出的电压升高，以减少电能在传输过程中的损耗；在用电场所，电力变压器将高压降低，供用电设备使用。

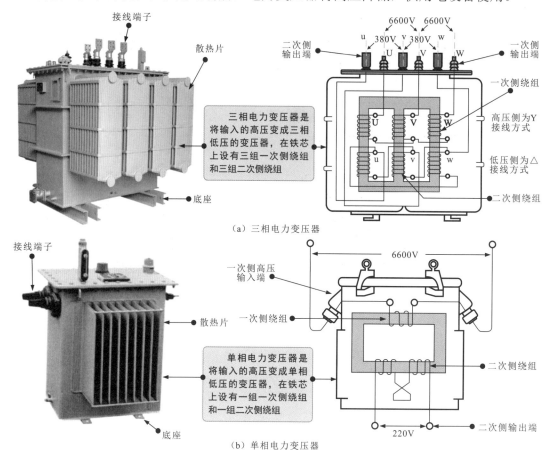

（a）三相电力变压器

（b）单相电力变压器

图 9-11　电力变压器的实物外形

　　母线有矩形母线和圆形母线，如图 9-12 所示。母线按外形和结构可分为硬母线、软母线和封闭母线等。其中，硬母线一般用于主变压器至配电室内，施工方便，在运行中变化小，载流量大，造价较高；软母线用于室外，因空间大，导线摆动不会造成线间短路，施工简便，造价低廉。

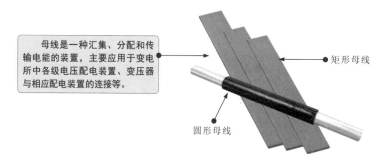

图 9-12　母线的实物外形

❖ 9.1.2 低压供配电线路

低压供配电线路是用来传输和分配 380V/220V 低压的线路，通常可直接作为各用电设备或用电场所的电源，如图 9-13 所示。

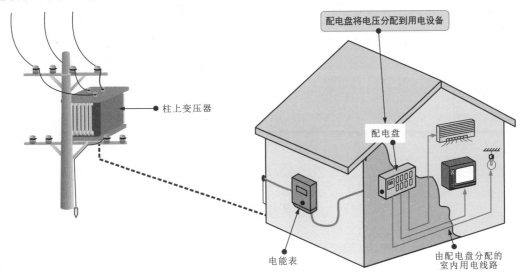

图 9-13 低压供配电线路示意图

低压供配电线路的实际应用如图 9-14 所示。

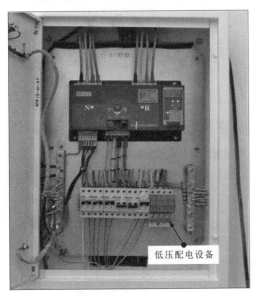

图 9-14 低压供配电线路的实际应用

※ 1. 低压供配电线路的结构和连接关系

低压供配电线路是由各种低压供配电设备组成的。图 9-15 为低压供配电线路的结构。

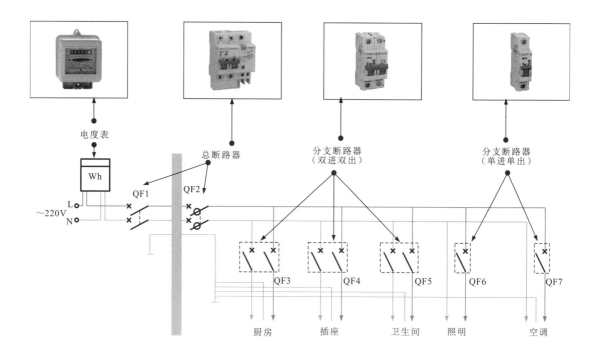

图 9-15　低压供配电线路的结构

图 9-16 为低压供配电线路的连接关系。

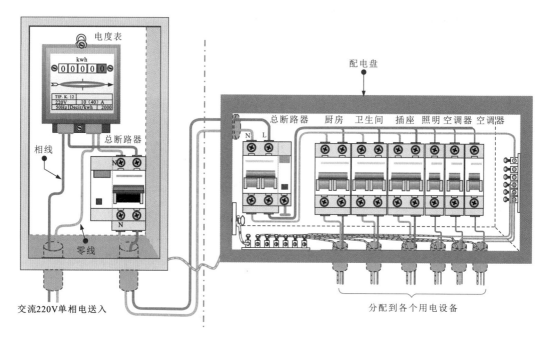

图 9-16　低压供配电线路的连接关系

2. 低压供配电线路中的主要部件

低压供配电线路中的主要部件包括低压断路器、低压熔断器、低压开关和电度表等。

低压断路器（QF）又称空气开关，主要用于接通或切断供电线路，具有过载、短路或欠压保护功能，常用于不频繁接通和切断电路的环境中。图 9-17 为低压断路器的实物外形。

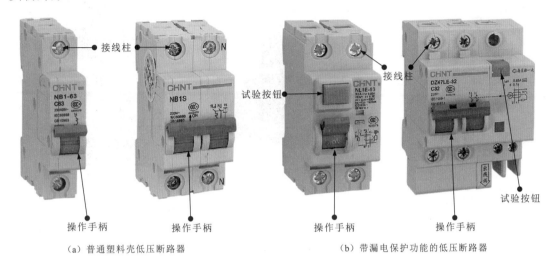

（a）普通塑料壳低压断路器　　　　　　　（b）带漏电保护功能的低压断路器

图 9-17　低压断路器的实物外形

资料与提示

不带漏电保护功能的低压断路器是由塑料外壳、操作手柄、接线柱等构成的，通常用作电动机及照明系统的控制开关、供电线路的保护开关等。带漏电保护的低压断路器又叫漏电保护开关，实际上是一种具有漏电保护功能的开关。低压供配电线路中的总断路器一般选用带漏电保护功能的低压断路器，由试验按钮、操作手柄、漏电指示等几个部件构成，具有漏电、触电、过载、短路保护功能，安全性好，对避免因漏电而引起的人身触电或火灾事故具有明显的效果。

低压熔断器（FU）在低压供配电线路中用于线路和设备的短路及过载保护。当低压供配电线路正常工作时，低压熔断器相当于一根导线，起通路作用；当低压供配电线路中的电流大于规定值时，低压熔断器因自身的熔体熔断而断开电路，从而对低压供配电线路中的其他电气设备起保护作用。图 9-18 为低压熔断器的实物外形。

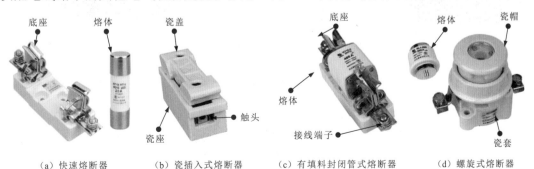

（a）快速熔断器　　　（b）瓷插入式熔断器　　　（c）有填料封闭管式熔断器　　　（d）螺旋式熔断器

图 9-18　低压熔断器的实物外形

低压开关（QS）是在低压供配电线路中起通/断、控制、保护及调节作用的电气部件，常用的有开启式负荷开关，可在带负载状态下接通或切断电路。图9-19为低压开关的实物外形。

（a）两极开启式负荷开关
（带熔断器）

（b）三极开启式负荷开关
（带熔断器）

（c）三极开启式负荷开关
（不带熔断器）

图9-19　低压开关的实物外形

电度表也称电能表，是用来计量用电量的部件，有单相电度表和三相电度表之分。图9-20为电度表的实物外形。

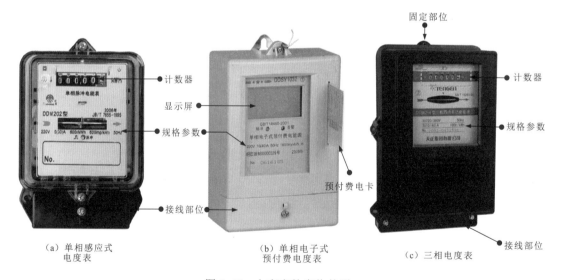

（a）单相感应式
电度表

（b）单相电子式
预付费电度表

（c）三相电度表

图9-20　电度表的实物外形

资料与提示

电度表按原理不同有感应式和电子式电度表。感应式电度表采用电磁感应原理，将电压、电流、相位转变为磁力矩，推动计度器齿轮转动实现计量。电子式电度表采用数据采集、运算得到电压和电流的乘积，通过模拟或数字电路实现电能计量。

9.2 供配电线路的检修

供配电线路出现异常会影响整个线路的供电，在检修调试供配电线路之前，要进行供配电线路的故障分析。

9.2.1 高压供配电线路的检修

高压供配电线路的故障分析如图 9-21 所示。

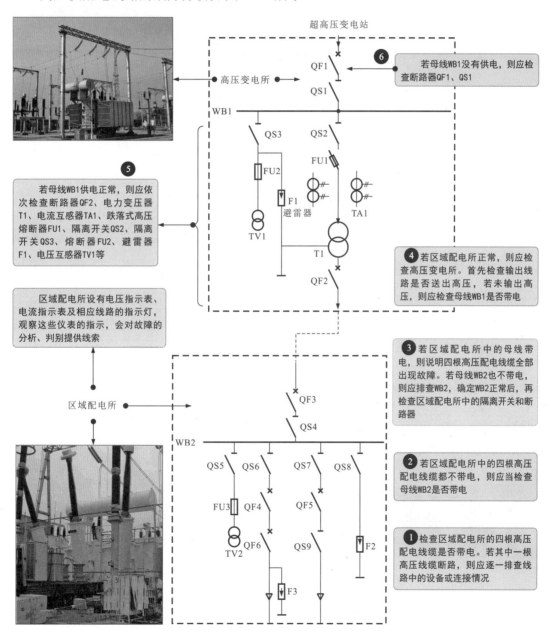

图 9-21 高压供配电线路的故障分析

当高压供配电线路的某一配电支路出现停电现象时，可以参考高压供配电线路的检修流程查找故障部位，如图 9-22 所示。

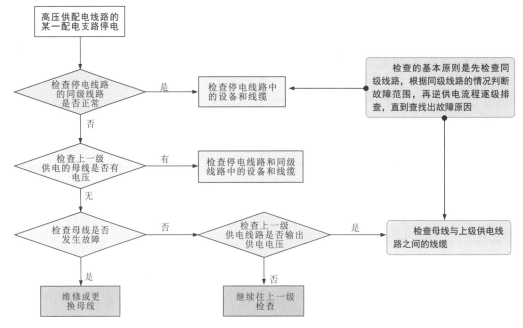

图 9-22　高压供配电线路的检修流程

※ 1. 检查同级高压线路

检查同级高压线路时，可以使用高压钳形表检测同级高压线路中是否有电流，如图 9-23 所示。

图 9-23　检查同级高压线路

资料与提示

供电线路的故障判别主要借助于配电柜面板上的电压表、电流表及各种功能指示灯：如判别是否缺相，则可通过继电器和保护器的动作来判断；如需检测线路中的电流，则可使用高压钳形表，若高压钳形表上的指示灯无反应，则说明线路中无电流，应检查与母线之间的连接端。

※ 2. 检查母线

检查母线时，必须使整个维修环境均处在断路条件下，如图 9-24 所示。

图 9-24　检查母线

※ 3. 检查上一级供电线路

如确认母线电压不正常，则应检查上一级供电线路，使用高压钳形表检测上一级供电线路是否有电，若无供电，则应检查上一级的供电设备。若母线上的电压正常，则应检查该供电线路中下一级的电气设备。

※ 4. 检查高压熔断器

在高压供配电线路的检修过程中，若供电正常，则可进一步检查线路中的高压电气部件。检查时，先使用接地棒释放高压线缆中的电荷，然后从高压熔断器开始检查，如图 9-25 所示。

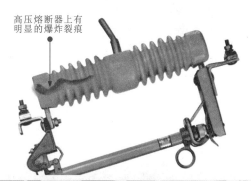

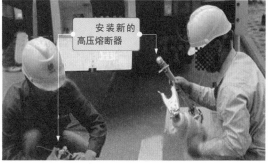

图 9-25　检查高压熔断器

在更换高压电气部件之前，应使用接地棒释放高压线缆中原有的电荷，以免对维修人员造成人身伤害，如图9-26所示。

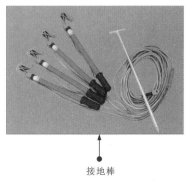

接地棒

接地棒

图9-26　用接地棒释放电荷

※ 5. 检查高压电流互感器

如果高压熔断器损坏，则说明该线路曾发生过流故障，应检查高压电流互感器是否损坏，如图9-27所示。

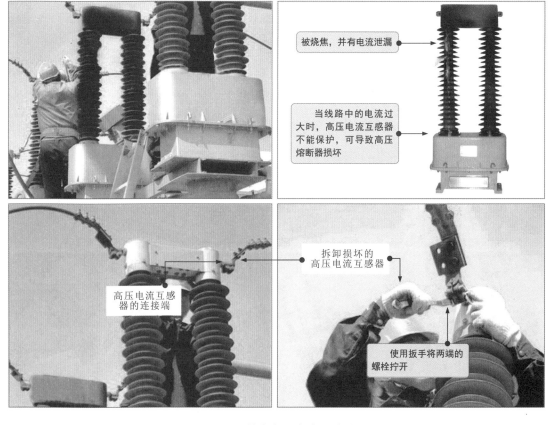

被烧焦，并有电流泄漏

当线路中的电流过大时，高压电流互感器不能保护，可导致高压熔断器损坏

高压电流互感器的连接端

拆卸损坏的高压电流互感器

使用扳手将两端的螺栓拧开

图9-27　检查高压电流互感器

高压电流互感器可能存有剩余电荷，在拆卸前，应当使用接地棒释放电荷。

检修高压线路时，应将高压断路器和高压隔离开关断开，并放置安全警示牌，如图 9-28 所示，提示并防止其他人员合闸，避免人员伤亡。

图 9-28 安全警示牌

※ 6. 检查高压隔离开关

检查并更换高压隔离开关如图 9-29 所示。

高压隔离开关上有黑色烧焦的痕迹并带有电弧

使用扳手卸下高压隔离开关

安装同型号的新高压隔离开关

图 9-29 检查并更换高压隔离开关

❖ 9.2.2 低压供配电线路的检修

低压供配电线路出现故障时，需要通过故障现象分析整个低压供配电线路，缩小故障范围，锁定故障部位。下面以楼宇供配电线路为例进行故障分析，如图9-30所示。

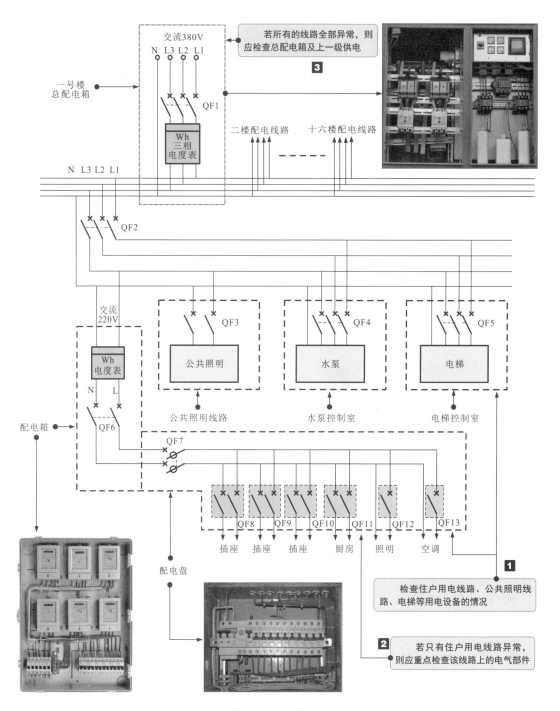

图 9-30 楼宇供配电线路的故障分析

图 9-31 为低压供配电线路的检修流程。

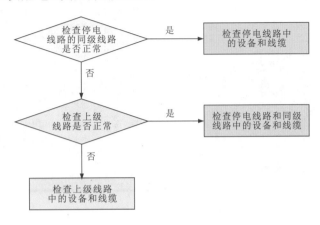

图 9-31　低压供配电线路的检修流程

❋ 1. 检查同级线路

若用户用电线路发生故障，则先检查同级线路，如检查公共照明线路和电梯供电线路是否正常，如图 9-32 所示。

图 9-32　检查同级线路

❋ 2. 检测电度表的输出

若公共照明灯正常点亮，电梯也正常运行，则说明是用户家中的供配电线路有故障，使用钳形表检查配电箱中的线缆是否有电流通过，观察电度表是否正常运转。

将钳形表的挡位调至 "AC 200A" 电流挡，按下钳形表的钳头扳机，钳住经电度表输出的任意一根线缆，观看钳形表的读数，如图 9-33 所示。

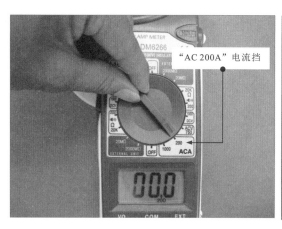

图 9-33　检测电度表的输出线缆

资料与提示

　　当用户供配电线路出现停电现象时，应先从外观观察电度表及连接线缆是否有损坏或烧损的迹象，还应考虑是否由于电度表的预存电已耗尽。

　　图 9-34 为观察电度表及连接线缆，检查剩余电量。

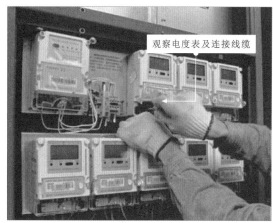
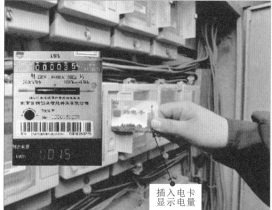

图 9-34　观察电度表及连接线缆，检查剩余电量

3. 检测配电箱的输出

　　若电度表正常,则可使用钳形表检测配电箱的输出线缆是否有电流,如图9-35所示。

4. 检测总断路器

　　若配电箱的输出正常，则应检测用户配电盘中的总断路器是否有输出电压，可以使用电子试电笔检测，如图9-36所示。

　　检测时，用手向上拨动总断路器的操作手柄，闭合总断路器，按下电子试电笔的检测按键，将感应探头接触总断路器的输出线缆，若电子试电笔的指示灯和显示屏都没有显示，则说明总断路器无电压输出。

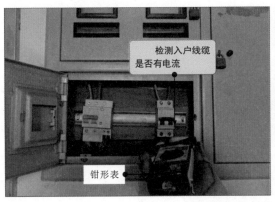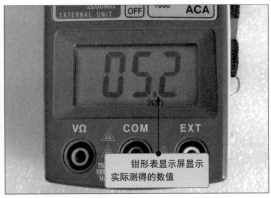

图 9-35　检测配电箱的输出

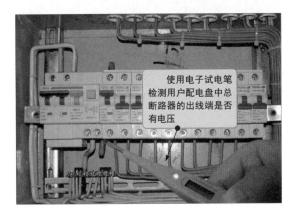

图 9-36　检测总断路器

※ 5. 检测配电盘的输入

若总断路器无输出电压，则可使用电子试电笔检测配电盘的输入是否正常，如图 9-37 所示。

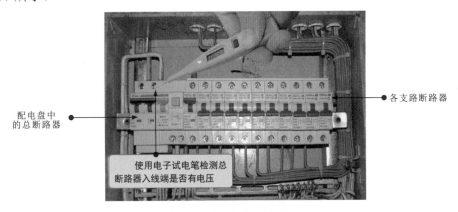

图 9-37　检测配电盘的输入

经过检测，配电盘的输入正常，总断路器出线端无电压，说明配电盘中的总断路器发生故障，更换即可。

9.3 常见高压供配电线路

9.3.1 小型变电所供配电线路

小型变电所供配电线路可将 6～10kV 高压变为 220V/380V 低压，主要由两路供电线路组成，可靠性较高，任意一路供电线路或线路中的部件故障，均可迅速恢复供电，如图 9-38 所示。

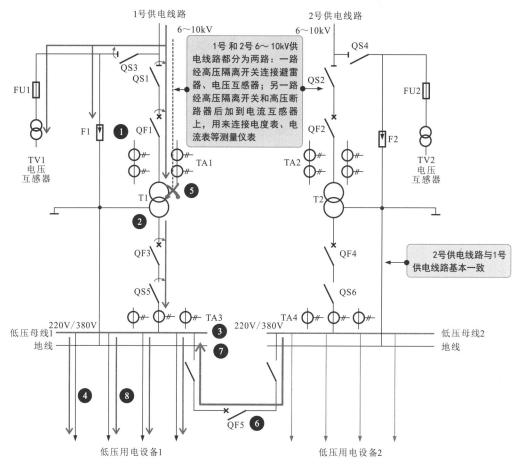

图 9-38 小型变电所供配电线路

资料与提示

图 9-38 中：

❶ 6～10kV 电压经电流互感器 TA1 加到电力变压器 T1 的输入端。

❷ 电力变压器 T1 的输出端输出 220V/380V 的交流低压。

❸ 交流低压经低压断路器 QF3、电源开关 QS5 和电流互感器 TA3 后，加到低压母线 1 上。

❹ 低压母线 1 将 220V/380V 交流电压分为多路，为不同的设备供电。

❺ 当一路供电线路出现故障时（以 1 号供电线路中的电力变压器 T1 故障为例）。

❻ 合上供电线路中的低压断路器 QF5。

❼ 2 号供电线路中的 220V/380V 交流电压经 QF5 送入低压母线 1 中。

❽ 将 220V/380V 交流电压分为多路，为不同的设备供电。

9.3.2 6~10/0.4kV 高压配电所供配电线路

6 ～ 10/0.4kV 高压配电所供配电线路可先将来自架空线路的 6 ～ 10kV 三相交流高压经变压器降为 0.4kV 的交流低压后再分配，如图 9-39 所示。

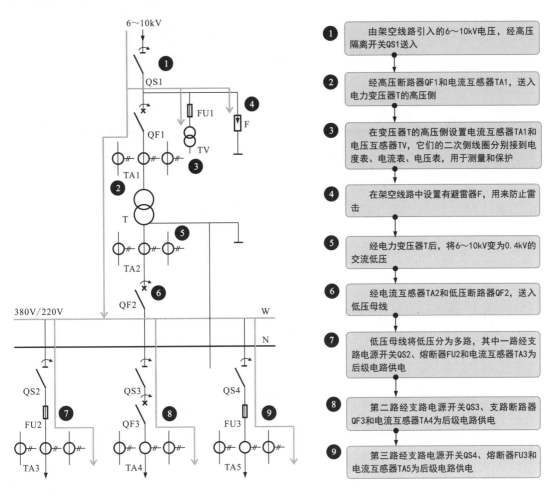

图 9-39　6 ～ 10/0.4kV 高压配电所供配电线路

资料与提示

当负荷小于 315kV·A 时，高压配电所供配电线路还可以在高压端采用跌落式熔断器、隔离开关 + 熔断器或负荷开关 + 熔断器三种控制方式，如图 9-40 所示。

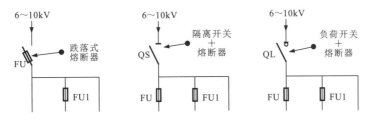

图 9-40　三种控制方式

9.3.3　总降压变电所供配电线路

总降压变电所供配电线路可实现将 35 ～ 110kV 降为 6 ～ 10kV，如图 9-41 所示。

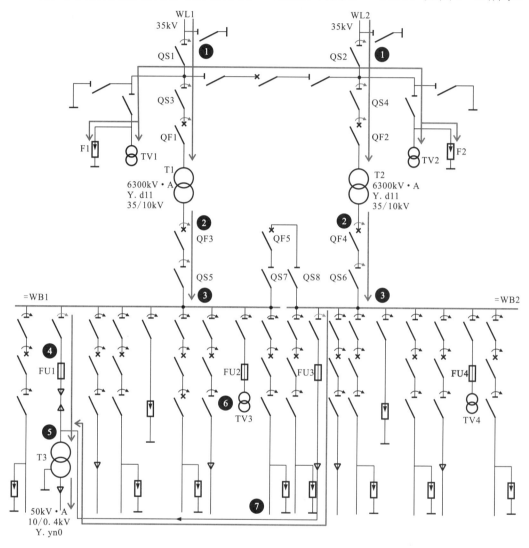

图 9-41　总降压变电所供配电线路

资料与提示

图 9-41 中：

❶ 35kV 高压经架空线路引入，分别经高压隔离开关 QS1 ～ QS4、高压断路器 QF1、QF2 后，送入容量为 6300kV·A 的电力变压器 T1 和 T2。

❷电力变压器 T1 和 T2 将 35kV 高压降为 10kV。

❸ 10kV 高压分别经 QF3、QF4 和 QS5、QS6 后，送到母线 WB1、WB2 上。

❹ WB1 母线上的一条支路经高压隔离开关、高压熔断器 FU1 后，接入 50kV·A 的电力变压器 T3。

❺ T3 将母线 WB1 送来的 10kV 高压降为 0.4kV 电压为后级电路或低压用电设备供电。

❻其他各支路分别经高压隔离开关、高压断路器后作为电路的输出或连接到电压互感器。

❼母线 WB2 经高压隔离开关和高压熔断器 FU3 后接入 50kV·A 的电力变压器。

9.3.4 工厂 35kV 变电所供配电线路

　　工厂 35kV 变电所供配电线路可将 35kV 的高压经变压器变为 10kV 高压后，送往各个车间的 10kV 变电室，由变电室再将 10kV 高压降到 0.4kV 低压送往后级电路中，如图 9-42 所示。

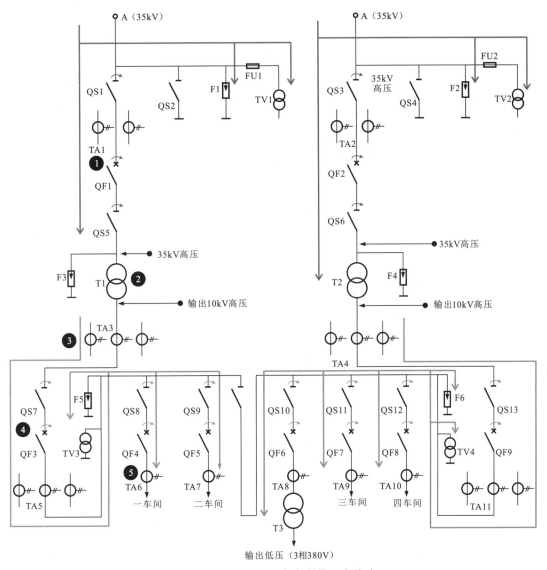

图 9-42　工厂 35kV 变电所供配电线路

资料与提示

图 9-42 中：

❶ 35kV 经高压断路器 QF1 和高压隔离开关 QS5 后，送入电力变压器 T1。

❷ 电力变压器 T1 的输出端输出 10kV 高压。

❸ 10kV 高压经电流互感器 TA3 后送入后级电路。

❹ 经高压隔离开关 QS7、高压断路器 QF3 和电流互感器 TA5 后送入各车间。

❺ 经高压隔离开关 QS8 和高压断路器 QF4 后送入一车间。

❖ 9.3.5 工厂高压变电所供配电线路

工厂高压变电所供配电线路可将高压输电线送来的高压进行降压和分配，如图9-43所示。

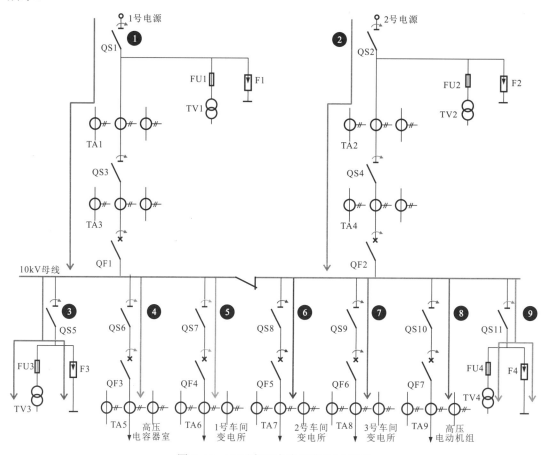

图9-43 工厂高压变电所供配电线路

资料与提示

图 9-43 中:

❶ 1号电源 10kV 供电电压经高压隔离开关 QS1 和 QS3 送入（在 QS1 和 QS3 之间安装有电流互感器 TA1、电压互感器 TV1 及避雷器 F1 等）后，经电流互感器 TA3 和高压断路器 QF1 送入 10kV 母线。

❷ 2号电源 10kV 供电电压经高压隔离开关 QS2 和 QS4 送入（在 QS2 和 QS4 之间安装有电流互感器 TA2、电压互感器 TV2 及避雷器 F2 等）后，经电流互感器 TA4 和高压断路器 QF2 送入 10kV 母线（在使用过程中，选择一路 10kV 供电电路即可），10kV 电压送入母线后被分为多路:

❸ 一路经高压隔离开关 QS5 后，连接电压互感器 TV3 和避雷器 F3 等;

❹ 一路经 QS6、QF3 和 TA5 后送入高压电容器室，用于连接高压补偿电容;

❺ 一路经 QS7、QF4 和 TA6 后送入 1 号车间变电所，供 1 号车间使用;

❻ 一路经 QS8、QF5 和 TA7 后送入 2 号车间变电所，供 2 号车间使用;

❼ 一路经 QS9、QF6 和 TA8 后送入 3 号车间变电所，供 3 号车间使用;

❽ 一路经 QS10、QF7 和 TA9 后送入高压电动机组，为高压电动机供电;

❾ 一路经 QS11 后，连接电压互感器 TV4 和避雷器 F4 等。

9.3.6 10kV 楼宇变电所供配电线路

10kV 楼宇变电所供配电线路有两路独立的供电线路，采用母线分段接线形式，当某一路供电线路有故障时，可由另一路供电线路供电，如图 9-44 所示。

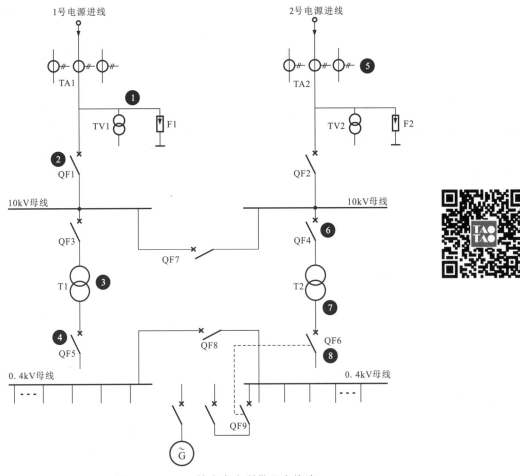

图 9-44　10kV 楼宇变电所供配电线路

资料与提示

图 9-44 中：

❶ 10kV 高压经电流互感器 TA1 送入，在进线处安装有电压互感器 TV1 和避雷器 F1。

❷ 合上高压断路器 QF1 和 QF3，10kV 高压经母线后送入电力变压器 T1 的输入端。

❸ 电力变压器 T1 的输出端输出 0.4kV 低压。

❸→❹ 合上低压断路器 QF5 后，0.4kV 低压为用电设备供电。

❺ 10kV 高压经电流互感器 TA2 送入，在进线处安装有电压互感器 TV2 和避雷器 F2。

❻ 合上高压断路器 QF2 和 QF4，10kV 高压经母线后送入电力变压器 T2 的输入端。

❼ 电力变压器 T2 的输出端输出 0.4kV 低压。

❼→❽ 合上低压断路器 QF6 后，0.4kV 低压为用电设备供电。

当 1 号电源线路中的电力变压器 T1 出现故障时，1 号电源线路停止工作，合上低压断路器 QF8，由 2 号电源线路输出的 0.4kV 电压便会经 QF8 为 1 号电源线路中的用电设备供电。此外，在该线路中还设有柴油发电机 G，在两路电源均出现故障后，可启动柴油发电机临时供电。

9.4 常见低压供配电线路

9.4.1 单相电源双路互备供配电线路

单相电源双路互备自动供配电线路是为了防止电源出现故障时造成照明或用电设备停止工作的线路。工作时，先后按下两路供电线路的控制开关（先按下开关的一路为主电源，后按下开关的一路为备用电源），用电设备便会在主电源供电的情况下工作，一旦主电源出现故障，则供电线路便会自动启动备用电源，可确保用电设备的正常工作，如图 9-45 所示。

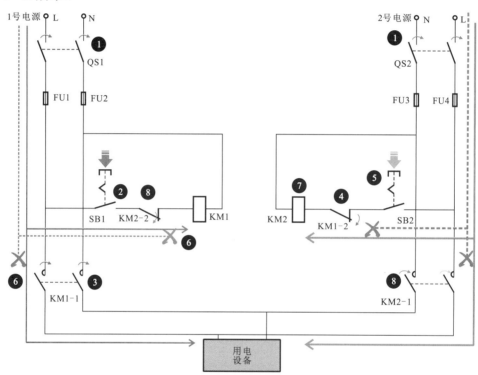

图 9-45　单相电源双路互备供配电线路

资料与提示

图 9-45 中：

❶合上电源总开关 QS1 和 QS2，接通交流 220V 市电电源。

❷按下按钮开关 SB1，交流接触器 KM1 线圈得电。

❸KM1 的常开主触点 KM1-1 闭合，用电设备接通 1 号电源。

❹KM1 的常闭辅助触点 KM1-2 断开，防止交流接触器 KM2 线圈得电。

❺按下按钮开关 SB2，由于常闭辅助触点 KM1-2 断开，交流接触器 KM2 线圈未得电，常开主触点 KM2-1 断开，用电设备不能接通 2 号电源，常闭辅助触点 KM2-2 保持闭合。

❻当 1 号电源出现故障后，交流接触器 KM1 线圈失电，常开主触点 KM1-1 复位断开，切断用电设备的 1 号电源，常闭辅助触点 KM1-2 复位闭合。

❼常闭辅助触点 KM1-2 闭合后，由于 SB2 已处于接通状态，交流接触器 KM2 线圈得电。

❽KM2 线圈得电，常开主触点 KM2-1 闭合，用电设备接通 2 号电源，常闭辅助触点 KM2-2 断开。

若想让 2 号电源作为主电源，1 号电源作为备用电源，则应先按下按钮开关 SB2，使交流接触器 KM2 线圈先得电，再按下按钮开关 SB1，即可将 1 号电源作为备用电源。

◈ 9.4.2 低层楼宇供配电线路

低层楼宇供配电线路是一种适用于六层楼以下的供配电线路，主要是由低压配电室、楼层配线间及室内配电盘等部分构成的，如图 9-46 所示。

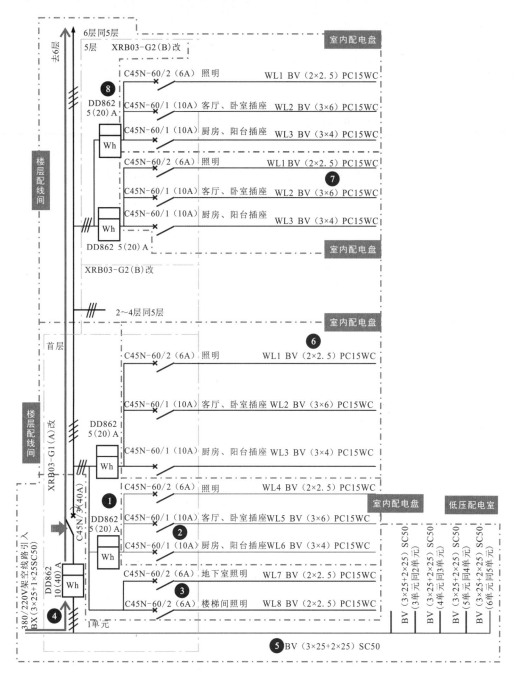

图 9-46 低层楼宇供配电线路

图 9-46 中：

❶一个楼层、一个单元有两个住户，将进户线分为两路，一路经过电度表 DD862 5（20）A 后分为三路。

❷一路经断路器 C45N-60/2（6A）为照明灯供电；另外两路分别经断路器 C45N-60/1（10 A）后，为客厅、卧室、厨房和阳台的插座供电。

❸另一路进户线经断路器 C45N-60/2（6 A）后，为地下室和楼梯间的照明灯供电。

❹进户线的规格为 BX（3×25+1×25SC50），为铜芯橡胶绝缘导线（BX）。其中，有 3 根截面积为 25mm² 的相线，有 1 根截面积为 25mm² 的零线，采用管径为 50mm 的焊接钢管（SC）敷设。

❺同一层楼不同单元门的线路规格为 BV（3×25+2×25）SC50，表示为铜芯塑料绝缘导线（BV）。其中，有 3 根截面积为 25mm² 的相线，有 2 根截面积 25mm² 的零线，采用管径为 50mm 的焊接钢管（SC）穿管敷设。

❻某一住户照明线路的规格为 WL1 BV（2×2.5）PC15WC，表示编号为 WL1，线材类型为铜芯塑料绝缘导线（BV），有 2 根截面积为 2.5mm² 的导线，采用管径为 15mm 的硬塑料导管（PC15）暗敷设在墙内（WC）。

❼某客厅、卧室插座线路的规格为 WL2 BV（3×6）PC15WC，表示编号为 WL2，线材类型为铜芯塑料绝缘导线（BV），有 3 根截面积为 6mm² 的导线，采用管径为 15mm 的硬塑料导管（PC15）暗敷设在墙内（WC）。

❽每个住户使用独立的电度表，电度表规格为 DD862 5（20）A：第一个字母 D 表示电度表；第二个字母 D 表示单相；862 为设计型号；5（20）A 表示额定电流为 5～20A。

❾楼宇设有一个总电度表，规格标识为 DD862 10（40）A，10（40）A 表示额定电流为 10～40A。

图 9-47 为家庭供配电线路。

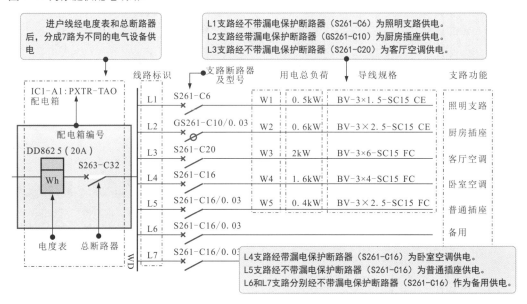

图 9-47　家庭供配电线路

9.4.3 住宅小区低压供配电线路

如图 9-48 所示，住宅小区低压供配电线路是一种典型的低压供配电线路，一般由高压供配电线路经变压后引入，经小区配电柜初步分配后，为住户及小区的公共照明、电梯、水泵等设备供电。

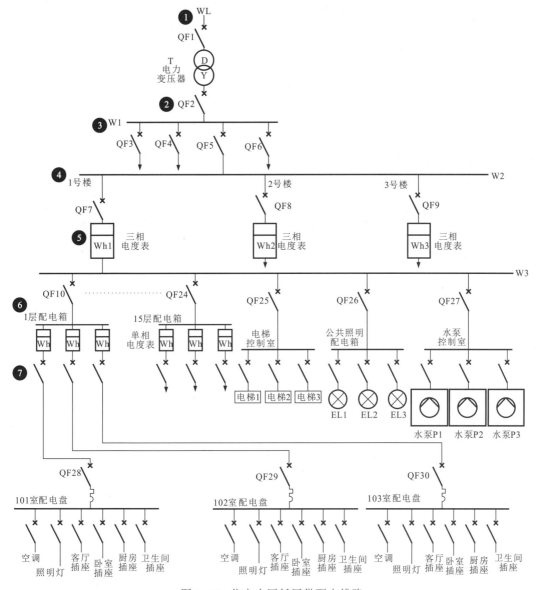

图 9-48 住宅小区低压供配电线路

资料与提示

图 9-48 中：

❶高压经电源进线口 WL 后送入小区的电力变压器 T 中。

❷降压后输出 380/220V 电压，经小区总断路器 QF2 后送到母线 W1 上。

❸经母线 W1 后分为多路，每路均可作为单独的低压供配电线路。

❹其中一路加到母线 W2 后，分为 3 路分别为小区中的 1 号楼～3 号楼供电。

❺每一路均安装有一个三相电度表，用于计量用电总量。

❻由于每栋楼都有 15 层，且除住户用电外，电梯、公共照明、水泵等均需用电，因此加到母线 W3 上的电压分为 18 路：15 路分别为 15 层住户供电；3 路分别为电梯控制室、公共照明配电箱和水泵控制室供电。

❼每路首先经断路器后再分配。以 1 层住户为例，低压电经断路器 QF10 后分为 3 路，分别经电度表后送至 3 个住户室内。

❖ 9.4.4 低压配电柜供配电线路

低压配电柜供配电线路主要用来传输和分配低压，为低压用电设备供电，如图 9-49 所示。

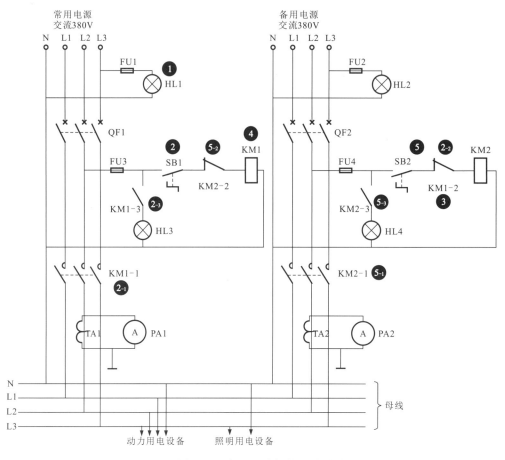

图 9-49　低压配电柜供配电线路

资料与提示

图 9-49 中：

❶指示灯 HL1 点亮，表明常用电源正常，合上断路器 QF1，接通三相电源。

❷按下开关 SB1，交流接触器 KM1 线圈得电，相应触点动作。

　❷₁ KM1 常开触点 KM1-1 接通，向母线供电。

　❷₂常闭触点 KM1-2 断开，防止备用电源接通，起连锁保护作用。

　❷₃常开触点 KM1-3 接通，红色指示灯 HL3 点亮。

❷₂→❸常用电源供配电线路正常工作时，KM1 的常闭触点 KM1-2 处于断开状态，备用电源不能接入母线。

❹当常用电源出现故障或停电时，交流接触器 KM1 线圈失电，常开、常闭触点复位。

❺接通断路器 QF2、开关 SB2，交流接触器 KM2 线圈得电，相应触点动作。

　❺₁ KM2 常开触点 KM2-1 接通，向母线供电。

　❺₂常闭触点 KM2-2 断开，防止常用电源接通，起连锁保护作用。

　❺₃常开触点 KM2-3 接通，红色指示灯 HL4 点亮。

第10章
电动机控制线路

10.1 电动机控制线路的结构特征

电动机控制线路可通过控制部件、功能部件完成对电动机启动、运转、变速、制动及停机等控制。

电动机控制线路由控制按钮发送人工控制指令，通过接触器、继电器及相应的控制部件控制电动机的启 / 停，通过指示灯指示当前的工作状态，通过保护部件负责电路的安全，如图 10-1 所示。

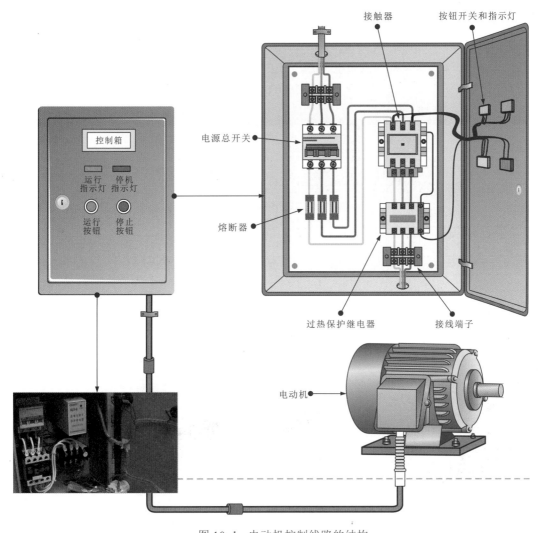

接触器
按钮开关和指示灯
电源总开关
熔断器
过热保护继电器
接线端子
电动机
控制箱
运行指示灯
停机指示灯
运行按钮
停止按钮

图 10-1 电动机控制线路的结构

❖ 10.1.1 交流电动机控制线路

交流电动机控制线路是对交流电动机进行控制的线路。

☀ 1. 交流电动机控制线路的结构

交流电动机控制线路由交流电动机（单相或三相）、控制部件和保护部件组成。图 10-2 为交流电动机控制线路的结构。

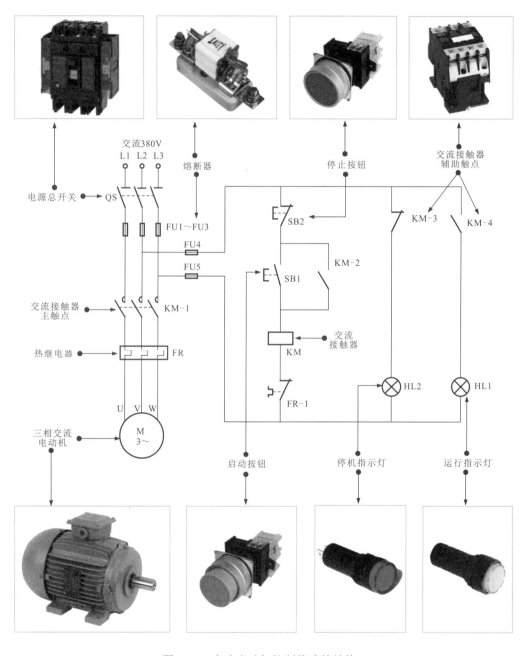

图 10-2 交流电动机控制线路的结构

2. 交流电动机控制线路的连接关系

图 10-3 为交流电动机控制线路的连接关系。

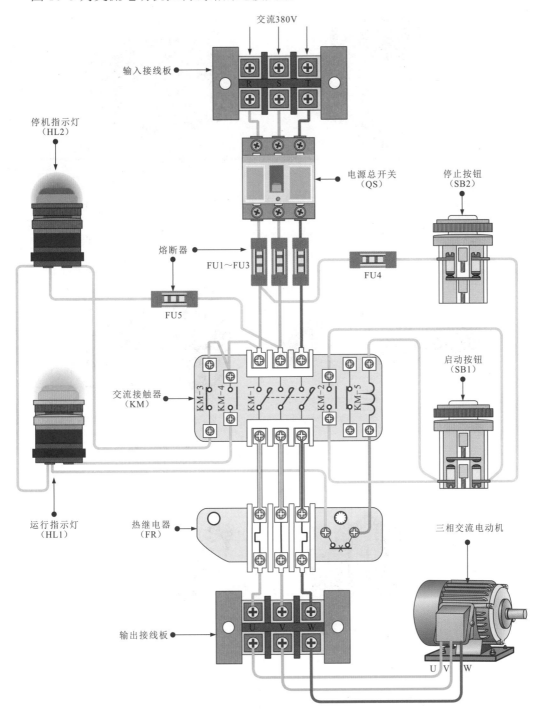

图 10-3 交流电动机控制线路的连接关系

3. 交流电动机控制线路中的主要部件

交流电动机可分为单相交流电动机和三相交流电动机，如图 10-4 所示。

（a）单相交流电动机 （b）三相交流电动机

图 10-4 交流电动机的实物外形

交流电动机控制线路中的主要部件有电源总开关、启 / 停按钮、接触器、继电器等，如 图 10-5 所示。

（a）电源总开关 （b）启/停按钮 （c）交流接触器 （d）继电器

图 10 5 交流电动机控制线路中的主要部件

交流电动机常见的保护部件有热继电器、熔断器等，如图 10-6 所示

（a）热继电器 （b）熔断器

图 10-6 交流电动机控制线路中的保护部件

10.1.2 直流电动机控制线路

直流电动机控制线路是对直流电动机进行控制的线路。

❋ 1. 直流电动机控制线路的结构

直流电动机控制线路主要由直流电动机、控制部件和保护部件组成。图 10-7 为直流电动机控制线路的结构。

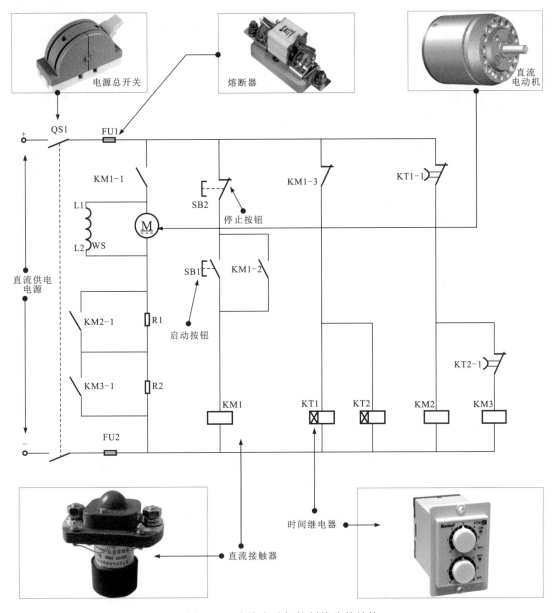

图 10-7 直流电动机控制线路的结构

❋ 2. 直流电动机控制线路的连接关系

图 10-8 为直流电动机控制线路的连接关系。

❋ 3. 直流电动机控制线路中的主要部件

图 10-9 为直流电动机的实物外形。

235

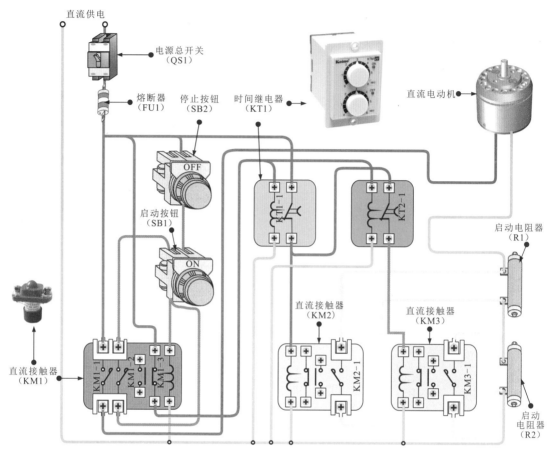

图 10-8 直流电动机控制线路的连接关系

（a）小型直流电动机　　（b）有刷直流电动机　　（c）大型直流电动机　　（d）电磁式直流电动机

图 10-9 直流电动机的实物外形

直流电动机控制线路中的控制部件和保护部件与交流电动机控制线路基本相同，不同的是采用直流电源供电，如图 10-10 所示。

（a）热继电器　　　　（b）直流接触器　　　　（c）熔断器

图 10-10 直流电动机控制线路中的控制部件和保护部件

10.2 电动机控制线路的故障分析及检修实例

当电动机控制线路出现异常时，会影响电动机的正常运转，在检修之前，应先做好故障分析，为检修提供思路。

10.2.1 交流电动机控制线路的故障分析

交流电动机控制线路的故障分析如图 10-11 所示。

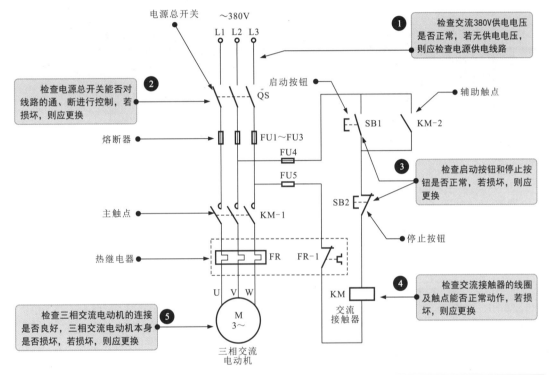

故障现象		常见原因
通电跳闸	闭合电源总开关后跳闸	线路中存在短路性故障
	按下启动按钮后跳闸	热继电器或三相交流电动机短路、接线间短路
三相交流电动机不启动	按下启动按钮后三相交流电动机不启动	电源供电异常、三相交流电动机损坏、接线松脱（至少有两相）、控制部件损坏、保护部件损坏
	三相交流电动机通电不启动并伴有"嗡嗡"声	电源供电异常、三相交流电动机损坏、接线松脱（一相）、控制部件损坏、保护部件损坏
运行停机	运行过程中无故停机	熔断器被烧断、控制部件损坏、保护部件损坏
	热继电器断开	电流异常、热继电器损坏、负载过大
三相交流电动机过热	三相交流电动机运行正常，但温度过高	电流异常、负载过大

图 10-11 交流电动机控制线路的故障分析

◆ 10.2.2 直流电动机控制线路的故障分析

直流电动机控制线路的故障分析如图 10-12 所示。

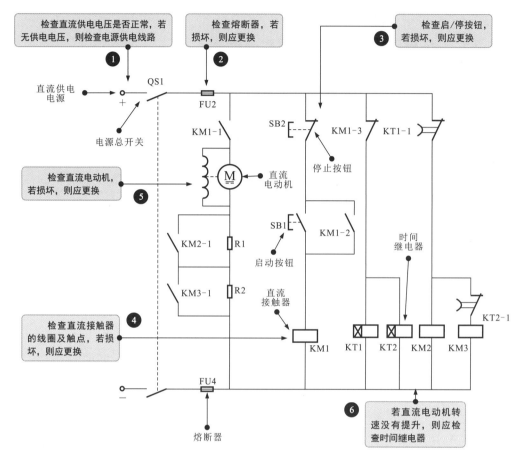

图 10-12　直流电动机控制线路的故障分析

故障现象		常见原因
直流电动机不启动	按下启动按钮，直流电动机不启动	电源供电异常、直流电动机损坏、接线松脱（至少有两相）、控制部件损坏、保护部件损坏
	直流电动机通电不启动并伴有"嗡嗡"声	直流电动机损坏、启动电流过小、线路电压过低
直流电动机转速异常	转速过快、过慢或不稳定	接线松脱、接线错误、直流电动机损坏、电源电压异常
直流电动机过热	直流电动机运行正常，但温度过高	电流异常、负载过大、直流电动机损坏
直流电动机异常振动	直流电动机运行时，振动频率过高	直流电动机损坏、安装不稳
直流电动机漏电	直流电动机停机或运行时，外壳带电	引出线碰壳、绝缘电阻下降、绝缘老化

图 10-12　直流电动机控制线路的故障分析

❖ 10.2.3 电动机控制线路检修实例

❉ 1. 交流电动机控制线路通电后电动机不启动

图 10-13 为三相交流电动机点动控制线路。

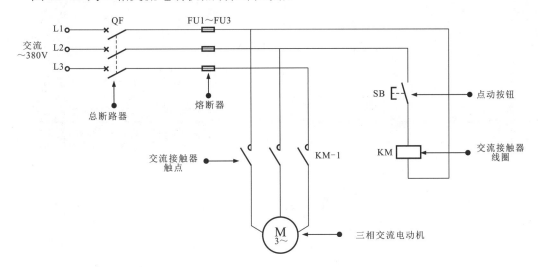

图 10-13　三相交流电动机点动控制线路

图 10-13 中，接通三相交流电动机控制线路的电源，按下点动按钮，三相交流电动机不启动，检查供电电源正常，线路接线牢固，无松动现象，说明线路的组成部件有故障。首先检测三相交流电动机的供电电压是否正常，如图 10-14 所示。

将万用表的红、黑表笔任意搭在三相交流电动机的两个接线柱上。

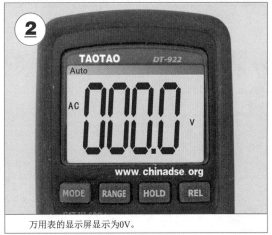

万用表的显示屏显示为0V。

图 10-14　检测三相交流电动机的供电电压

经检测，三相交流电动机没有供电电压，说明控制线路中有部件发生断路故障。依次检测总断路器、熔断器、点动按钮及交流接触器等，如图 10-15 所示。

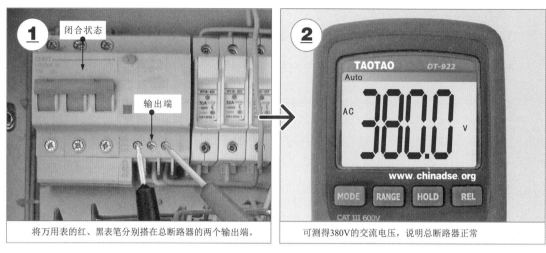

① 闭合状态 输出端	②
将万用表的红、黑表笔分别搭在总断路器的两个输出端。	可测得380V的交流电压，说明总断路器正常

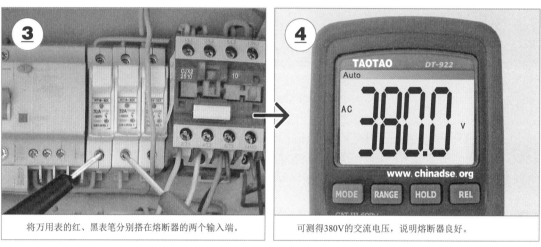

③	④
将万用表的红、黑表笔分别搭在熔断器的两个输入端。	可测得380V的交流电压，说明熔断器良好。

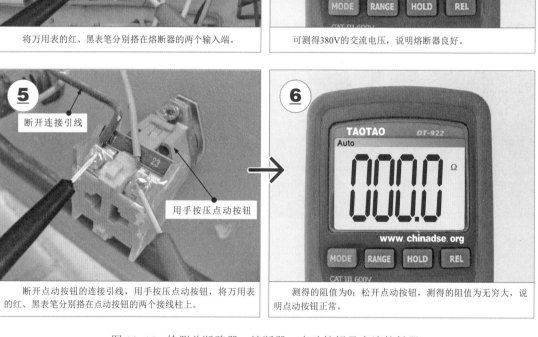

⑤ 断开连接引线 用手按压点动按钮	⑥
断开点动按钮的连接引线，用手按压点动按钮，将万用表的红、黑表笔分别搭在点动按钮的两个接线柱上。	测得的阻值为0；松开点动按钮，测得的阻值为无穷大，说明点动按钮正常。

图 10-15　检测总断路器、熔断器、点动按钮及交流接触器

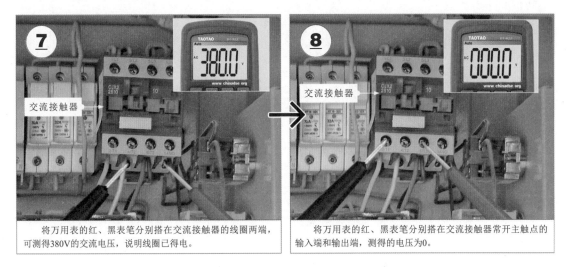

将万用表的红、黑表笔分别搭在交流接触器的线圈两端，可测得380V的交流电压，说明线圈已得电。

将万用表的红、黑表笔分别搭在交流接触器常开主触点的输入端和输出端，测得的电压为0。

图 10-15　检测总断路器、熔断器、点动按钮及交流接触器（续）

由图 10-15 可知，总断路器、熔断器和点动按钮均正常，交流接触器常开主触点的输入端和输出端无电压，说明交流接触器已损坏，需要更换。使用相同规格的交流接触器更换后，接通电源，三相交流电动机可正常启动，故障被排除。

※ 2. 交流电动机控制线路运行一段时间后电动机过热

交流电动机控制线路运行一段时间后，交流电动机外壳温度过高，首先检测交流电动机的工作电流，如图 10-16 所示。

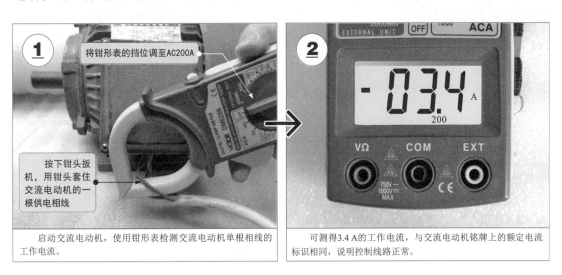

启动交流电动机，使用钳形表检测交流电动机单根相线的工作电流。

可测得3.4 A的工作电流，与交流电动机铭牌上的额定电流标识相同，说明控制线路正常。

图 10-16　检测交流电动机的工作电流

由图 10-16 可知，控制线路正常，怀疑交流电动机内部出现故障，使交流电动机外壳温度过高；将交流电动机外壳拆开，仔细检查交流电动机的轴承及其连接部位，如图 10-17 所示。

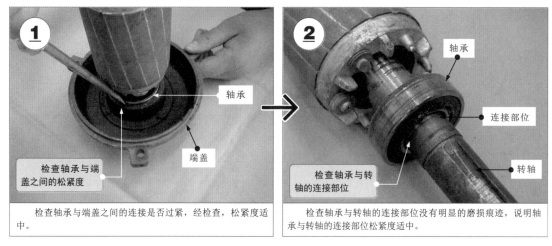

图 10-17　交流电动机内部部件的检查

将轴承从交流电动机上拆下，检查轴承内的钢珠是否磨损，如图 10-18 所示。经检查，轴承内的钢珠有明显的磨损痕迹，并且润滑脂已经干涸。使用新的钢珠更换后，在轴承内涂抹适量（最好不超过轴承容积的 70%）的润滑脂。

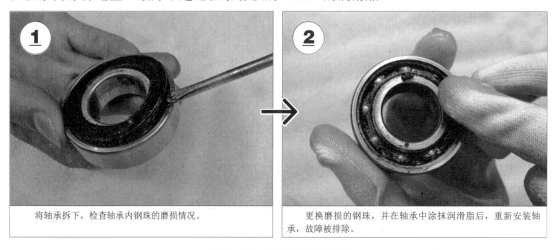

图 10-18　检查并修复轴承

资料与提示

　　若交流电动机的皮带过紧或连轴器安装不当，都会引起轴承发热，应调节皮带的松紧度，并校正连轴器的传动装置。若因交流电动机转轴弯曲引起轴承过热，则可校正或更换转轴。当轴承内有杂物时，轴承转动不灵活，可造成发热，应清洗并更换润滑脂。轴承间隙不均匀，过大或过小，都会造成轴承不正常转动，可更换新轴承，以排除故障。

3. 交流电动机控制线路启动后跳闸

　　交流电动机控制线路通电后，启动交流电动机时，电源供电箱出现跳闸现象，检查控制线路的接线正常，此时应重点检测热继电器和交流电动机。

　　热继电器的检测如图 10-19 所示。

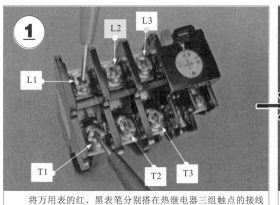

将万用表的红、黑表笔分别搭在热继电器三组触点的接线柱上（L1和T1、L2和T2、L3和T3）。

实测阻值均极小，说明热继电器正常。

图 10-19　热继电器的检测

检测交流电动机绕组的阻值，如图 10-20 所示。

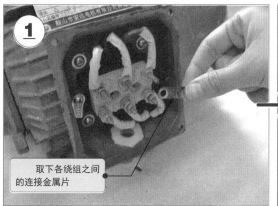

取下各绕组之间的连接金属片

检测前，先将接线盒中绕组接线端的金属片取下，使交流电动机各绕组之间无连接关系。

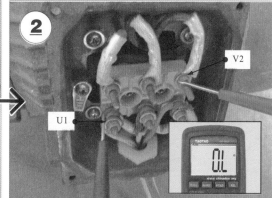

将万用表的红、黑表笔分别搭在两绕组的接线柱上，如V2、U1，所测阻值为无穷大，说明绕组间绝缘性能良好。

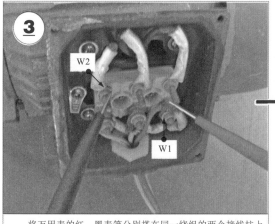

将万用表的红、黑表笔分别搭在同一绕组的两个接线柱上（U1和U2、V1和V2、W1和W2）。

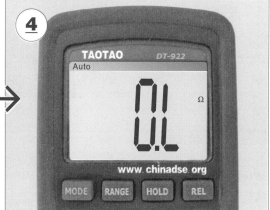

所测阻值为无穷大，说明绕组已断，应重新绕制绕组或更换电动机。

图 10-20　检测交流电动机绕组的阻值

4. 直流电动机控制线路运行一段时间后，直流电动机转速变慢直至不能启动

直流电动机控制线路启动后，直流电动机转速变慢，使用一段时间后，直流电动机不能启动。直流电动机转速变慢可能是由于直流电动机出现机械故障或控制线路中有部件损坏造成的；直流电动机不能启动怀疑是由于直流电动机内部故障造成的，应仔细检查直流电动机，如图 10-21 所示。

电刷

检查换向片上是否有过多的电刷粉，若过多，则应清除

检查电刷是否正常，若磨损严重，应更换

换向片

检查电枢线圈是否有断线

检查主磁极线圈是否有断线

检查磁钢是否磨损和松动

若磁钢磨损严重，则直接更换直流电动机

图 10-21　检查直流电动机

资料与提示

通常，电刷磨损严重或弹簧压力下降都会使电刷与换向器接触不良，造成直流电动机驱动力不足，可表现为直流电动机转速变慢。经检查，图 10-21 中直流电动机的电刷磨损严重，应更换，并将换向片上的电刷粉清理干净。

若直流电动机中的一两个线圈断开并不影响运行，但速度和驱动力会下降，性能不稳；若断开的线圈过多，则直流电动机将无法启动。经过检查，图 10-21 中的直流电动机线圈良好，并无断开现象。

图 10-21 中直流电动机的磁钢磨损严重，也是导致直流电动机不能启动的原因。磁钢磨损严重，不能修理，需要将直流电动机直接更换。更换后，直流电动机可正常启动，也没有过热现象，故障被排除。

10.3 常见的电动机控制线路

10.3.1 直流电动机调速控制线路

直流电动机调速控制线路是一种可在负载不变的条件下，控制直流电动机稳速或变速运转，如图 10-22 所示。

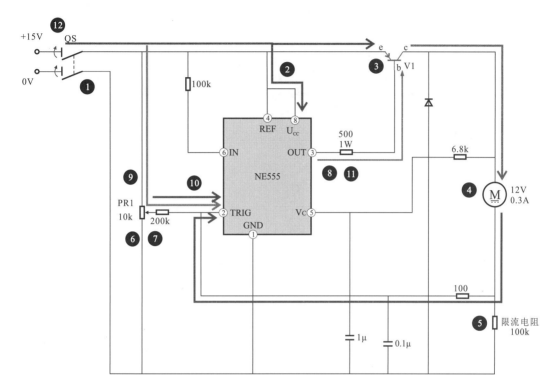

图 10-22　直流电动机调速控制线路

资料与提示

图 10-22 中：

❶合上电源总开关 QS，接通直流 +15V 电源。

❷+15V 为 NE555 的 8 脚提供工作电压，NE555 开始工作。

❸NE555 的 3 脚输出驱动脉冲信号，送往驱动三极管 V1 的基极，经放大后，由集电极输出脉冲电压。

❹+15V 经 V1 变成脉冲电压为直流电动机供电，直流电动机开始运转。

❺直流电动机的工作电流在限流电阻上产生压降，并反馈到 NE555 的 2 脚，由 3 脚输出脉冲信号对直流电动机进行稳速控制。

❻将 PR1 的调节旋钮调至最下端。

❼+15V 直流电压经 PR1 和 200kΩ 电阻串联电路后送入 NE555 的 2 脚。

❽NE555 的 3 脚输出最小的脉冲信号宽度，使直流电动机的转速最低。

❾将 PR1 的调节旋钮调至最上端。

❿+15V 直流电压只经过 200kΩ 电阻后送入 NE555 的 2 脚。

⓫NE555 的 3 脚输出最大的脉冲信号宽度，使直流电动机的转速最高。

⓬若需要直流电动机停机，则只需将电源总开关 QS 关闭。

❖ 10.3.2 降压启动直流电动机控制线路

降压启动直流电动机控制线路是将启动电阻串入直流电动机中限制启动电流，当直流电动机低速运转一段时间后，再将启动电阻短路，使直流电动机正常运转，如图 10-23 所示。

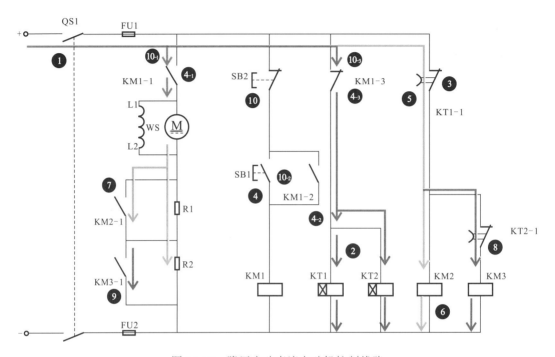

图 10-23 降压启动直流电动机控制线路

资料与提示

图 10-23 中：

❶合上电源总开关 QS1，接通直流电源。

❷时间继电器 KT1、KT2 线圈得电。

❸时间继电器 KT1、KT2 的触点 KT1-1、KT2-1 瞬间断开，防止直流接触器 KM2、KM3 线圈得电。

❹按下启动按钮 SB1，直流接触器 KM1 线圈得电。

　❹₁ KM1 的常开主触点 KM1-1 闭合，直流电动机接通电源，低速启动运转。

　❹₂ KM1 的常开辅助触点 KM1-2 闭合，实现自锁功能。

　❹₃ KM1 的常开辅助 KM1-3 断开，KT1、KT2 失电，开始延时计时。

❹→❺达到时间继电器 KT1 预设的复位时间时，常闭触点 KT1-1 复位闭合。

❻直流接触器 KM2 线圈得电。

❼KM2-1 闭合，直流电动机串联 R2 运转，转速提升。

❽当达到 KT2 预设时间时，触点 KT2-1 复位闭合，KM3 线圈得电。

❾KM3-1 闭合，短接 R2，直流电动机在额定电压下运转。

❿需要直流电动机停机时，按下停止按钮 SB2，直流接触器 KM1 线圈失电。

　❿₁ KM1-1 断开，切断电源，直流电动机停止运转。

　❿₂触点 KM1-2 复位断开，解除自锁功能。

　❿₃常闭触点 KM1-3 复位闭合，为直流电动机的下一次启动做好准备。

10.3.3 直流电动机正/反向连续运转的控制线路

直流电动机正/反向连续运转的控制线路可通过启动按钮控制直流电动机长时间正向运转和反向运转，如图 10-24 所示。

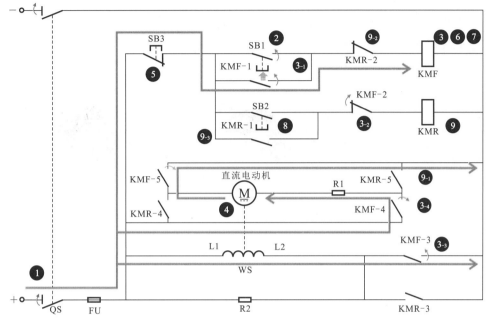

图 10-24 直流电动机正/反向连续运转的控制线路

资料与提示

图 10-24 中：

❶合上电源总开关 QS，接通直流电源。

❷按下正转启动按钮 SB1，正转直流接触器 KMF 线圈得电。

❸正转直流接触器 KMF 的触点全部动作。

　❸₋₁ KMF 的常开触点 KMF-1 闭合实现自锁功能。

　❸₋₂ KMF 的常闭触点 KMF-2 断开，防止反转直流接触器 KMR 的线圈得电。

　❸₋₃ KMF 的常开触点 KMF-3 闭合，直流电动机励磁绕组 WS 得电。

　❸₋₄ KMF 的常开触点 KMF-4、KMF-5 闭合，直流电动机得电。

❸₋₄→❹直流电动机串联启动电阻 R1 正向运转。

❺需要直流电动机正转停机时，按下停止按钮 SB3。

❻直流接触器 KMF 的线圈失电，其触点全部复位。

❼切断直流电动机供电电源，直流电动机停止正向运转。

❽需要直流电动机反转时，按下反转启动按钮 SB2。

❾反转直流接触器 KMR 的线圈得电，其触点全部动作。

　❾₋₁ KMR 的触点 KMR-3、KMR-4、KMR-5 闭合，直流电动机得电，反向运转。

　❾₋₂ KMR 的触点 KMR-2 断开，防止正转直流接触器线圈得电。

　❾₋₃ KMR 的常开触点 KMR-1 闭合，实现自锁功能。

当需要直流电动机反转停机时，按下停止按钮 SB3，反转直流接触器 KMR 线圈失电，其常开触点 KMR-1 复位断开，解除自锁功能；常闭触点 KMR-2 复位闭合，为直流电动机正转启动做好准备；常开触点 KMR-3 复位断开，直流电动机励磁绕组 WS 失电；常开触点 KMR-4、KMR-5 复位断开，切断直流电动机供电电源，停止反向运转。

❖ 10.3.4 直流电动机能耗制动控制线路

电动机能耗制动控制线路多用于直流电动机制动线路中，即维持直流电动机的励磁不变，将正在接通电源并具有较高转速的直流电动机电枢绕组从电源上断开，使直流电动机变为发电机，并与外加电阻器连接为闭合回路，通过产生的电流和制动转矩使直流电动机快速停机，在制动过程中，将拖动系统的动能转化为电能并以热能的形式消耗在电枢绕组电路的电阻器上。

图 10-25 为直流电动机能耗制动控制线路。

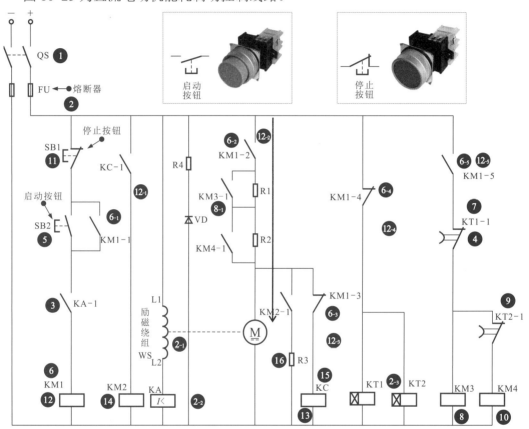

图 10-25　直流电动机能耗制动控制线路

资料与提示

图 10-25 中：

❶合上电源总开关 QS。

❶→❷接通直流电源。

　　❷励磁绕组 WS 中有直流电压通过。

　　❷欠电流继电器 KA 线圈得电。

　　❷时间继电器 KT1、KT2 线圈得电。

❷→❸ KA 的常开触点 KA-1 闭合。

❷→❹ KT1、KT2 的延时闭合触点 KT1-1、KT2-1 瞬间断开，防止 KM2、KM3 线圈得电。

❺按下启动按钮 SB2，常开触点闭合。

❺→❻直流接触器 KM1 线圈得电。

　　❻常开触点 KM1-1 闭合，实现自锁功能。

⑥₂ 常开触点 KM1-2 闭合，直流电动机串联启动电阻器 R1、R2 后，开始低速运转。

⑥₃ 常闭触点 KM1-3 断开，防止中间继电器 KA 线圈得电。

⑥₄ 常闭触点 KM1-4 断开，KT1、KT2 线圈均失电，进入延时复位闭合计时状态。

⑥₅ 常开触点 KM1-5 闭合，为直流接触器 KM3、KM4 线圈得电做好准备。

⑥₂→⑦ 时间继电器 KT1、KT2 线圈失电后，经一段时间延时（该电路中，时间继电器 KT2 的延时复位时间要长于时间继电器 KT1 的延时复位时间），时间继电器的常闭触点 KT1-1 首先复位闭合。

⑦→⑧ 直流接触器 KM3 线圈得电。

⑧₁ 常开触点 KM3-1 闭合，短接启动电阻器 R1，直流电动机串联启动电阻器 R2 运转，速度提升。

⑨ 当到达时间继电器 KT2 的延时复位时间时，常闭触点 KT2-1 复位闭合。

⑨→⑩ 直流接触器 KM4 线圈得电，常开触点 KM4-1 闭合，短接启动电阻器 R2，电压经闭合的常开触点 KM3-1 和 KM4-1 直接为直流电动机 M 供电，直流电动机工作在额定电压下，进入正常运转状态。

直流电动机的停机控制过程如下：

⑪ 当需要直流电动机停机时，按下停机按钮 SB1。

⑪→⑫ 直流接触器 KM1 线圈失电。

⑫₁ 常开触点 KM1-1 复位断开，解除自锁功能。

⑫₂ 常开触点 KM1-2 复位断开，切断直流电动机的供电电源，直流电动机做惯性运转。

⑫₃ 常闭触点 KM1-3 复位闭合，为中间继电器 KC 线圈的得电做好准备。

⑫₄ 常闭触点 KM1-4 复位闭合，再次接通时间继电器 KT1、KT2 的供电。

⑫₅ 常开触点 KM1-5 复位断开，直流接触器 KM3、KM4 线圈失电。

⑬ 惯性运转的电枢切割磁力线，在电枢绕组中产生感应电动势，并联在电枢两端的中间继电器 KC 线圈得电，常开触点 KC-1 闭合。

⑬→⑭ 直流接触器 KM2 线圈得电，常开触点 KM2-1 闭合，接通制动电阻器 R3 回路，电枢的感应电流方向与原来的方向相反，电枢产生制动转矩，使直流电动机迅速停止转动。

⑭→⑮ 当直流电动机转速降低到一定程度时，电枢绕组的感应电动势也降低，中间继电器 KC 线圈失电，常开触点 KC-1 复位断开。

⑮→⑯ 直流接触器 KM2 线圈失电，常开触点 KM2-1 复位断开，切断制动电阻器 R3 回路，停止能耗制动，整个系统停止工作。

资料与提示

图 10-26 为直流电动机能耗制动控制线路的原理图。制动时，直流电动机激励绕组 L1、L2 两端电压的极性不变，励磁的大小和方向不变，常开触点 KM-1 断开，电枢脱离直流电源，常开触点 KM-2 闭合，外加制动电阻器 R 与电枢绕组构成闭合回路。

此时，直流电动机因存在惯性仍会按照原来的方向运转，电枢反电动势的方向不变，并且成为电枢回路的电源，使制动电流的方向与原来的供电方向相反，电磁转矩的方向随之改变，成为制动转矩，促使直流电动机迅速减速至停止。在能耗制动过程中，需要考虑制动电阻器 R 的阻值大小，若阻值太大，则制动缓慢。R 的阻值大小应使最大制动电流不超过电枢额定电流的 2 倍。

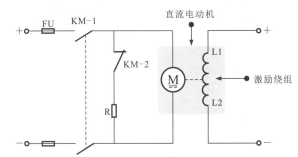

图 10-26 直流电动机能耗制动控制线路的原理图

❖ 10.3.5 单相交流电动机启 / 停控制线路

单相交流电动机启 / 停控制线路是依靠启动按钮、停止按钮、交流接触器等控制部件对单相交流电动机进行控制的，如图 10-27 所示。

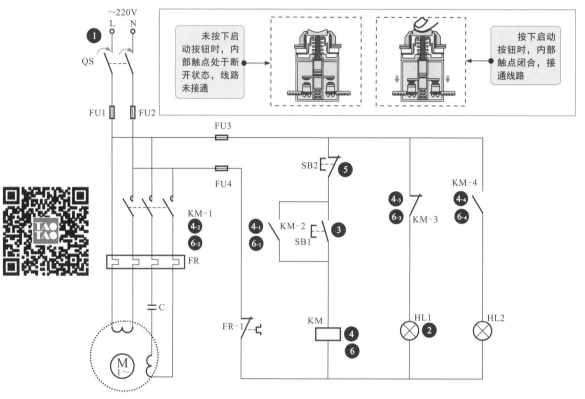

图 10-27　单相交流电动机启 / 停控制线路

资料与提示

图 10-27 中：

❶合上电源总开关 QS，接通单相电源。

❶→❷单相电源经常闭触点 KM-3 为停机指示灯 HL1 供电，HL1 点亮。

❸按下启动按钮 SB1。

❸→❹交流接触器 KM 线圈得电。

❹ KM 的常开辅助触点 KM-2 闭合，实现自锁功能。

❹ KM 的常开主触点 KM-1 闭合，单相交流电动机接通单相电源，开始启动运转。

❹ KM 的常闭辅助触点 KM-3 断开，切断停机指示灯 HL1 的供电电源，HL1 熄灭。

❹ KM 的常开辅助触点 KM-4 闭合，运行指示灯 HL2 点亮，指示单相交流电动机处于工作状态。

❺当需要单相交流电动机停机时，按下停止按钮 SB2。

❺→❻交流接触器 KM 线圈失电。

❻ KM 的常开辅助触点 KM-2 复位断开，解除自锁功能。

❻ KM 的常开主触点 KM-1 复位断开，切断单相交流电动机的供电电源，单相交流电动机停止运转。

❻ KM 的常闭辅助触点 KM-3 复位闭合，停机指示灯 HL1 点亮，指示单相交流电动机处于停机状态。

❻ KM 的常开辅助触点 KM-4 复位断开，切断运行指示灯 HL2 的电源供电，HL2 熄灭。

10.3.6 采用限位开关的单相交流电动机正/反向运转控制线路

采用限位开关的单相交流电动机正 / 反向运转控制线路是指通过限位开关对单相交流电动机的运转状态进行控制，当单相交流电动机带动的机械部件运动到某一位置且触碰到限位开关时，限位开关便会断开供电电路，使单相交流电动机停止，如图 10-28 所示。

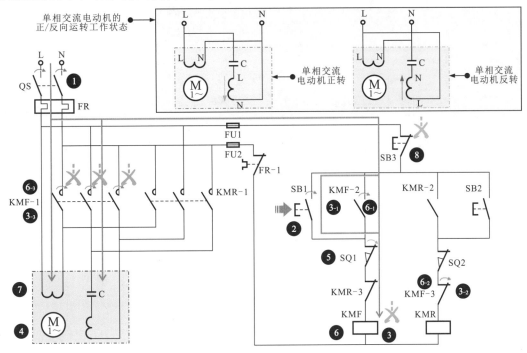

图 10-28 采用限位开关的单相交流电动机正 / 反向运转控制线路

资料与提示

图 10-28 中：

❶合上电源总开关 QS，接通单相电源。

❷按下正转启动按钮 SB1。

❸正转交流接触器 KMF 线圈得电。

　　❸₁常开辅助触点 KMF-2 闭合，实现自锁功能。

　　❸₂常闭辅助触点 KMF-3 断开，防止 KMR 得电。

　　❸₃常开主触点 KMF-1 闭合。

❸₃→❹单相交流电动机主绕组接通电源，经启动电容器 C 和辅助绕组形成回路，单相交流电动机正向运转。

❺当单相交流电动机驱动对象到达正转限位开关 SQ1 限定的位置时，触动正转限位开关 SQ1，其常闭触点断开。

❻正转交流接触器 KMF 线圈失电。

　　❻₁常开辅助触点 KMF-2 复位断开，解除自锁。

　　❻₂常开辅助触点 KMF-3 复位闭合，为单相交流电动机反转启动做好准备。

　　❻₃常开主触点 KMF-1 复位断开。

❼切断单相交流电动机供电电源，单相交流电动机停止正向运转。

❽若在单相交流电动机正转的过程中按下停止按钮 SB3，则其常闭触点断开，正转交流接触器 KMF 线圈失电，常开主触点 KMF-1 复位断开，单相交流电动机停止正向运转；停止反向运转的控制过程同上。

10.3.7 采用旋转开关的单相交流电动机正/反向运转控制线路

采用旋转开关的单相交流电动机正/反向运转控制线路可通过改变辅助线圈相对于主线圈的相位控制单相交流电动机的正/反向运转。当按下启动按钮时，单相交流电动机开始正向运转；当调节旋转开关后，单相交流电动机便可反向运转，如图10-29所示。

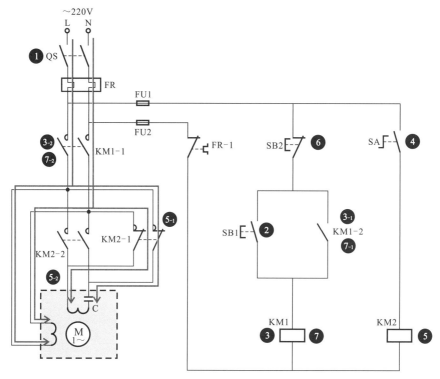

图10-29 采用旋转开关的单相交流电动机正/反向运转控制线路

资料与提示

图10-29中：

❶合上电源总开关 QS，接通单相电源。

❷按下启动按钮 SB1，接通控制线路。

❷→❸交流接触器 KM1 线圈得电。

　　❸₁常开辅助触点 KM1-2 闭合，实现自锁功能。

　　❸₂常开主触点 KM1-1 闭合，单相交流电动机主线圈接通电源，经启动电容器 C 和辅助线圈形成回路，单相交流电动机正向运转。

❹按下开关 SA，内部常开触点闭合。

❹→❺交流接触器 KM2 线圈得电。

　　❺₁常闭触点 KM2-1 断开。

　　❺₂常开触点 KM2-2 闭合，单相交流电动机主线圈接通电源，经辅助线圈和启动电容器 C 形成回路，单相交流电动机开始反向运转。

❻当需要单相交流电动机停机时，按下停止按钮 SB2。

❻→❼交流接触器 KM1 线圈失电。

　　❼₁常开辅助触点 KM1-2 复位断开，解除自锁功能。

　　❼₂常开主触点 KM1-1 复位断开，切断单相交流电动机供电电源，单相交流电动机停止运转。

❖ 10.3.8 三相交流电动机电阻器降压启动控制线路

三相交流电动机电阻器降压启动控制线路是依靠电阻器、启动按钮、停止按钮、交流接触器等控制部件对三相交流电动机进行控制的，如图 10-30 所示。

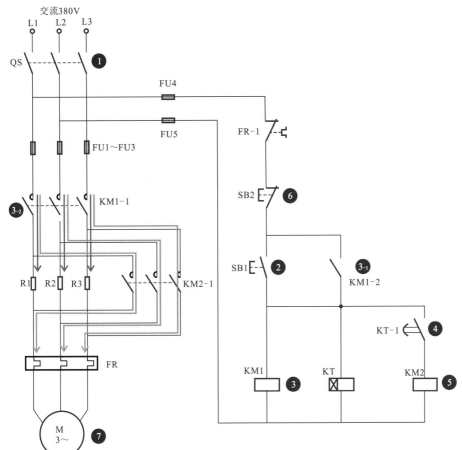

图 10-30 三相交流电动机电阻器降压启动控制线路

资料与提示

图 10-30 中：

❶合上电源总开关 QS，接通三相电源。

❷按下启动按钮 SB1，常开触点闭合。

❷→❸交流接触器 KM1 线圈得电，时间继电器 KT 线圈得电。

　　❸常开辅助触点 KM1-2 闭合，实现自锁功能。

　　❸常开主触点 KM1-1 闭合，电源经电阻器 R1、R2、R3 为三相交流电动机 M 供电，三相交流电动机降压启动。

❹当时间继电器 KT 达到预定的延时时间后，常开触点 KT-1 延时闭合。

❹→❺交流接触器 KM2 线圈得电，常开主触点 KM2-1 闭合，短接电阻器 R1、R2、R3，三相交流电动机在全压状态下运行。

❻当需要三相交流电动机停机时，按下停止按钮 SB2，交流接触器 KM1、KM2 和时间继电器 KT 线圈均失电，触点全部复位。

❻→❼KM1、KM2 的常开主触点 KM1-1、KM2-1 复位断开，切断三相交流电动机的供电电源，三相交流电动机停止运转。

❖ 10.3.9 三相交流电动机 Y-△ 降压启动控制线路

三相交流电动机 Y-△ 降压启动控制线路是指三相交流电动机的定子绕组先以 Y 方式连接进入降压启动状态，待转速达到一定值后，再将三相交流电动机的定子绕组改为以△方式连接，此后三相交流电动机进入全压运转状态，如图 10-31 所示。

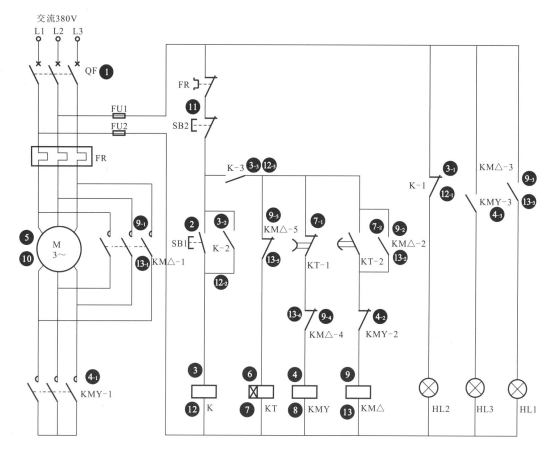

图 10-31 三相交流电动机 Y-△ 降压启动控制线路

资料与提示

图 10-31 中：

❶闭合总断路器 QF，接通三相电源，停机指示灯 HL2 点亮。

❷按下启动按钮 SB1，触点闭合。

❷→❸电磁继电器 K 的线圈得电。

　　❸₁常闭触点 K-1 断开，停机指示灯 HL2 熄灭。

　　❸₂常开触点 K-2 闭合自锁。

　　❸₃常开触点 K-3 闭合，接通供电电源。

❸₁→❹交流接触器 KMY 的线圈得电。

　　❹₁KMY 常开主触点 KMY-1 闭合，三相交流电动机以 Y 方式接通电源。

　　❹₂KMY 常闭辅助触点 KMY-2 断开，防止 KM△ 线圈得电，起连锁保护作用。

　　❹₃KMY 常开辅助触点 KMY-3 闭合，启动指示灯 HL3 点亮。

④→⑤三相交流电动机降压启动运转。

③₃→⑥时间继电器 KT 线圈得电，开始计时。

⑥→⑦时间继电器 KT 到达预定时间。

      ⑦KT 常闭触点 KT-1 延时断开。

      ⑦KT 常开触点 KT-2 延时闭合。

⑦₁→⑧断开交流接触器 KMY 的供电，KMY 触点全部复位。

⑦₃→⑨交流接触器 KM△ 的线圈得电。

      ⑨₁KM△ 常开主触点 KM△-1 闭合，三相交流电动机以 △ 方式接通电源。

      ⑨₂KM△ 常开辅助触点 KM△-2 闭合自锁。

      ⑨₃KM△ 常开辅助触点 KM△-3 闭合，运行指示灯 HL1 点亮。

      ⑨₄KM△ 常闭辅助触点 KM△-4 断开，防止 KMY 线圈得电，起连锁保护作用。

      ⑨₅KM△ 常闭辅助触点 KM△-5 断开，切断 KT 线圈的供电，触点全部复位。

⑨₁→⑩三相交流电动机开始全压运行。

⑪当需要三相交流电动机停机时，按下停止按钮 SB2。

⑪→⑫电磁继电器 K 线圈失电。

      ⑫₁常闭触点 K-1 复位闭合，停机指示灯 HL2 点亮。

      ⑫₂常开触点 K-2 复位断开，解除自锁功能。

      ⑫₃常开触点 K-3 复位断开，切断供电电源。

⑪→⑬交流接触器 KM△ 线圈失电。

      ⑬₁常开主触点 KM△-1 复位断开，切断供电电源，三相交流电动机停止运转。

      ⑬₂常开辅助触点 KM△-2 复位断开，解除自锁功能。

      ⑬₃常开辅助触点 KM△-3 复位断开，切断运行指示灯 HL1 的供电，HL1 熄灭。

      ⑬₄常闭辅助触点 KM△-4 复位闭合，为下一次降压启动做好准备。

      ⑬₅常闭辅助触点 KM△-5 复位闭合，为下一次降压启动运转时间计时控制做好准备。

资料与提示

    当三相交流电动机的绕组采用 Y 方式连接时，三相交流电动机每相绕组承受的电压均为 220V；当三相交流电动机绕组采用△方式连接时，三相交流电动机每相绕组承受的电压均为 380V，如图 10-32 所示。

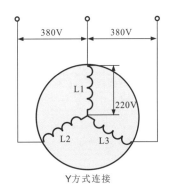
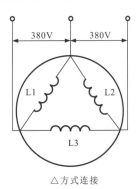

图 10-32　三相交流电动机绕组的连接方式

10.3.10　由旋转开关控制的三相交流电动机点动、连续运转控制线路

    由旋转开关控制的三相交流电动机点动、连续运转控制线路如图 10-33 所示。

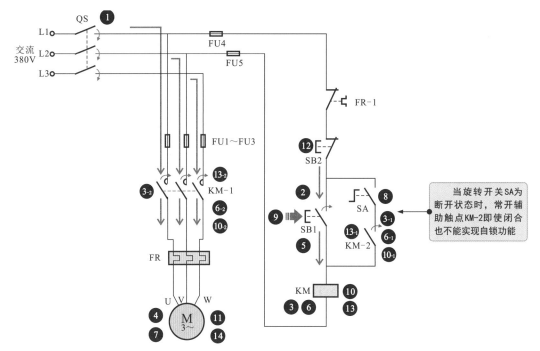

图 10-33　由旋转开关控制的三相交流电动机点动、连续运转控制线路

资料与提示

图 10-33 中：

❶合上电源总开关 QS，接通三相电源。

❷按下启动按钮 SB1。

❸交流接触器 KM 线圈得电。

　　❸₁常开辅助触点 KM-2 闭合。

　　❸₂常开主触点 KM-1 闭合。

❸₂→❹三相交流电动机接通三相电源，启动运转。

❺松开启动按钮 SB1。

❻交流接触器 KM 线圈失电。

　　❻₁常开辅助触点 KM-2 复位断开。

　　❻₂常开主触点 KM-1 复位断开。

❻₂→❼切断三相交流电动机的供电电源，三相交流电动机停止运转。

❽将旋转开关 SA 调整为闭合状态。

❾按下启动按钮 SB1。

❿交流接触器 KM 线圈得电。

　　❿₁常开辅助触点 KM-2 闭合，实现自锁功能。

　　❿₂常开主触点 KM-1 闭合。

❿₂→⓫三相交流电动机接通三相电源，进入连续运转状态。

⓬需要三相交流电动机停机时，按下停止按钮 SB2。

⓭交流接触器 KM 线圈失电。

　　⓭₁常开辅助触点 KM-2 复位断开。

　　⓭₂常开主触点 KM-1 复位断开。

⓭₂→⓮切断三相交流电动机的供电电源，三相交流电动机停止运转。

10.3.11 由复合开关控制的三相交流电动机点动、连续运转控制线路

由复合开关控制的三相交流电动机点动、连续运转控制线路如图 10-34 所示。

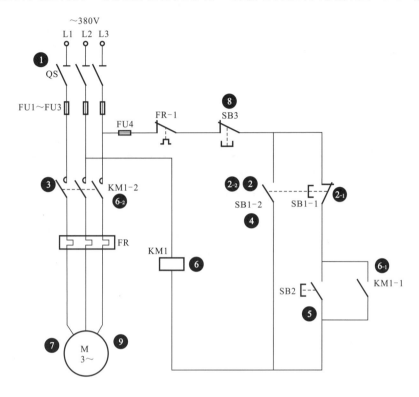

图 10-34 由复合开关控制的三相交流电动机点动、连续运转控制线路

资料与提示

图 10-34 中：

❶合上电源总开关 QS，接通三相电源。

❷按下点动控制按钮 SB1。

　❷₋₁常闭触点 SB1-1 断开，切断 SB2，此时 SB2 不起作用。

　❷₋₂常开触点 SB1-2 闭合，交流接触器 KM1 线圈得电。

❷₋₁→❸ KM1 常开主触点 KM1-2 闭合，三相交流电动机接通三相电源，三相交流电动机启动运转。

❹抬起 SB1，触点复位，交流接触器 KM1 线圈失电，三相交流电动机断开三相电源，停止运转。

❺按下连续控制按钮 SB2，触点闭合。

❺→❻交流接触器 KM1 的线圈得电。

　❻₋₁常开辅助触点 KM1-1 闭合自锁。

　❻₋₂常开主触点 KM1-2 闭合。

❻₋₂→❼三相交流电动机接通三相电源，启动运转。当抬起 SB2 后，由于 KM1-1 闭合自锁，三相交流电动机仍保持得电运转状态。

❽当需要三相交流电动机停机时，按下停止按钮 SB3。

❽→❾交流接触器 KM1 线圈失电，内部触点全部释放复位，即 KM1-1 断开解除自锁，KM1-2 断开，三相交流电动机停转；抬起按钮 SB3 后，线路未形成通路，三相交流电动机仍处于失电状态。

10.3.12 三相交流电动机限位点动正/反向运转控制线路

三相交流电动机限位点动正/反向运转控制线路如图 10-35 所示。

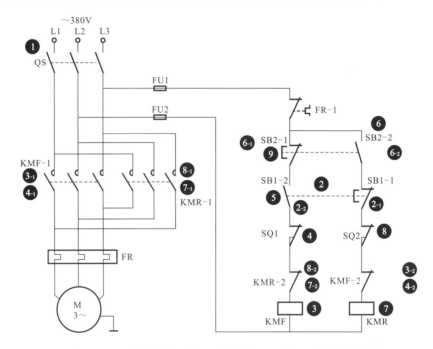

图 10-35　三相交流电动机限位点动正/反向运转控制线路

资料与提示

图 10-35 中：

❶合上电源总开关 QS，接通三相电源。

❷按下正转复合按钮 SB1。

　　❷₁常闭触点 SB1-1 断开，防止反转交流接触器 KMR 线圈得电。

　　❷₂常开触点 SB1-2 闭合，接通正转交流接触器 KMF 线圈的供电线路。

❷₂→❸正转交流接触器 KMF 线圈得电。

　　❸₁常开主触点 KMF-1 闭合，三相交流电动机接通三相电源，正向运转。

　　❸₂常闭辅助触点 KMF-2 断开，防止反转交流接触器 KFR 线圈得电。

❹当电动机驱动的对象到达正转限位开关 SQ1 限定的位置时，触动正转限位开关 SQ1，常闭触点断开，正转交流接触器 KMF 线圈失电。

　　❹₁常开主触点 KMF-1 复位断开，切断三相交流电动机供电电源，三相交流电动机停止运转。

　　❹₂常闭辅助触点 KMF-2 复位闭合，为反转启动做好准备。

❺若在三相交流电动机正转过程中抬起正转复合按钮 SB1，则常开触点 SB1-2 断开，正转交流接触器 KMF 线圈失电，常开主触点 KMF-1 复位断开，三相交流电动机停止运转。

❻当需要三相交流电动机反向运转时，按下反转复合按钮 SB2。

　　❻₁常闭触点 SB2-1 断开，防止正转交流接触器 KMF 线圈得电。

　　❻₂常开触点 SB2-2 闭合，接通反转交流接触器 KMR 线圈的供电线路。

❻₂→❼反转交流接触器 KMR 线圈得电。

　　❼₁常开主触点 KMR-1 闭合，三相交流电动机接通电源，反向运转。

⑦常闭辅助触点 KMR-2 断开，防止正转交流接触器 KMF 得电。

⑧当三相交流电动机驱动的对象到达反转限位开关 SQ2 限定的位置时，触动反转限位开关 SQ2，常闭触点断开，反转交流接触器 KMR 线圈失电。

⑧₁常开主触点 KMR-1 复位断开，切断三相交流电动机供电电源，三相交流电动机停止反向运转。

⑧₂常闭辅助触点 KMR-2 复位闭合，为正转启动做好准备。

⑨若在三相交流电动机反转过程中抬起反转复合按钮 SB2，则常开触点 SB2-2 断开，反转交流接触器 KMR 线圈失电，常开主触点 KMR-1 复位断开，三相交流电动机停止反向运转。

10.3.13 三相交流电动机间歇控制线路

三相交流电动机间歇控制线路可控制三相交流电动机在运行一段时间后自动停止，然后自动启动，反复循环，实现三相交流电动机的间歇运行，如图 10-36 所示。

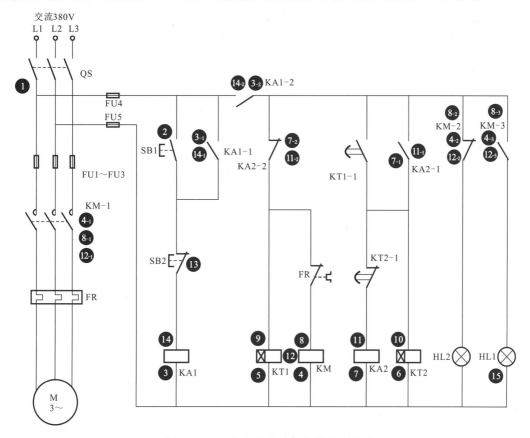

图 10-36 三相交流电动机间歇控制线路

资料与提示

图 10-36 中：

❶合上电源总开关 QS，接通三相电源。

❷按下启动按钮 SB1，常开触点闭合，接通线路。

❷→❸中间继电器 KA1 线圈得电。

❸₁常开触点 KA1-1 闭合，实现自锁功能。

❸₂常开触点 KA1-2 闭合，接通供电电源，经交流接触器 KM 的常闭辅助触点 KM-2 为停机指示

灯 HL2 供电，HL2 点亮。

③→④交流接触器 KM 线圈得电。

　　④常开主触点 KM-1 闭合，三相交流电动机接通三相电源，启动运转。

　　④常闭辅助触点 KM-2 断开，切断停机指示灯 HL2 的供电，HL2 熄灭。

　　④常开辅助触点 KM-3 闭合，运行指示灯 HL1 点亮，三相交流电动机处于工作状态。

③→⑤时间继电器 KT1 线圈得电，进入延时控制。当延时到达时间继电器 KT1 预定的延时时间后，常开触点 KT1-1 闭合。

⑤→⑥时间继电器 KT2 线圈得电，进入延时状态。

⑤→⑦中间继电器 KA2 线圈得电。

　　⑦常开触点 KA2-1 闭合，实现自锁功能。

　　⑦常闭触点 KA2-2 断开，切断线路。

⑦→⑧交流接触器 KM 线圈失电。

　　⑧常开主触点 KM-1 复位断开，切断三相交流电动机供电电源，三相交流电动机停止运转。

　　⑧常闭辅助触点 KM-2 复位闭合，停机指示灯 HL2 点亮，指示三相交流电动机处于停机状态。

　　⑧常开辅助触点 KM-3 复位断开，切断运行指示灯 HL1 的供电，HL1 熄灭。

⑦→⑨时间继电器 KT1 线圈失电，常开触点 KT1-1 复位断开。

⑥→⑩时间继电器 KT2 进入延时状态，当延时到达预定的延时时间后，常闭触点 KT2-1 断开。

⑩→⑪中间继电器 KA2 线圈失电。

　　⑪常开触点 KA2-1 复位断开，解除自锁功能，同时时间继电器 KT2 线圈失电。

　　⑪常闭触点 KA2-2 复位闭合，接通线路电源。

⑪→⑫交流接触器 KM 和时间继电器 KT1 线圈再次得电。

　　⑫交流接触器 KM 线圈得电，常开主触点 KM-1 再次闭合，三相交流电动机接通三相电源，再次启动运转。

　　⑫常闭辅助触点 KM-2 再次断开，切断停机指示灯 HL2 的供电，HL2 熄灭。

　　⑫常开辅助触点 KM-3 再次闭合，运行指示灯 HL1 点亮，指示三相交流电动机处于工作状态。

如此反复动作，实现三相交流电动机的间歇运转控制。

⑬当需要三相交流电动机停机时，按下停止按钮 SB2。

⑬→⑭中间继电器 KA1 线圈失电。

　　⑭常开触点 KA1-1 复位断开，解除自锁功能。

　　⑭常开触点 KA1-2 复位断开，切断控制电路的供电电源，交流接触器 KM、时间继电器 KT1/ KT2、中间继电器 KA2 线圈均失电，触点全部复位。

⑭→⑮三相交流电动机立即停机，运行指示灯 HL1 熄灭，停机指示灯 HL2 点亮，再次启动时，需重新按下启动按钮 SB1。

❖ 10.3.14 三相交流电动机定时启 / 停控制线路

三相交流电动机定时启 / 停控制线路是通过时间继电器实现的，当按下启动按钮后，三相交流电动机会根据设定时间自动启动运转，运转一段时间后会自动停机，如图 10-37 所示。

　　资料与提示

图 10-37 中：

❶合上总断路器 QF，接通三相电源，经中间继电器 KA 的常闭触点 KA-2 为停机指示灯 HL2 供电，HL2 点亮。

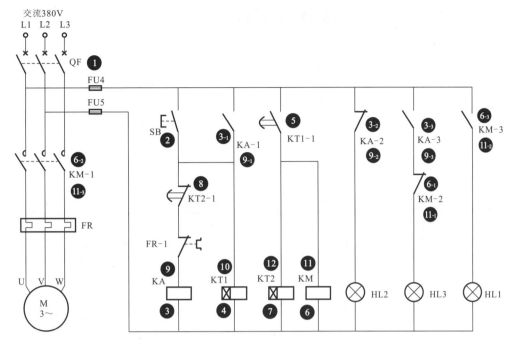

图 10-37　三相交流电动机定时启 / 停控制线路

❷按下启动按钮 SB，常开触点闭合。

❷→❸中间继电器 KA 线圈得电。

　　　　❸常开触点 KA-1 闭合，实现自锁功能。

　　　　❸常闭触点 KA-2 断开，切断停机指示灯 HL2 的供电，HL2 熄灭。

　　　　❸常开触点 KA-3 闭合，等待指示灯 HL3 点亮，三相交流电动机处于等待启动状态。

❷→❹时间继电器 KT1 线圈得电，进入等待计时状态（预先设定的等待时间）。

❺当时间继电器 KT1 到达预先设定的等待时间时，常开触点 KT1-1 闭合。

❺→❻交流接触器 KM 线圈得电。

　　　　❻常闭辅助触点 KM-2 断开，切断等待指示灯 HL3 的供电，HL3 熄灭。

　　　　❻常开主触点 KM-1 闭合，三相交流电动机接通三相电源，启动运转。

　　　　❻常开辅助触点 KM-3 闭合，运行指示灯 HL1 点亮，三相交流电动机处于运转状态。

❺→❼时间继电器 KT2 线圈得电，进入运转计时状态（预先设定的运转时间）。

❽当时间继电器 KT2 到达预先设定的运转时间时，常闭触点 KT2-1 断开。

❽→❾中间继电器 KA 线圈失电。

　　　　❾常开触点 KA-1 复位断开，解除自锁。

　　　　❾常闭触点 KA-2 复位闭合，停机指示灯 HL2 点亮，指示三相交流电动机处于停机状态。

　　　　❾常开触点 KA-3 复位断开，切断等待指示灯 HL3 的供电电源，HL3 熄灭。

❾→❿KT1 线圈失电，常开触点 KT1-1 复位断开。

❿→⓫交流接触器 KM 线圈失电。

　　　　⓫常闭辅助触点 KM-2 复位闭合，为等待指示灯 HL3 得电做好准备。

　　　　⓫常开辅助触点 KM-3 复位断开，运行指示灯 HL1 熄灭。

　　　　⓫常开主触点 KM-1 复位断开，切断三相交流电动机的供电电源，三相交流电动机停止运转。

❿→⓬时间继电器 KT2 线圈失电，KT2-1 复位闭合，为三相交流电动机的下一次定时启动、定时停机做好准备。

10.3.15 三相交流电动机调速控制线路

三相交流电动机调速控制线路可通过低速运转按钮和高速运转按钮实现对三相交流电动机低速和高速运转的切换控制。如图 10-38 所示。

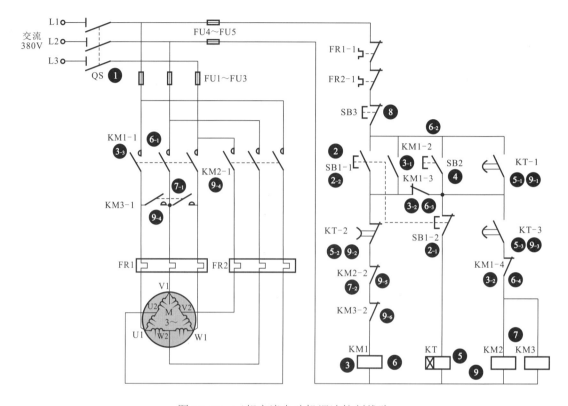

图 10-38 三相交流电动机调速控制线路

资料与提示

图 10-38 中：

❶合上电源总开关 QS，接通三相电源。

❷按下低速运转按钮 SB1。

 ❷₁常闭触点 SB1-2 断开，防止时间继电器 KT 线圈得电，起连锁保护作用。

 ❷₂常开触点 SB1-1 闭合。

❷₂→❸交流接触器 KM1 线圈得电。

 ❸₁常开辅助触点 KM1-2 闭合自锁。

 ❸₂常闭辅助触点 KM1-3 和 KM1-4 断开，防止交流接触器 KM2 和 KM3 的线圈及时间继电器 KT 得电，起连锁保护作用。

 ❸₃常开主触点 KM1-1 闭合，三相交流电动机定子绕组以△方式连接，开始低速运转。

❹按下高速运转按钮 SB2。

❹→❺时间继电器 KT 的线圈得电，进入高速运转计时状态，达到预定时间后，相应延时动作的触点发生动作。

 ❺₁常开触点 KT-1 闭合，锁定 SB2，即使松开 SB2 也仍保持接通状态。

 ❺₂常闭触点 KT-2 断开。

⑤₃常开触点 KT-3 闭合。

⑤→⑥交流接触器 KM1 线圈失电。

　　⑥₁常开主触点 KM1-1 复位断开，切断三相交流电动机的供电电源。

　　⑥₂常开辅助触点 KM1-2 复位断开，解除自锁。

　　⑥₃常开辅助触点 KM1-3 复位闭合。

　　⑥₄常开辅助触点 KM1-4 复位闭合。

⑤→⑦交流接触器 KM2 和 KM3 线圈得电。

　　⑦₁常开主触点 KM3-1 和 KM2-1 闭合，使三相交流电动机定子绕组以 Y 方式连接，三相交流电动机开始高速运转。

　　⑦₂常闭辅助触点 KM2-2 和 KM3-2 断开，防止 KM1 线圈得电，起连锁保护作用。

⑧当需要停机时，按下停止按钮 SB3。

⑧→⑨交流接触器 KM2/KM3 和时间继电器 KT 线圈均失电，触点全部复位。

　　⑨₁常开触点 KT-1 复位断开，解除自锁。

　　⑨₂常闭触点 KT-2 复位闭合。

　　⑨₃常开触点 KT-3 复位断开。

　　⑨₄常开主触点 KM3-1 和 KM2-1 断开，切断三相交流电动机的供电电源，三相交流电动机停止运转。

　　⑨₅常开辅助触点 KM2-2 复位闭合。

　　⑨₆常开辅助触点 KM3-2 复位闭合。

资料与提示

　　三相交流电动机的调速方法有多种，如变极调速、变频调速和变转差率调速等。双速电动机控制是目前最常用的一种变极调速方法。

　　图 10-39 为双速电动机定子绕组的连接方法。

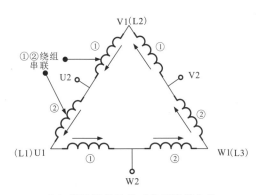 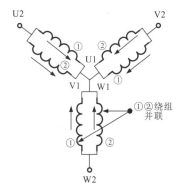

（a）低速运行时的三角形连接方法　　　　　　（b）高速运行时的星形连接方法

图 10-39　双速电动机定子绕组的连接方法

　　在图 10-39（a）中，电动机的三相定子绕组接成三角形，三相电源 L1、L2、L3 分别连接在定子绕组的三个出线端 U1、V1、W1 上，且由每相绕组中点接出的接线端 U2、V2、W2 均悬空，每相的①、②绕组串联。若电动机的磁极为 4 极，则同步转速为 1500r/min。

　　在图 10-39（b）中，三相电源 L1、L2、L3 连接在定子绕组的出线端 U2、V2、W2 上，且将接线端 U1、V1、W1 连接在一起，每相①、②绕组并联。若电动机的磁极为 2 极，则同步转速为 3000r/min。

❖ 10.3.16 三相交流电动机反接制动控制线路

三相交流电动机反接制动控制线路可通过反接供电相序来改变三相交流电动机的旋转方向，降低转速，达到停机的目的，如图 10-40 所示。

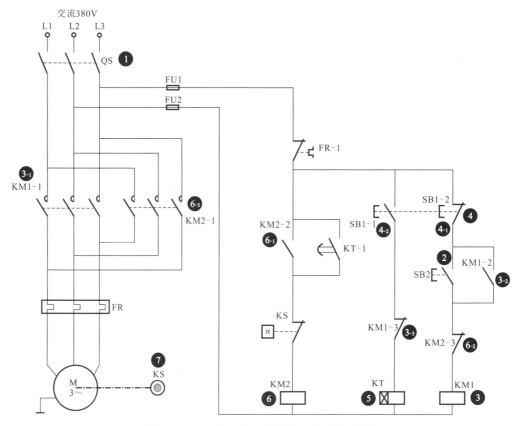

图 10-40 三相交流电动机反接制动控制线路

资料与提示

图 10-40 中：

❶合上电源总开关 QS，接通三相电源。

❷按下启动按钮 SB2，常开触点闭合。

❷→❸交流接触器 KM1 线圈得电。

 ❸常开主触点 KM1-1 闭合，三相交流电动机按 L1、L2、L3 的相序接通三相电源，开始正向启动运转。

 ❸常开辅助触点 KM1-2 闭合，实现自锁功能。

 ❸常闭触点 KM1-3 断开，防止 KT 线圈得电。

❹如需制动停机，则按下制动按钮 SB1。

 ❹常闭触点 SB1-2 断开，交流接触器 KM1 线圈失电，触点全部复位。

 ❹常开触点 SB1-1 闭合，时间继电器 KT 线圈得电。

❺当达到时间继电器 KT 预先设定的时间时，常开触点 KT-1 延时闭合。

❻交流接触器 KM2 线圈得电。

 ❻常开触点 KM2-2 闭合自锁。

 ❻常闭触点 KM2-3 断开，防止交流接触器 KM1 线圈得电。

⑥常开触点 KM2-1 闭合，改变三相交流电动机中定子绕组的电源相序，使三相交流电动机有反转趋势，从而产生较大的制动力矩，开始制动减速。

⑦当三相交流电动机减速到一定值时，速度继电器 KS 断开，KM2 线圈失电，触点全部复位，切断三相交流电动机的制动电源，三相交流电动机停止运转。

10.3.17 两台三相交流电动机交替运转控制线路

两台三相交流电动机交替运转控制线路可利用时间继电器延时动作的特点，间歇控制三相交流电动机的运转，达到三相交流电动机交替运转的目的，如图 10-41 所示。

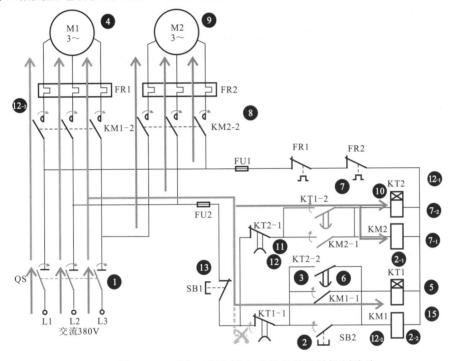

图 10-41 两台三相交流电动机交替运转控制线路

资料与提示

图 10-41 中：

❶合上电源总开关 QS，接通三相电源。

❷按下启动按钮 SB2，触点闭合。

　❷₁时间继电器 KT1 的线圈得电，开始计时。

　❷₂交流接触器 KM1 的线圈得电。

❸ KM1 的常开触点 KM1-1 闭合，实现自锁功能。KM1 的常开主触点 KM1-2 闭合，接通三相交流电动机 M1 的三相电源。

❹三相交流电动机 M1 得电开始启动运转。

❺继电器 KT1 达到设定时间后，触点动作。

❺→❻延时常闭触点 KT1-1 断开，交流接触器 KM1 线圈失电，触点复位，三相交流电动机 M1 停止运转。

❺→❼延时常开触点 KT1-2 闭合。

　❼₁交流接触器 KM2 的线圈得电。

　❼₂时间继电器 KT2 的线圈得电，开始计时。

❼₂→❽ KM2 的常开触点 KM2-1 闭合，实现自锁功能。KM2 的常开主触点 KM2-2 闭合，接通三相交流电动机 M2 的三相电源。

⑧→⑨三相交流电动机 M2 得电开始启动运转。

⑩时间继电器 KT2 达到设定时间后，触点动作。

⑪KT2-1 断开，接触器 KM2 线圈失电，触点复位，三相交流电动机 M2 停止运转。

⑫一段时间后，延时常开触点 KT2-2 闭合。

　　⑫₁时间继电器 KT2 的线圈得电，开始计时。

　　⑫₂交流接触器 KM1 的线圈再次得电，触点全部动作。

　　⑫₃三相交流电动机 M1 再次接通交流 380V 电源启动运转。

⑬需要三相交流电动机停机时，按下停止按钮 SB1，接触器线圈断电，各触点复位，切断三相交流电动机的供电，则无论三相交流电动机 M1 还是 M2 都停止运转。

◆ 10.3.18 三相交流电动机连锁控制线路

三相交流电动机连锁控制线路可对两台或两台以上三相交流电动机的启动顺序进行控制，也称顺序控制线路，通常应用在要求一台三相交流电动机先运转，另一台或几台三相交流电动机后运转的设备中，如图 10-42 所示。

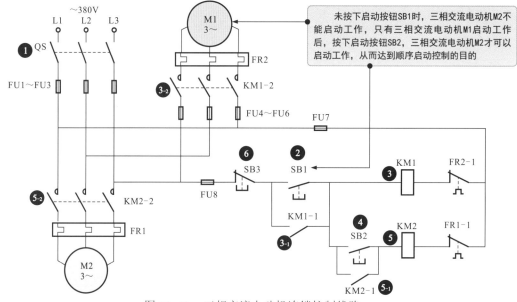

图 10-42　三相交流电动机连锁控制线路

资料与提示

图 10-42 中：

❶合上电源总开关 QS，接通三相电源。

❷按下启动按钮 SB1，常开触点闭合。

❷→❸交流接触器 KM1 线圈得电。

　　❸₁常开辅助触点 KM1-1 接通，实现自锁功能。

　　❸₂常开主触点 KM1-2 接通，三相交流电动机 M1 开始运转。

❹当按下启动按钮 SB2 时，常开触点闭合。

❹→❺交流接触器 KM2 线圈得电。

　　❺₁常开辅助触点 KM2-1 接通，实现自锁功能。

　　❺₂常开主触点 KM2-2 接通，三相交流电动机 M2 开始运转，实现顺序启动。

❻当两台三相交流电动机需要停止运转时，按下停止按钮 SB3，交流接触器 KM1、KM2 线圈失电，所有触点全部复位，三相交流电动机 M1、M2 停止运转。

第11章
家庭弱电线路

11.1 有线电视线路的结构与检测

有线电视（Cable Television，CATV）线路可将电视台的电视信号以闭路传输方式送至用户，并通过电视机重现出来。

11.1.1 有线电视线路的结构

完整的有线电视线路分为前端、干线和分配分支三个部分，如图 11-1 所示。前端部分负责信号的处理；干线部分负责信号的传输；分配分支部分负责将信号分配给每个用户。

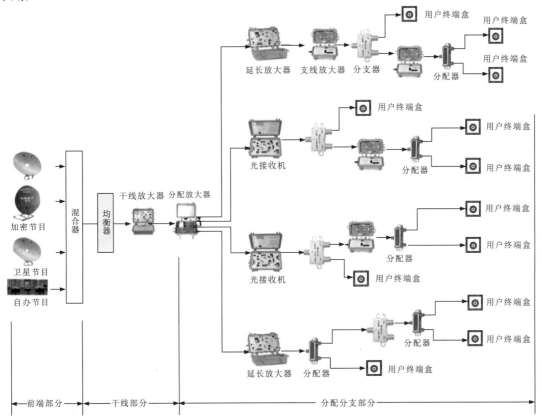

图 11-1 完整的有线电视线路

由图 11-1 可知，有线电视线路主要由光接收机、干线放大器、支线放大器、分配器、分支器、用户终端盒（电视插座）等组成。其中，干线放大器、分配放大器、光接收机、支线放大器、分配器等一般安装在特定的设备机房中；分支器和用户终端盒（电视插座）

安装在用户家中，如图 11-2 所示。

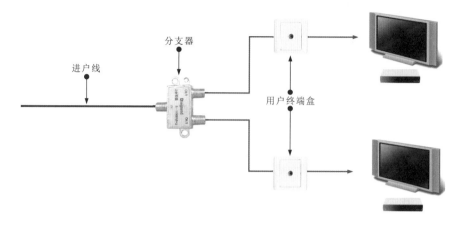

图 11-2　用户家中有线电视线路的结构

※ 1. 分支器

分支器可将信号分为若干路，常见的有二分支器、三分支器、四分支器等，如图 11-3 所示。

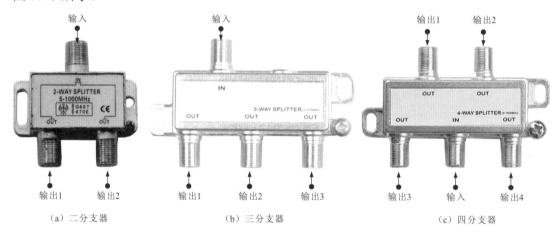

（a）二分支器　　　　　　　（b）三分支器　　　　　　　（c）四分支器

图 11-3　分支器的实物外形

※ 2. 用户终端盒

用户终端盒是有线电视线路的终端，可通过同轴线览与机顶盒和电视机连接，实现有线电视信号到电视机的传输，如图 11-4 所示。

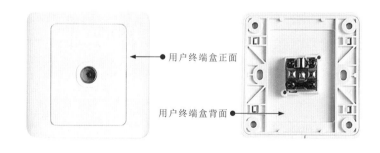

图 11-4　用户终端盒的实物外形

11.1.2 有线电视线缆的加工

有线电视线缆（同轴线缆）是传输有线电视信号、连接有线电视设备的线缆，在连接前，需要先加工有线电视线缆的连接端。

用户家中有线电视线路的连接如图 11-5 所示。

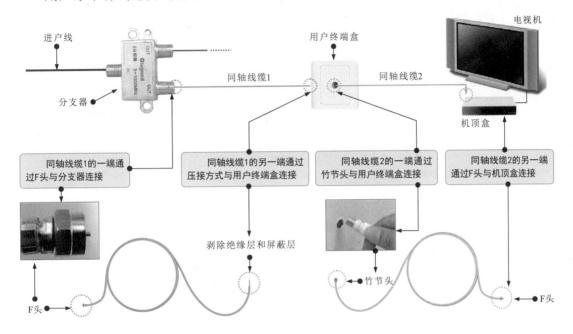

图 11-5 用户家中有线电视线路的连接

※ 1. 有线电视线缆绝缘层和屏蔽层的剥除

将有线电视线缆的绝缘层和屏蔽层剥除，露出中心线芯，为制作 F 头或压接做好准备，如图 11-6 所示

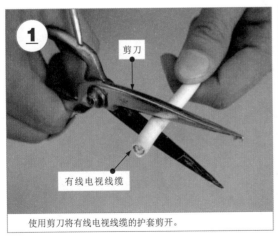

使用剪刀将有线电视线缆的护套剪开。

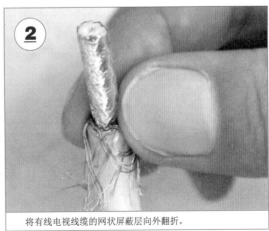

将有线电视线缆的网状屏蔽层向外翻折。

图 11-6 有线电视线缆绝缘层和屏蔽层的剥除

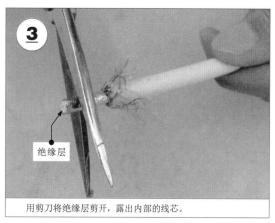

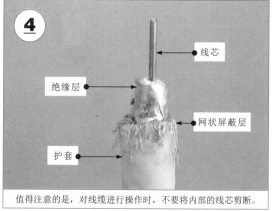

用剪刀将绝缘层剪开，露出内部的线芯。

值得注意的是，对线缆进行操作时，不要将内部的线芯剪断。

图 11-6 有线电视线缆绝缘层和屏蔽层的剥除（续）

2. 有线电视线缆 F 头的制作

图 11-7 为有线电视线缆 F 头的制作方法。

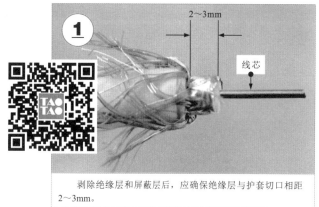

剥除绝缘层和屏蔽层后，应确保绝缘层与护套切口相距 2～3mm。

将F头安装在绝缘层与屏蔽层之间。

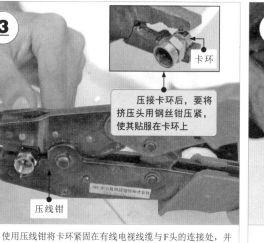

压接卡环后，要将挤压头用钢丝钳压紧，使其贴服在卡环上

使用压线钳将卡环紧固在有线电视线缆与F头的连接处，并使用钢丝钳将卡环修整好。

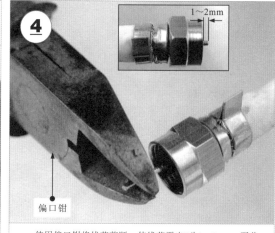

使用偏口钳将线芯剪断，使线芯露出F头1～2mm。至此，F头制作完成。

图 11-7 有线电视线缆 F 头的制作方法

3. 有线电视线缆竹节头的制作

图 11-8 为有线电视线缆竹节头的制作方法。

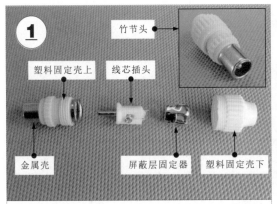

竹节头一般由塑料固定壳、金属壳、线芯插头、屏蔽层固定器构成。

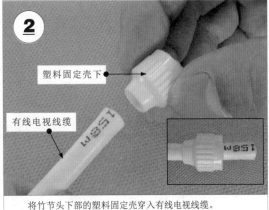

将竹节头下部的塑料固定壳穿入有线电视线缆。

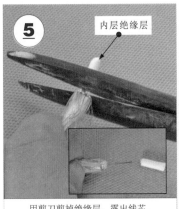

用剪刀剪掉绝缘层，露出线芯。

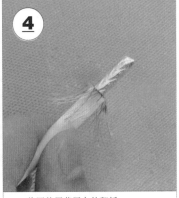

将网状屏蔽层向外翻折。

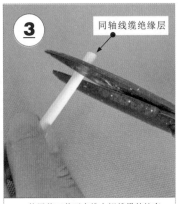

使用剪刀剪开有线电视线缆的护套。

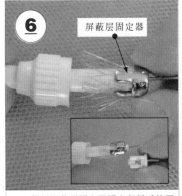

使用屏蔽层固定器固定翻折后的屏蔽层。

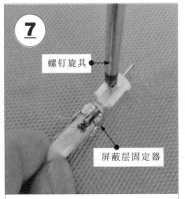

将线芯插入线芯插头，使用螺钉旋具紧固固定螺钉。

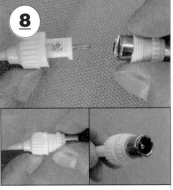

将上部和下部的塑料固定壳拧紧，至此，竹节头制作完成。

图 11-8　有线电视线缆竹节头的制作方法

11.1.3 有线电视终端的连接

有线电视终端的连接是将用户终端盒安装到墙面上，并与分支器、机顶盒等通过有线电视线缆连接，最终实现有线电视信号的传输。

有线电视终端的连接要求如图 11-9 所示。

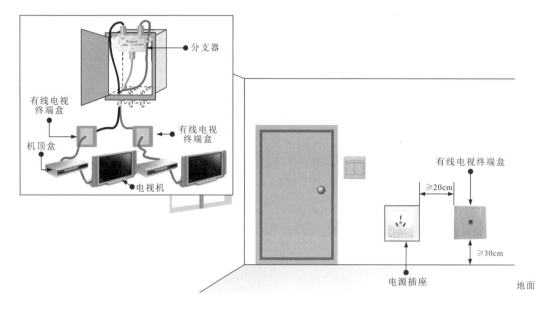

图 11-9 有线电视终端的连接要求

有线电视线路的连接如图 11-10 所示。

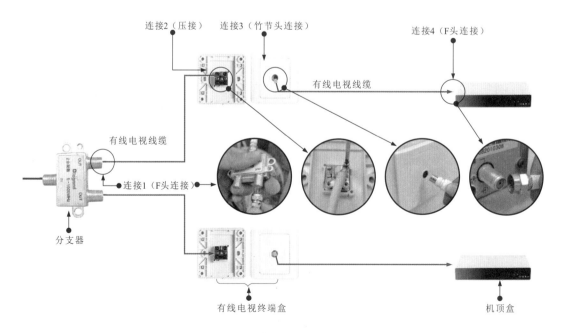

图 11-10 有线电视线路的连接

❋ 1. 分支器与用户终端盒的连接

分支器与用户终端盒的连接如图 11-11 所示。

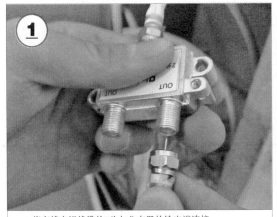

将有线电视线缆的F头与分支器的输出端连接。

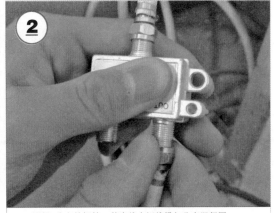

旋紧F头上的螺栓，使有线电视线缆与分支器紧固。

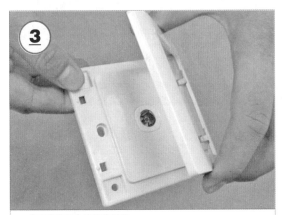

将用户终端盒的护盖打开。

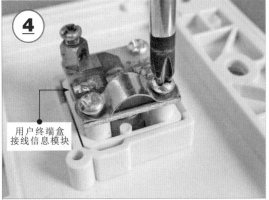

用户终端盒
接线信息模块

拧下用户终端盒接线信息模块上的固定螺钉，拆下固定
卡。

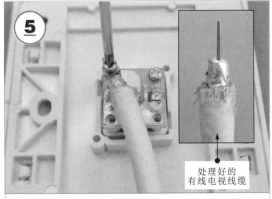

处理好的
有线电视线缆

将有线电视线缆的线芯插入用户终端盒接线信息模块的接线
孔内，拧紧螺钉。

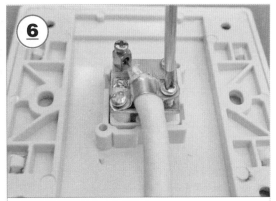

将有线电视线缆固定在用户终端盒接线信息模块的固定卡
内，拧紧螺钉。

图 11-11　分支器与用户终端盒的连接

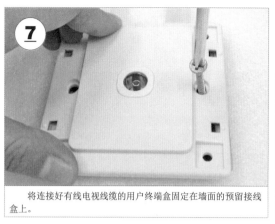

将连接好有线电视线缆的用户终端盒固定在墙面的预留接线盒上。

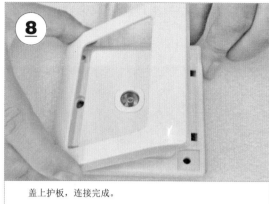

盖上护板，连接完成。

图 11-11 分支器与用户终端盒的连接（续）

2. 用户终端盒与机顶盒的连接

用户终端盒与机顶盒的连接如图 11-12 所示。

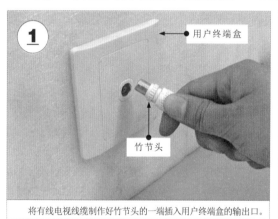

将有线电视线缆制作好竹节头的一端插入用户终端盒的输出口。

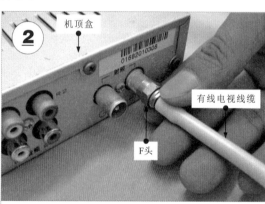

将有线电视线缆制作好F头的一端接在机顶盒的射频接口上。

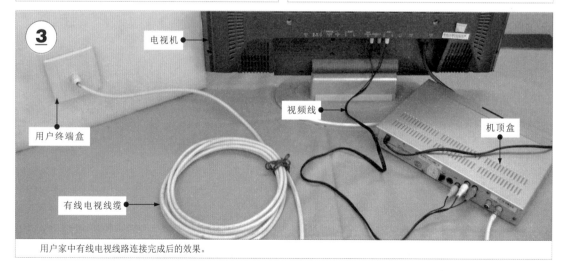

用户家中有线电视线路连接完成后的效果。

图 11-12 用户终端盒与机顶盒的连接

◆ 11.1.4 有线电视线路的检测

有线电视线路连接完成后，需要进行基本的检测，以确保线路功能正常。

※ 1. 有线电视线缆及其接头的检查

有线电视线路通过有线电视线缆与用户终端盒、机顶盒、电视机等连接，因此有线电视电缆及其接头的检查是重点，如图 11-13 所示。

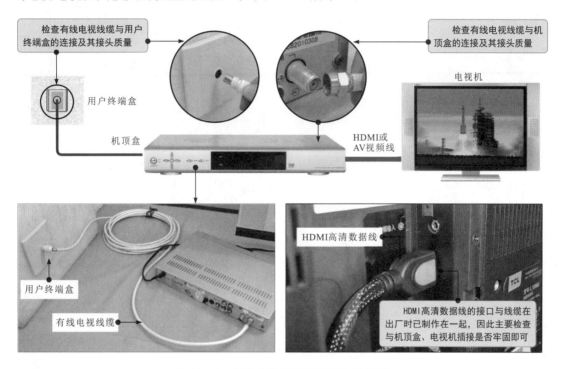

图 11-13　有线电视线缆及其接头的检查

资料与提示

有线电视线缆 F 头的规格要求如图 11-14 所示。

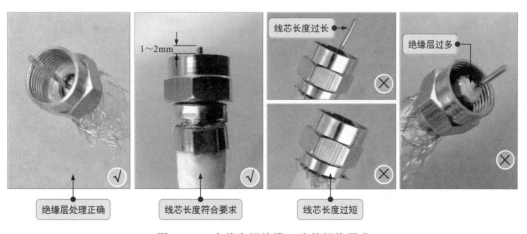

图 11-14　有线电视线缆 F 头的规格要求

☀ 2. 有线电视线路用户终端信号的检测

有线电视线路用户终端信号的检测如图 11-15 所示。在一般情况下，可借助场强仪检测由进户线送入的信号强度。

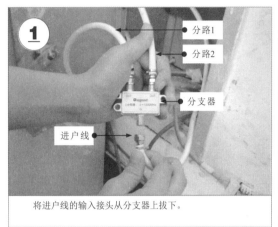
将进户线的输入接头从分支器上拔下。

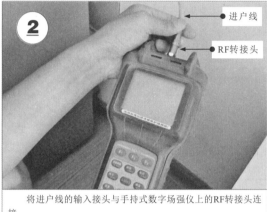
将进户线的输入接头与手持式数字场强仪上的RF转接头连接。

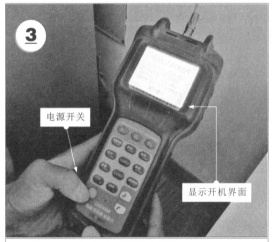
按下电源开关，启动**手持式数字**场强仪。

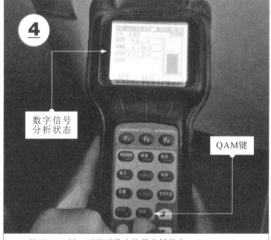
按下QAM键，可显示数字信号分析状态。

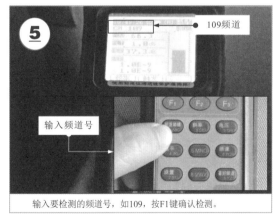
输入要检测的频道号，如109，按F1键确认检测。

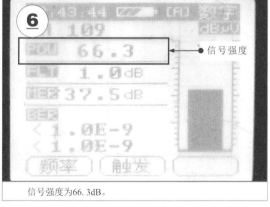
信号强度为66.3dB。

图 11-15　有线电视线路用户终端信号的检测

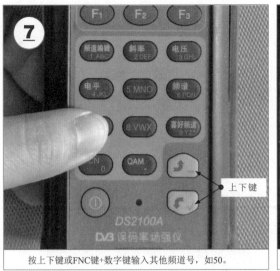

按上下键或FNC键+数字键输入其他频道号，如50。

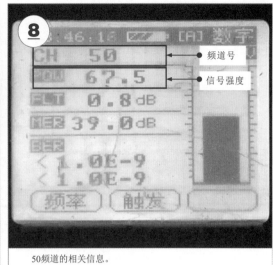

频道号

信号强度

50频道的相关信息。

图 11-15　有线电视线路用户终端信号的检测（续）

资料与提示

　　若检测某频道的信号强度过小，则无法正常播放电视节目，需要沿线路连接顺序，逐一检查连接情况和设备的工作状态，将信号强度调到正常范围内。

11.2　网络线路的结构与检测

11.2.1　网络线路的结构

1. 借助电话线上网

借助电话线上网的网络结构如图 11-16 所示。

2. 借助有线电视线路上网

图 11-17 为借助有线电视线路上网的网络结构。

3. 借助光纤上网

图 11-18 为借助光纤构建的网络结构。

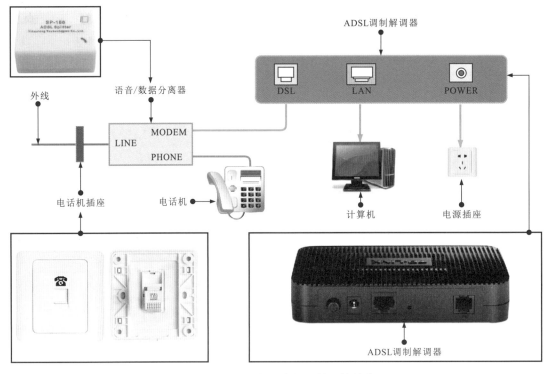

图 11-16　借助电话线上网的网络结构

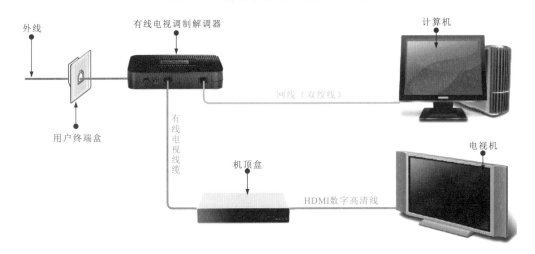

图 11-17　借助有线电视线路上网的网络结构

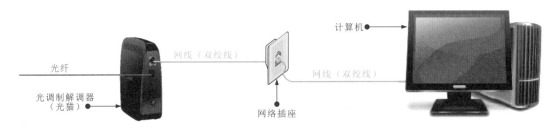

图 11-18　借助光纤构建的网络结构

当需要多台设备连接网络时，可增设路由器进行分配，为避免因敷设路由器线路而带来装修问题，家庭网络系统多采用无线路由器实现无线上网，如图 11-19 所示。

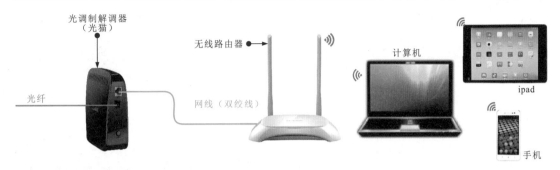

图 11-19　无线网络结构

11.2.2　网络插座的安装

网络插座是网络线路中与计算机连接的端口。网络插座背面的信息模块与入户线连接，正面的输出端口通过制作水晶头的网线与计算机连接，如图 11-20 所示。

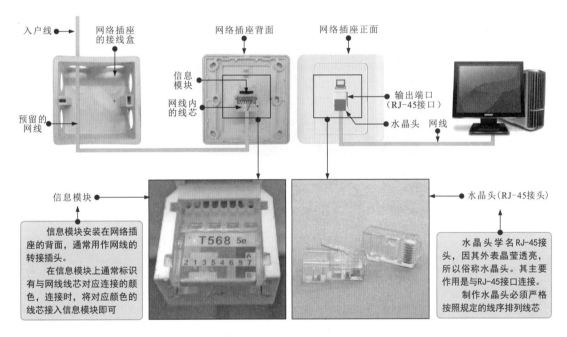

图 11-20　网络插座的安装

网络插座的接线线序有两种，如图 11-21 所示。

信息模块和水晶头的接线线序均应符合 T568A、T568B 的线序要求。

值得注意的是，网络插座信息模块压线板的接线线序并不是按 1，2，…，8 递增排列的，而是从右到左依次为 2，1，3，5，4，6，8，7。

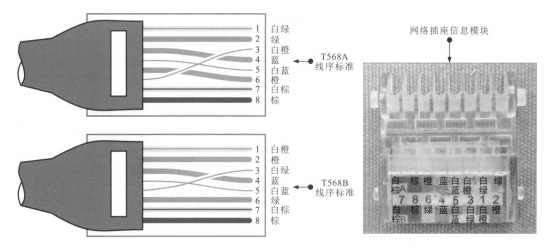

图 11-21　网络插座的接线线序

※ **1. 网线与网络插座信息模块的连接**

图 11-22 为网线与网络插座信息模块的连接方法。

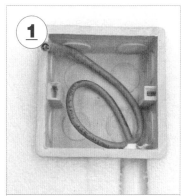

先检查网络插座接线盒内预留的网线是否正常。

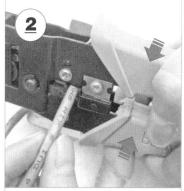

使用网线钳剪开网线的绝缘层，不要损伤绝缘层内部的线芯。

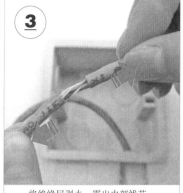

将绝缘层剥去，露出内部线芯。

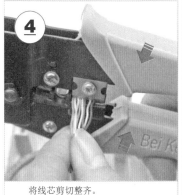

将线芯剪切整齐。

将剪齐的线芯按照线序排列，便于与信息模块连接。

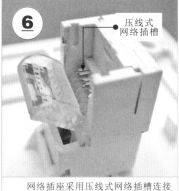

网络插座采用压线式网络插槽连接网线。

图 11-22　网线与网络插座信息模块的连接方法

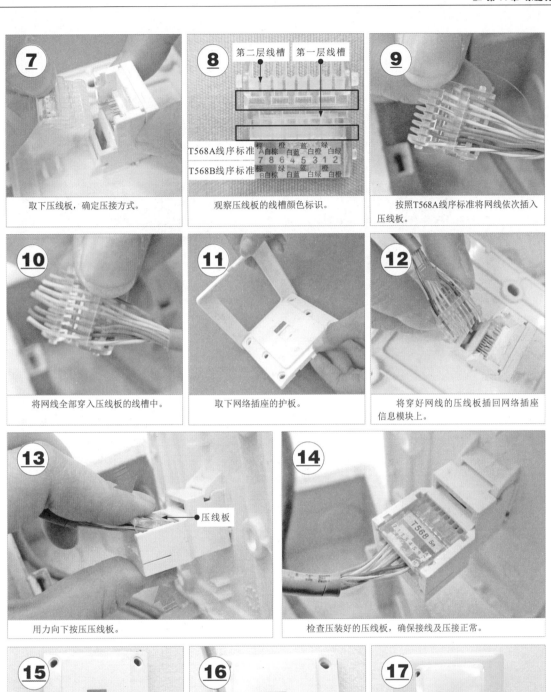

7 取下压线板，确定压接方式。

8 第二层线槽 第一层线槽

T568A线序标准 棕 白棕 橙 白橙 蓝 白蓝 绿 白绿
7 8 6 4 5 3 1 2
T568B线序标准 棕 白棕 绿 白蓝 蓝 白绿 橙 白橙

观察压线板的线槽颜色标识。

9 按照T568A线序标准将网线依次插入压线板。

10 将网线全部穿入压线板的线槽中。

11 取下网络插座的护板。

12 将穿好网线的压线板插回网络插座信息模块上。

13 压线板

用力向下按压压线板。

14 T568 5e

检查压装好的压线板，确保接线及压接正常。

15 将网络插座放到接线盒上。

16 用固定螺钉固定网络插座与接线盒。

17 安装好护板，至此，网络插座安装完毕。

图 11-22 网线与网络插座信息模块的连接方法（续）

❋ 2. 网线与网络插座输出端口的连接

网线与网络插座输出端口的连接如图 11-23 所示。

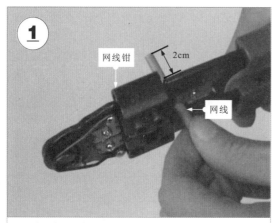

将网线从网线钳的剥线缺口中穿过，穿过网线钳的网线长度为2cm。

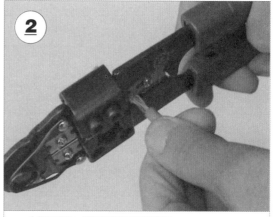

合紧网线钳，剪开网线的外层绝缘层。

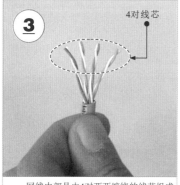

网线内部是由4对两两缠绕的线芯组成的，共8根，分别为不同的颜色。

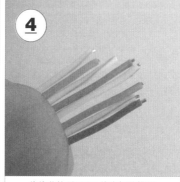

将线芯按照T568A线序标准排列。

将线芯剪齐。

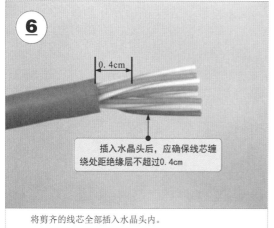

将剪齐的线芯全部插入水晶头内。

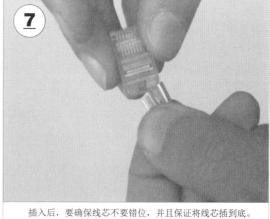

插入后，要确保线芯不要错位，并且保证将线芯插到底。

图 11-23　网线与网络插座输出端口的连接

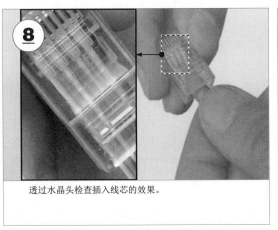

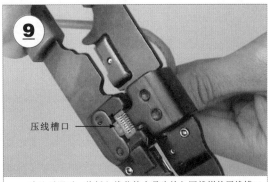

透过水晶头检查插入线芯的效果。

确认无误后，将插入线芯的水晶头放入网线钳的压线槽口内，用力压下网线钳手柄，使水晶头的压线铜片与线芯接触良好。

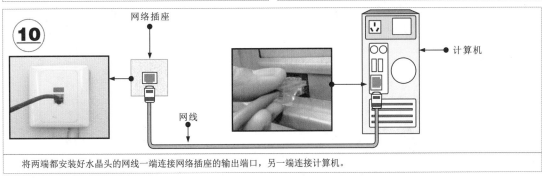

将两端都安装好水晶头的网线一端连接网络插座的输出端口，另一端连接计算机。

图 11-23　网线与网络插座输出端口的连接（续）

11.2.3　网络线路的检测

网络线路连接完成后，需要进行基本的检测，以确保网络功能正常。

1. 网线的检测

网络线路连接完成后，需要检测网线能否接通，可使用专用的网线测试仪进行测试，如图 11-24 所示。

将网线与测试仪连接。

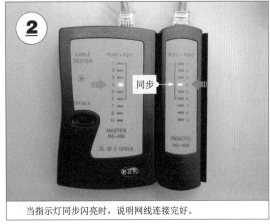

当指示灯同步闪亮时，说明网线连接完好。

图 11-24　网线的检测

资料与提示

图 11-24 中，如果测试仪的某个或几个指示灯不闪亮，则说明线路不通，应用网线钳再次夹压水晶头，若还不通，则应重新制作水晶头。

如果测试仪的指示灯闪亮顺序不对应，如测直通时，主测试仪 2 号指示灯闪亮，远程测试端的 3 号指示灯对应闪亮，则说明线序错误，应重新制作水晶头。

※ 2. 网络线路参数的检测

网络线路连接完成后，不仅需要对硬件进行检测，还应对相应的参数进行检测，任何不当都可以造成网络线路不通的情况。

网络线路参数一般可借助 Ping 测试命令进行检测。Ping 测试命令主要用来测试网络线路是否通畅。若已知计算机的 IP 地址为 192.168.1.14，通常在 Windows 操作系统主界面上选择"开始→附件→程序→命令提示符"，输入 ping 192.168.1.14。若畅通，则会反馈相关信息。

图 11-25 为执行 Ping 测试命令后网络线路畅通的显示界面。

图 11-25　执行 Ping 测试命令后网络线路畅通的显示界面

图 11-26 为执行 Ping 测试命令后网络线路不畅通的显示界面。

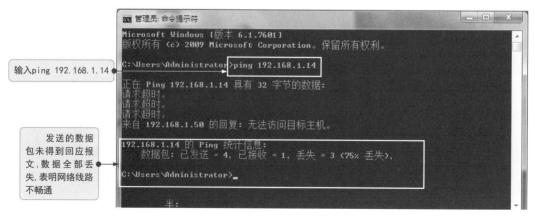

图 11-26　执行 Ping 测试命令后网络线路不畅通的显示界面

网络线路不畅通时，应仔细分析可能出现的原因。

①网络线路设备的检测：网卡是否安装正确；网卡的 I/O 地址是否与其他设备发生冲突；网线是否良好；网卡和交换机（集线器）的显示灯是否闪亮。

②软件协议的检测：察看 IP 地址是否被占用；察看是否安装 TCP/IP 协议；若已安装，则在"命令提示符"中输入"ping 127.0.0.1"，若不畅通，则说明 TCP/IP 协议不正常，删除后重装；检测网络协议绑定和网络设置是否有问题。

11.3 三网合一系统的结构与检测

11.3.1 三网合一系统的结构

三网合一系统是指将有线电视线路、网络线路和电话线路融合到一个公用线路中，如图 11-27 所示。

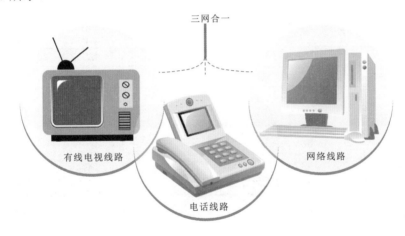

图 11-27 三网合一示意图

三网合一系统的结构组成如图 11-28 所示。

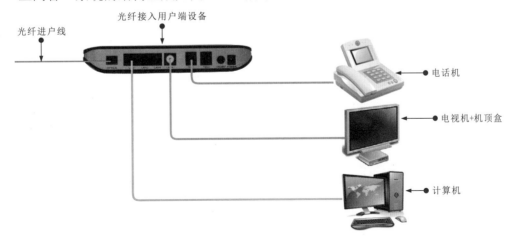

图 11-28 三网合一系统的结构组成

✳ 1. 光纤接入用户端设备

光纤接入用户端设备是三网合一系统中的重要设备，可识别、处理、调制和解调由光纤进户线送入的信号，并进行分路输出。

图 11-29 为光纤接入用户端设备的实物外形。

光纤接入用户端设备的正面

光纤接入用户端设备的背面

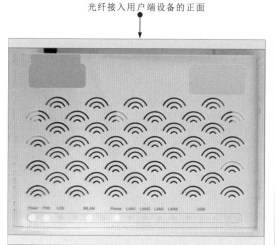
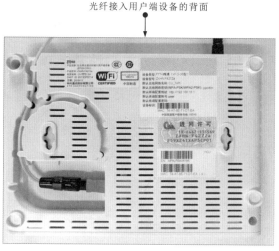

电话线接口　　供电接口

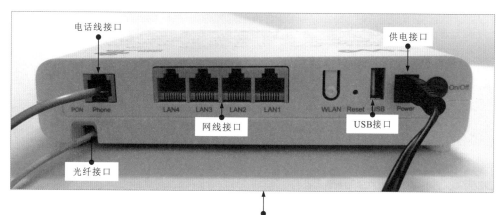

网线接口　　USB接口

光纤接口

光纤接入用户端设备的接口部分

图 11-29　光纤接入用户端设备的实物外形

✳ 2. 光纤

光纤是一种新型的通信传输媒体，具有传输容量大、传输距离长、衰减小、抗干扰能力强等特点，广泛应用于电信、电力及广播等领域。

用于家庭的室内光纤多为单芯光纤和双芯光纤，如图 11-30 所示。

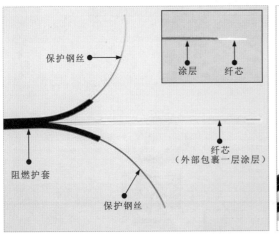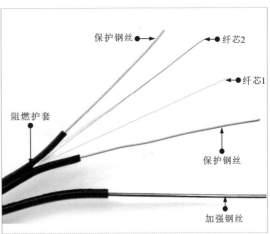

图 11-30 家庭用光纤

资料与提示

　　光纤是由极细的石英玻璃纤维制成的，外径一般为 125 ～ 140μm。根据传输模式的不同，光纤可分为单模光纤（Single Mode Fiber）和多模光纤（Multi Mode Fiber）。

　　单模光纤是当信号在光纤中传播时，光载体和包层之间产生全反射，从而确保一种模式的光载体单方向传输，即单模，多用于长距离传输。单模光纤的纤芯线径为 9.0μm。

　　多模光纤是允许光载体以多个入射角度射入并传输，可以传输多种模式的光，多用于短距离传输。多模光纤的纤芯线径有两种：50.0μm 和 62.5μm。

　　光纤连接主要有光纤熔接、光纤冷接和连接器连接三种方式。其中，家庭用光纤部分的连接多采用连接器连接，即将光纤的连接端加工后接入专用连接器中。

　　常用的光纤连接器主要有 SC 型连接器、FC 型连接器、ST 型连接器，如图 11-31 所示。

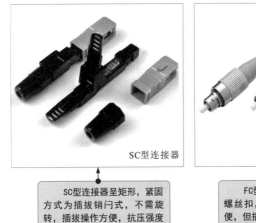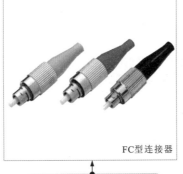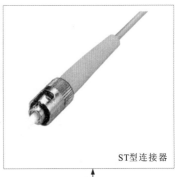

SC型连接器呈矩形，紧固方式为插拔销闩式，不需旋转，插拔操作方便，抗压强度高，多用于网络设备端

FC型连接器的紧固方式为螺丝扣，结构简单，操作方便，但插入损耗较大，回波损耗性能较差

ST型连接器呈圆形，紧固方式为螺丝扣，常用于布线设备端，如光纤配线架、光纤模块等

图 11-31 光纤连接器

资料与提示

三网合一系统的几种不同结构形式如图 11-32 所示。

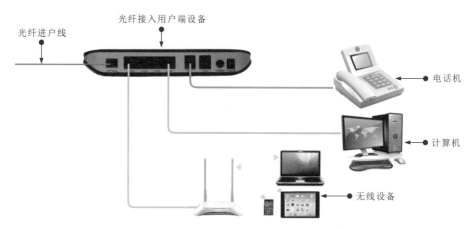

（a）电话线路和网络线路合一的结构形式

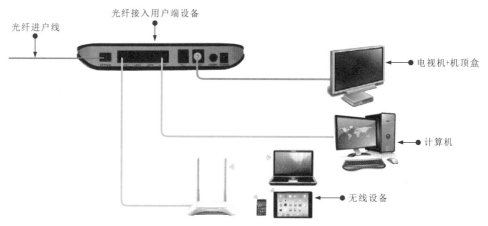

（b）有线电视线路和网络线路合一的结构形式

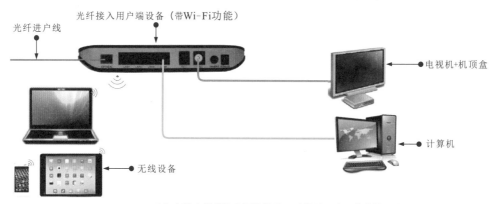

（c）有线电视线路和网络线路（无线网）合一的结构形式

图 11-32　三网合一系统的几种不同结构形式

11.3.2 光纤的连接

光纤的连接需要借助专用工具,如光功率计、光纤切割器、光纤护套剥线钳、米勒钳、红光笔等, 如图 11-33 所示。

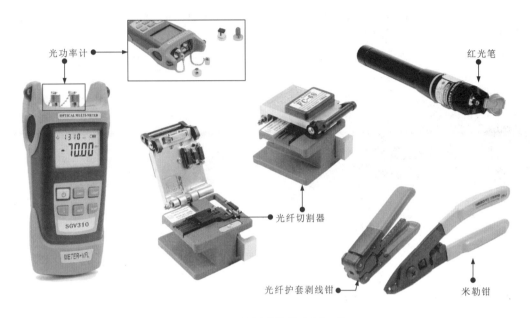

图 11-33 光纤连接的专用工具

光纤的连接方法如图 11-34 所示。

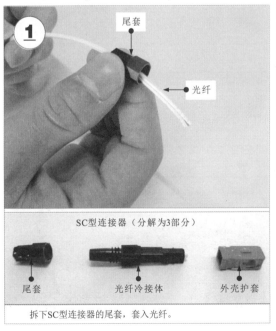

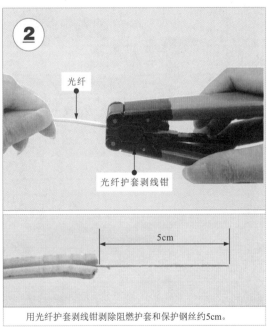

图 11-34 光纤的连接方法

3

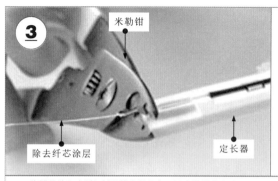

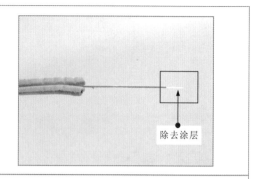

将纤芯放入光纤切割器的定长器中，用米勒钳除去涂层。

4

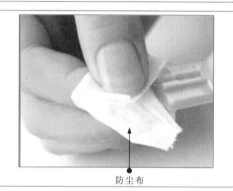

用防尘布擦拭纤芯，将定长器放入光纤切割器中切割纤芯。

5

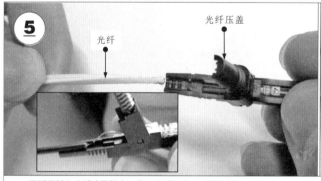

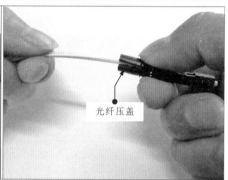

将纤芯插入光纤冷接体中，按下光纤压盖，压紧光纤。

6

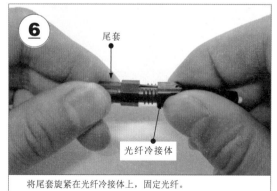

将尾套旋紧在光纤冷接体上，固定光纤。

7

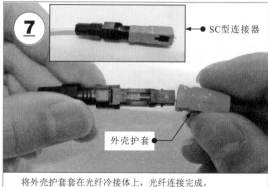

将外壳护套套在光纤冷接体上，光纤连接完成。

图 11-34　光纤的连接方法（续）

❖ 11.3.3 光纤接入用户端设备的连接

图 11-35 为光纤接入用户端设备的连接方法。

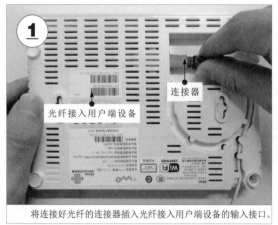

将连接好光纤的连接器插入光纤接入用户端设备的输入接口。

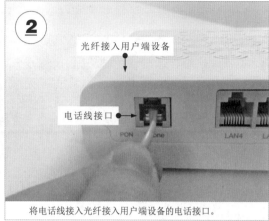

将电话线接入光纤接入用户端设备的电话接口。

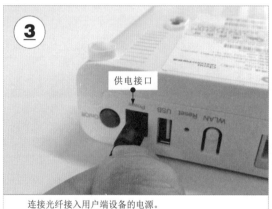

连接光纤接入用户端设备的电源。

将电源线的适配器插入电源插座。

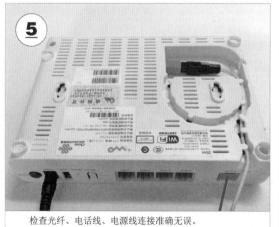

检查光纤、电话线、电源线连接准确无误。

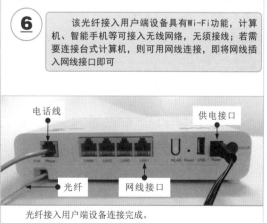

光纤接入用户端设备连接完成。

图 11-35　光纤接入用户端设备的连接方法

11.3.4 三网合一系统的检测

光纤连接完成后，需要测试线路是否畅通，一般可借助光功率计或红光笔进行测试。若线路不通，则需要重新连接光纤连接器，调整线路，直至线路畅通。

图 11-36 为借助光功率计和红光笔的检测方法。

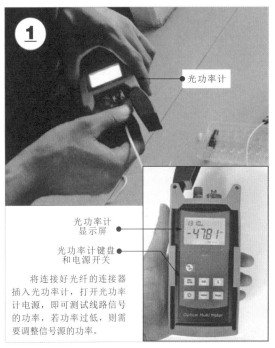
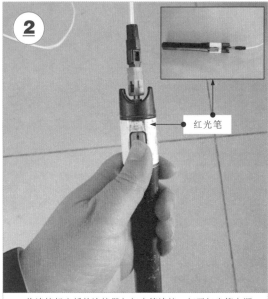

光功率计

光功率计
显示屏

光功率计键盘
和电源开关

将连接好光纤的连接器插入光功率计，打开光功率计电源，即可测试线路信号的功率，若功率过低，则需要调整信号源的功率。

红光笔

将连接好光纤的连接器与红光笔连接，打开红光笔电源，光纤的另一端应有红光发出，否则说明线路不畅通，需要调试线路或重新连接光纤连接器，直至线路畅通。

图 11-36　借助光功率计和红光笔的检测方法

资料与提示

目前，光功率计多为红光和功率计合一，既可测试线路信号的功率，也可发射红光测试线路的通、断，如图 11-37 所示。

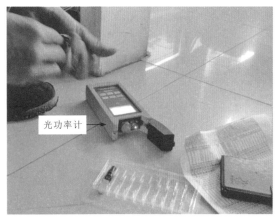
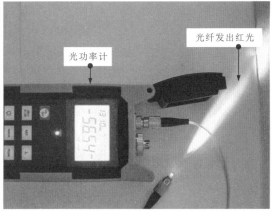

光功率计

光功率计

光纤发出红光

图 11-37　用红光和功率计合一的光功率计检测

　　随着智能家居的发展，家装弱电线路是智能家居的连接核心。一些新建住宅楼多采用智能化弱电箱集中分配弱电线路的结构形式，如图 11-38 所示。

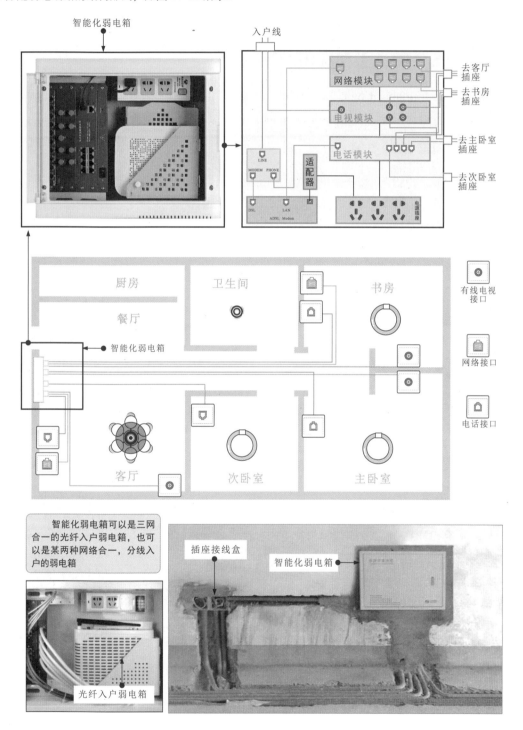

图 11-38　智能化弱电箱的应用

第12章

PLC及其应用

12.1 PLC 的种类和应用

PLC（Programmable Logic Controller，PLC）即可编程控制器，是一种将计算机技术与继电器控制技术相结合的自动控制装置。

12.1.1 PLC 的种类特点

随着 PLC 的发展和应用领域的扩展，PLC 的种类越来越多，可从不同的角度分类，如结构、I/O 点数、功能、生产厂家等。

1. 根据结构形式分类

PLC 根据结构形式的不同可分为整体式 PLC、组合式 PLC 和叠装式 PLC 三种，如图 12-1 所示。

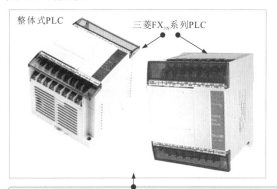
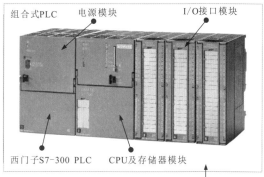

整体式PLC是将CPU、I/O接口、存储器、电源等部分全部固定在一块或几块印制电路板上，成为统一的整体。若控制点数不符合要求时，可通过连接扩展单元实现较多点数的控制。这种PLC体积小巧。目前，小型、超小型PLC多采用整体式结构

组合式PLC的CPU、I/O接口、存储器、电源等部分都是以模块形式按一定规则组合配置而成的，因此也称为模块式PLC。这种PLC可以根据实际需要灵活配置。目前，中型、大型PLC多采用组合式结构

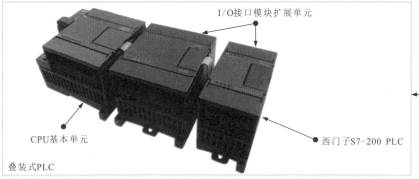

叠装式PLC是一种集合整体式PLC的紧凑、体积小巧和组合式PLC的I/O点数搭配灵活于一体的PLC。这种PLC将CPU（CPU和部分I/O接口）独立出来作为基本单元，其他模块为I/O接口模块扩展单元。各单元可一层层地叠装，连接时，使用电缆进行单元之间的连接

图 12-1　根据结构形式分类的 PLC

☀ 2. 根据 I/O 点数分类

I/O 点数是 PLC 可输入 / 输出信号的数目。I 是 PLC 可输入信号的数目；O 是 PLC 可输出信号的数目。

PLC 根据 I/O 点数的不同可分为小型 PLC、中型 PLC 和大型 PLC，如图 12-2 所示。

小型PLC

● 欧姆龙CP1L型PLC

西门子S7-200 PLC

小型PLC的I/O点数一般在24～256之间，用于单机控制或小型系统的控制

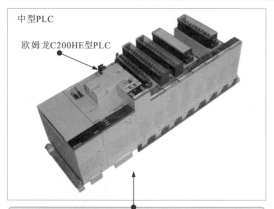

中型PLC

欧姆龙C200HE型PLC

中型PLC的I/O点数一般在256～2048之间，不仅可直接控制设备，还可用于监控下一级的多个可编程控制器，一般用于中型或大型系统的控制

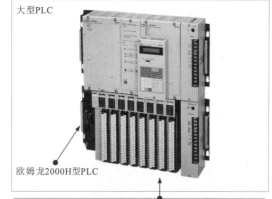

大型PLC

欧姆龙2000H型PLC

大型PLC的I/O点数一般在2048以上，能够进行复杂的算数运算和矩阵运算，可直接控制设备，还可用于监控下一级的多个可编程控制器，一般用于大型系统的控制

图 12-2　根据 I/O 点数分类的 PLC

☀ 3. 根据功能分类

PLC 根据功能的不同可分为低档 PLC、中档 PLC、高档 PLC，如图 12-3 所示。

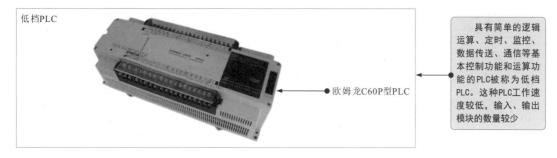

低档PLC

● 欧姆龙C60P型PLC

具有简单的逻辑运算、定时、监控、数据传送、通信等基本控制功能和运算功能的PLC被称为低档PLC。这种PLC工作速度较低，输入、输出模块的数量较少

图 12-3　根据功能分类的 PLC

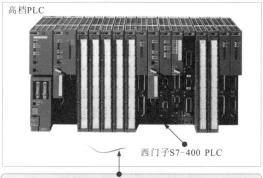

中档PLC	高档PLC

西门子S7-300 PLC

西门子S7-400 PLC

中档PLC除具有低档PLC的控制功能外，还具有较强的控制功能和运算能力，如比较复杂的三角函数、指数和PID运算等，同时还具有远程I/O、通信、连接网络等功能。这种PLC工作速度较快，输入、输出模块的数量较多

高档PLC除具有中档PLC的功能外，还具有更为强大的控制功能、运算功能和连接网络功能，如矩阵运算、位逻辑运算、平方根运算及其他特殊功能函数运算等。这种PLC工作速度很快，输入、输出模块的数量很多

图 12-3　根据功能分类的 PLC（续）

4. 根据生产厂家分类

PLC 的生产厂家较多，如美国的 AB 公司、通用电气公司，德国的西门子公司，法国的 TE 公司及日本的欧姆龙、三菱、松下等公司，都是目前市场上非常主流且极具代表性的生产厂家。

图 12-4 为不同生产厂家生产的 PLC 实物外形。

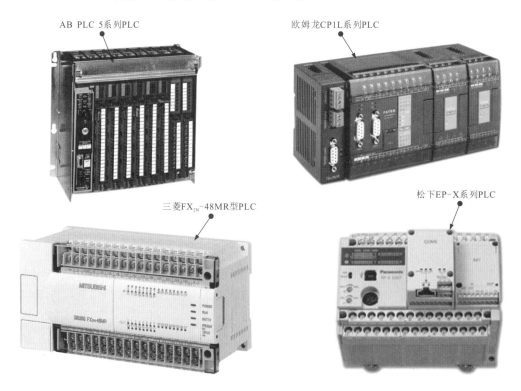

AB PLC 5系列PLC

欧姆龙CP1L系列PLC

三菱FX$_{2N}$-48MR型PLC

松下EP-X系列PLC

图 12-4　不同生产厂家生产的 PLC 实物外形

12.1.2 PLC 的功能应用

国际工委会（IEC）将 PLC 定义为数字运算操作的电子系统，专为在工业环境下应用而设计。PLC 采用可编程序的存储器，可存储执行逻辑运算、顺序控制、定时、计数和算术运算等操作指令，并通过数字或模拟输入 / 输出，控制各种类型的机械或生产过程。

1. PLC 的功能

PLC 的功能如下。

（1）控制功能。图 12-5 为 PLC 在生产过程中的控制功能框图。生产过程中的物理量由传感器检测后，经变压器变成标准信号，经多路切换开关和 A/D 转换器变成适合 PLC 处理的数字信号，经光耦送给 CPU，光耦具有隔离功能；数字信号经 CPU 处理后，再经 D/A 转换器变成模拟信号输出。模拟信号经驱动电路驱动控制泵电动机、风机、加温器等设备，实现自动控制。

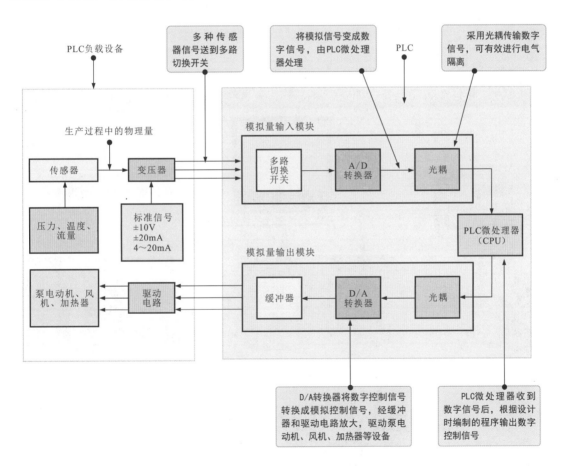

图 12-5　PLC 在生产过程中的控制功能框图

（2）数据的采集、存储和处理功能。PLC 具有算术运算及数据的传送、转换、排序、移位等功能，可以完成数据的采集、存储及模拟处理等，如图 12-6 所示。

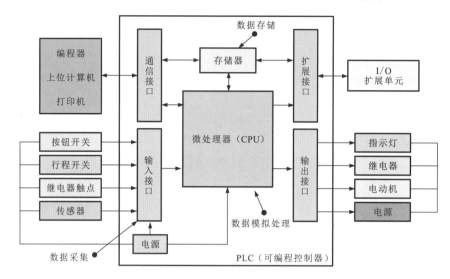

图 12-6　PLC 的数据采集、存储和处理功能框图

（3）通信、连接网络功能。PLC 具有通信、连接网络功能，可以与远程 I/O、其他 PLC、计算机、智能设备（如变频器、数控装置等）之间进行通信，如图 12-7 所示。

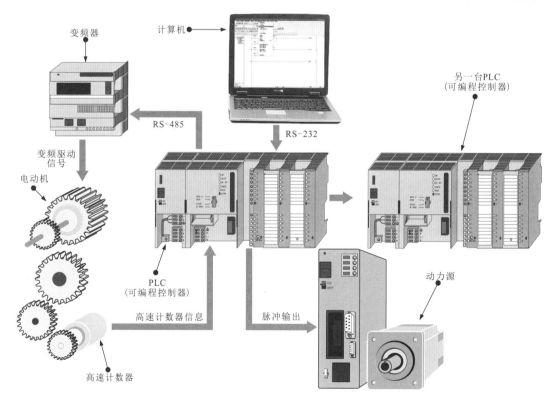

图 12-7　PLC 的通信、连接网络功能

（4）可编程、调试功能。PLC 通过存储器中的程序可对 I/O 接口外接的设备进行控制。存储器中的程序可根据实际情况和应用进行编写，一般可将 PLC 与计算机通过编程电缆连接，实现对其内部程序的编写、调试、监视、实验和记录，如图 12-8 所示。

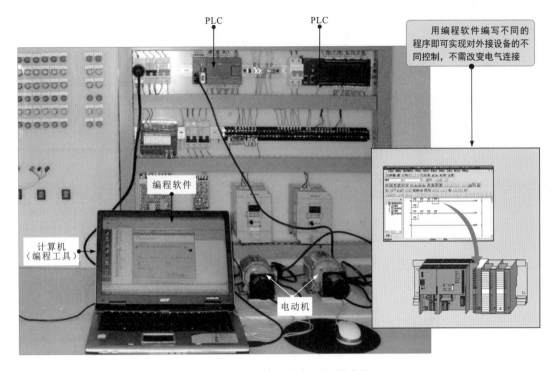

图 12-8 PLC 的可编程、调试功能

（5）其他功能。PLC 的其他功能如图 12-9 所示。

运动控制功能	过程控制功能	监控功能
PLC使用专用的运动控制模块可对直线运动或圆周运动的位置、速度和加速度进行控制，广泛应用在机床、机器人、电梯等设备中。	过程控制是对温度、压力、流量、速度等模拟量的闭环控制。PLC可通过编制各种各样的控制算法程序完成闭环控制，广泛应用在冶金、化工、热处理、锅炉等控制中。	操作人员可通过PLC的编程器或监视器对定时器、计数器及逻辑信号状态、数据区的数据进行设定，并对各部分的运行状态进行监控。

停电记忆功能	故障诊断功能
PLC的内部设置停电记忆功能，可在断电后使存储的信息不变，电源恢复后，可继续工作。	PLC内部设有故障诊断功能，可对系统构成、硬件状态、指令的正确性等进行诊断，当发现异常时，会控制报警系统发出报警提示声，同时在监视器上显示错误信息，当故障严重时，会发出控制指令停止运行，从而提高PLC控制系统的安全性。

图 12-9 PLC 的其他功能

❋ 2. PLC 的应用

图 12-10 为 PLC 在电子产品制造设备中的应用。PLC 在电子产品制造设备中主要用来实现自动控制功能，使传输定位电动机、深度调整电动机、旋转驱动电动机和输出驱动电动机协调运转、相互配合，实现自动化工作。

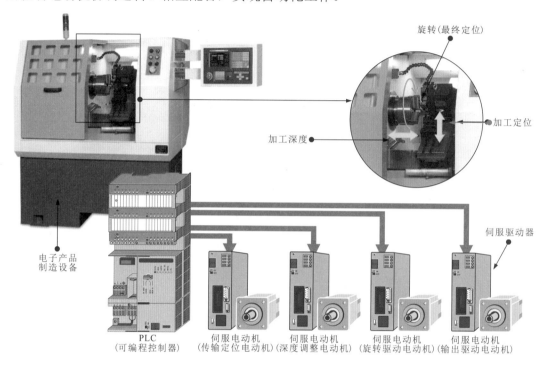

图 12-10　PLC 在电子产品制造设备中的应用

图 12-11 为 PLC 在自动包装系统中的应用。在自动包装系统中，PLC 可在预先编制的程序控制下，根据检测电路或传感器传输的信息实时监测包装生产线的运行状态。

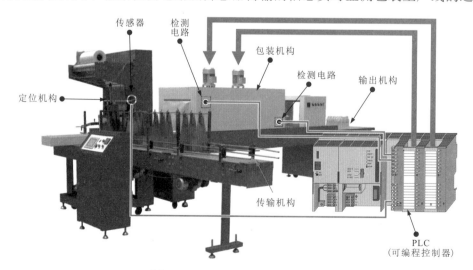

图 12-11　PLC 在自动包装系统中的应用

图 12-12 为 PLC 在纺织机械中的应用。通常，纺织机械中的电动机普遍采用通用变频器控制，且所有的变频器统一由 PLC 控制，使各部件协调一致。

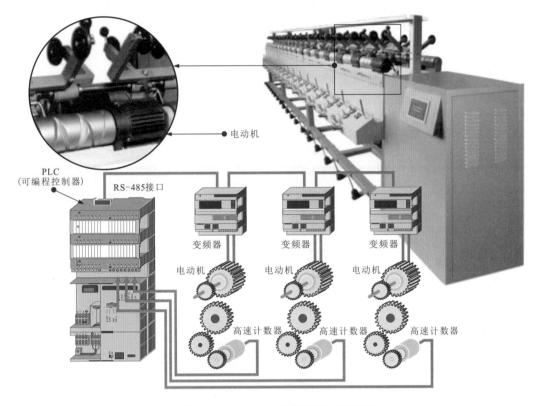

图 12-12　PLC 在纺织机械中的应用

图 12-13 为 PLC 在自动检测装置中的应用。在检测生产零部件弯曲度的自动检测系统中设置多个位移传感器，每个位移传感器均将检测的数据送给 PLC，PLC 根据接收到的数据进行比较运算，得到零部件的弯曲度，并与标准比对，完成对零部件是否合格的判定。

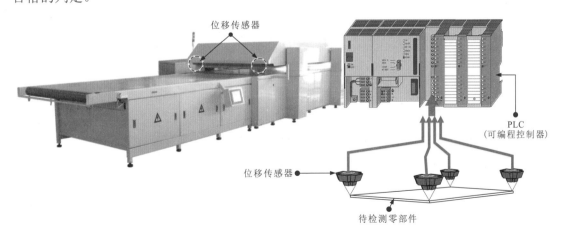

图 12-13　PLC 在自动检测装置中的应用

12.2 PLC 在电动机控制系统中的应用

PLC 电动机控制系统主要是用 PLC 控制方式取代早期复杂的电气连接关系，各主要控制部件和功能部件都直接连接到 PLC 的相应接口上，根据 PLC 内部程序的设定实现相应的控制功能。

12.2.1 PLC 电动机控制系统

PLC 电动机控制系统由 PLC 作为核心控制部件实现对电动机的启动、运转、变速、制动和停机等各种控制功能。

1. PLC 电动机控制系统的结构

图 12-14 为 PLC 电动机控制系统的结构。由图可知，该控制系统主要是由操作部件、控制部件、电动机及一些辅助部件构成的。

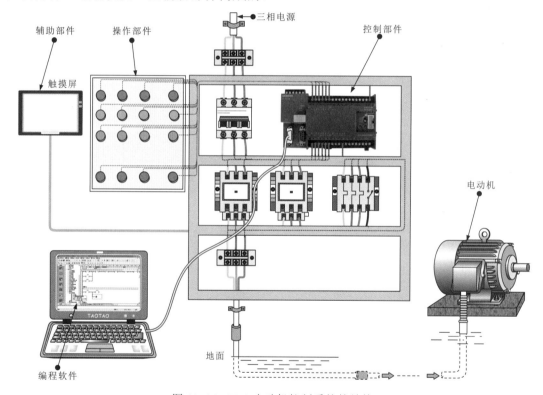

图 12-14 PLC 电动机控制系统的结构

由 PLC 控制的电动机顺序启 / 停控制线路如图 12-15 所示。该线路主要由两台电动机、三菱 PLC、电源总开关 QS、热继电器等构成。

资料与提示

若使用传统的继电器控制电动机，则控制线路如图 12-16 所示，主要由热继电器、交流接触器、启动按钮、停止按钮、三相交流异步电动机等电气部件构成的。其各项控制功能或执行动作都是由相应实际存在的电气物理部件来实现的，各部件缺一不可。

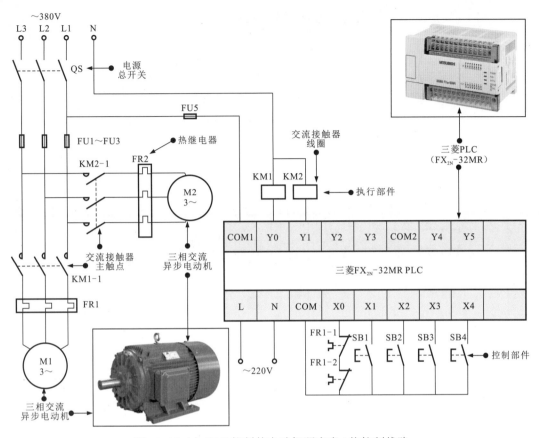

图 12-15 由 PLC 控制的电动机顺序启 / 停控制线路

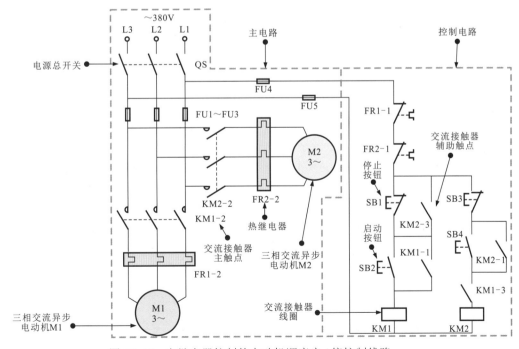

图 12-16 由继电器控制的电动机顺序启 / 停控制线路

✳ **2. 由 PLC 控制的电动机顺序启 / 停控制线路的控制过程**

图 12-17 为由 PLC 控制的电动机顺序启动控制线路的控制过程。

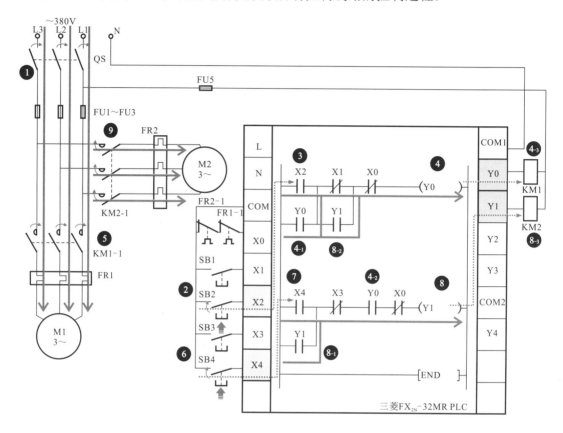

图 12-17　由 PLC 控制的电动机顺序启动控制线路的控制过程

资料与提示

图 12-17 中：

❶合上电源总开关 QS，接通三相电源。

❷按下 M1 的启动按钮 SB2。

❸将输入继电器常开触点 X2 置 1，即常开触点 X2 闭合。

❹输出继电器 Y0 线圈得电。

　　❹₁自锁常开触点 Y0 闭合实现自锁。

　　❹₂输出继电器 Y1 的常开触点 Y0 闭合，为 Y1 得电做好准备。

　　❹₃交流接触器 KM1 线圈得电。

❹₃→❺主电路中的主触点 KM1-1 闭合，接通 M1 的供电电源，M1 启动运转。

❻当需要 M2 运行时，按下 M2 的启动按钮 SB4。

❼将输入继电器常开触点 X4 置 1，即常开触点 X4 闭合。

❽输出继电器 Y1 线圈得电。

　　❽₁自锁常开触点 Y1 闭合实现自锁功能（锁定停止按钮 SB1，用来防止当启动 M2 时，因误操作按动 M1 的停止按钮 SB1 而关断 M1，不符合顺序停机的控制要求）。

⑧₃输出继电器 Y0 的常开触点 Y1 闭合，锁定常闭触点 X1。

⑧₄交流接触器 KM2 线圈得电。

⑧₄→⑨主电路中的主触点 KM2-1 闭合，接通 M2 的供电电源，M2 继 M1 之后启动运转。

图 12-18 为由 PLC 控制的电动机顺序停机控制线路的控制过程。

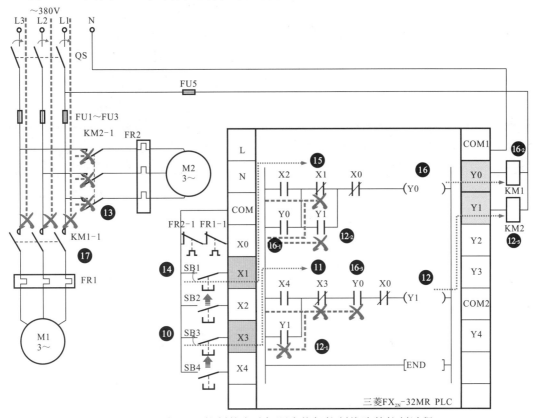

图 12-18 由 PLC 控制的电动机顺序停机控制线路的控制过程

资料与提示

图 12-18 中：

⑩按下 M2 的停止按钮 SB3。

⑪将输入继电器常闭触点 X3 置 1，即常闭触点 X3 断开。

⑫输出继电器 Y1 线圈失电。

　　⑫₁自锁常开触点 Y1 复位断开，解除自锁功能。

　　⑫₂连锁常开触点 Y1 复位断开，解除对常闭触点 X1 的锁定。

　　⑫₃交流接触器 KM2 线圈失电。

⑫₃→⑬连接在主电路中的主触点 KM2-1 复位断开，M2 供电电源被切断，M2 停转。

⑭按照顺序停机要求，按下 SB1。

⑮将输入继电器常闭触点 X1 置 1，即常闭触点 X1 断开。

⑯输出继电器 Y0 线圈失电。

　　⑯₁自锁常开触点 Y0 复位断开，解除自锁功能。

　　⑯₂交流接触器 KM1 线圈失电。

　　⑯₃输出继电器 Y1 的常开触点 Y0 复位断开。

⑯₃→⑰主电路中 KM1-1 复位断开，M1 供电电源被切断，继 M2 后停转。

12.2.2 两台电动机交替运行的 PLC 控制线路

图 12-19 为由西门子 S7-200 PLC 控制的两台电动机交替运行控制线路。该电路主要由西门子 S7-200 PLC，输入部件 SB1、SB2、FR1-1、FR2-1，输出部件 KM1、KM2，电源总开关 QS，两台三相交流异步电动机 M1、M2 等构成。

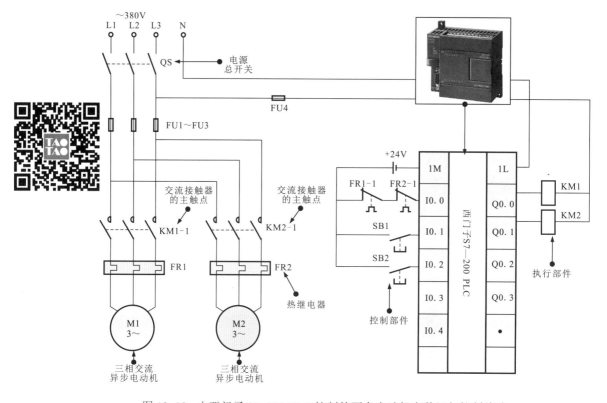

图 12-19　由西门子 S7-200 PLC 控制的两台电动机交替运行控制线路

表 12-1 为图 12-19 中西门子 S7-200 PLC 的 I/O 地址编号。

表 12-1　图 12-19 中西门子 S7-200 PLC 的 I/O 地址编号

输入部件及地址编号			输出部件及地址编号		
名称	代号	输入点地址编号	名称	代号	输出点地址编号
热继电器	FR1-1、FR2-1	I0.0	控制M1的接触器	KM1	Q0.0
启动按钮	SB1	I0.1	控制M2的接触器	KM2	Q0.1
停止按钮	SB2	I0.2			

由西门子 S7-200 PLC 控制的两台电动机交替运行控制线路的控制过程如图 12-20 所示。

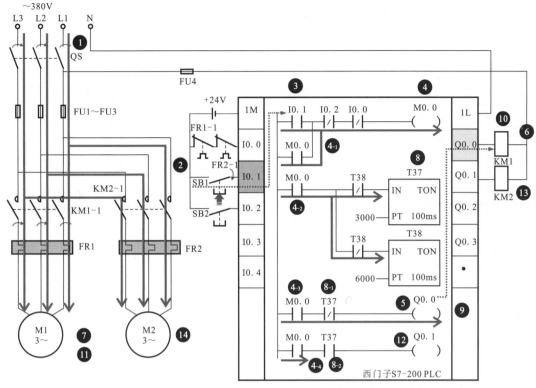

图 12-20 由西门子 S7-200 PLC 控制的两台电动机交替运行控制线路的控制过程

资料与提示

图 12-20 中:

❶合上电源总开关 QS,接通三相电源。

❷按下 M1 的启动按钮 SB1。

❸将输入继电器常开触点 I0.1 置 1,即常开触点 I0.1 闭合。

❹辅助继电器 M0.0 线圈得电。

　　❹₁自锁常开触点 M0.0 闭合实现自锁功能。

　　❹₂控制定时器 T37、T38 的常开触点 M0.0 闭合。

　　❹₃控制输出继电器 Q0.0 的常开触点 M0.0 闭合。

　　❹₄控制输出继电器 Q0.1 的常开触点 M0.0 闭合。

❹→❺输出继电器 Q0.0 线圈得电。

❻接触器 KM1 线圈得电,带动主电路中的主触点 KM1-1 闭合。

❼接通 M1 供电电源,M1 启动运转。

❹₂→❽定时器 T37 线圈得电,开始计时。

　　❽₁计时时间到,控制 Q0.0 延时断开的常闭触点 T37 断开。

　　❽₂计时时间到,控制 Q0.1 延时闭合的常开触点 T37 闭合。

❽₁→❾输出继电器 Q0.0 线圈失电。

❿输出继电器 Q0.0 线圈失电。

⓫切断 M1 供电电源,M1 停止运转。

❽₂→⓬输出继电器 Q0.1 线圈得电。

⓭接触器 KM2 线圈得电,带动主电路中的主触点 KM2-1 闭合。

⓮接通 M2 供电电源,M2 启动运转。

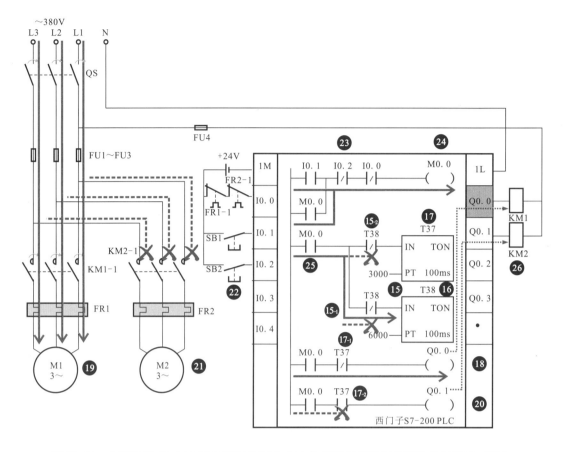

图 12-20 由西门子 S7-200 PLC 控制的两台电动机交替运行控制线路的控制过程（续）

资料与提示

图 12-20 中：

⑮ 定时器 T38 线圈得电，开始计时。

⑮₋₂ 计时时间到（延时 10min），控制定时器 T38 延时断开的常闭触点 T38 断开。

⑮₋₁ 计时时间到（延时 10min），控制定时器 T37 延时断开的常闭触点 T38 断开。

⑮₋₁ → ⑯ 定时器 T38 线圈失电，将自身复位，进入下一次循环。

⑰ 定时器 T37 线圈失电。

⑰₋₁ 控制输出继电器 Q0.0 的延时断开常闭触点 T37 复位闭合。

⑰₋₂ 控制输出继电器 Q0.1 的延时闭合常开触点 T37 复位断开。

⑰₋₁ → ⑱ 输出继电器 Q0.0 线圈得电。

⑲ 接触器 KM1 线圈再次得电，带动主电路中的主触点闭合，接通 M1 供电电源，M1 再次启动运转。

⑰₋₂ → ⑳ 输出继电器 Q0.1 线圈失电。

㉑ 接触器 KM2 线圈失电，带动主电路中的主触点复位断开，切断 M2 供电电源，M2 停止运转。

㉒ 当需要两台电动机停止运转时，按下停止按钮 SB2。

㉓ 将输入继电器常闭触点 I0.2 置 0，即常闭触点 I0.2 断开。

㉔ 辅助继电器 M0.0 线圈失电，触点复位。

㉕ 定时器 T37、T38，输出继电器 Q0.0、Q0.1 线圈均失电。

㉖ 接触器 KM2 线圈失电，带动主电路中的主触点复位断开，切断电动机供电电源，电动机停止运转。

12.2.3 电动机 Y-△ 降压启动的 PLC 控制线路

图 12-21 为由西门子 S7—200 PLC 控制的电动机 Y-△降压启动控制线路。启动时，电动机的绕组按 Y（星形）连接，降压启动；启动后，电动机的绕组自动转换成△（三角形）连接，全压运行。

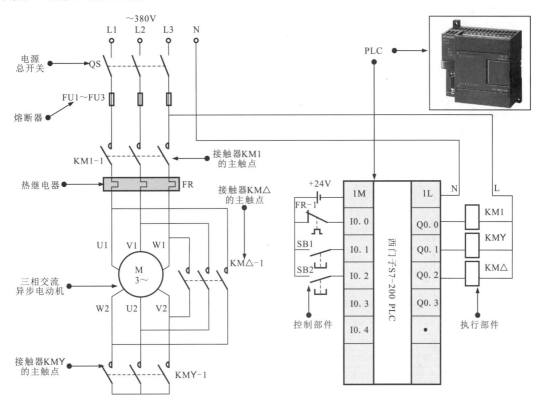

图 12-21　由西门子 S7-200 PLC 控制的电动机 Y-△降压启动控制线路

表 12-2 为图 12-21 中西门子 S7-200 PLC 的 I/O 地址编号。

表 12-2　图 12-21 中西门子 S7-200 PLC 的 I/O 地址编号

输入部件及地址编号			输出部件及地址编号		
名称	代号	输入点地址编号	名称	代号	输出点地址编号
热继电器	FR-1	I0.0	电源供电主接触器	KM1	Q0.0
启动按钮	SB1	I0.1	Y连接接触器	KMY	Q0.1
停止按钮	SB2	I0.2	△连接接触器	KM△	Q0.2

由西门子 S7-200PLC 控制的电动机 Y-△降压启动控制线路的控制过程如图 12-22 所示。

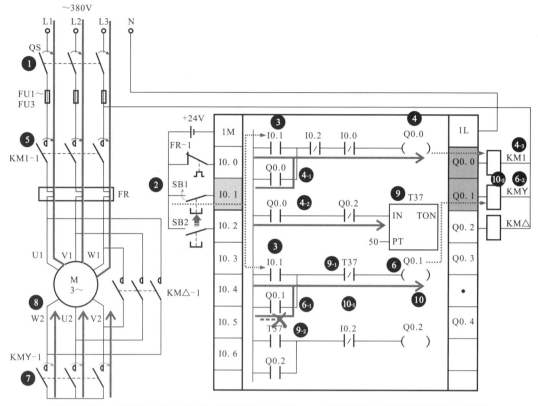

图 12-22 由西门子 S7-200 PLC 控制的电动机 Y- △降压启动控制线路的控制过程

资料与提示

图 12-22 中：

❶合上电源总开关 QS，接通三相电源。

❷按下 M 的启动按钮 SB1。

❸将输入继电器常开触点 I0.1 置 1，即常开触点 I0.1 闭合。

❸→❹输出继电器 Q0.0 线圈得电。

　　　❹₁自锁触点 Q0.0 闭合自锁。

　　　❹₂定时器 T37 的 Q0.0 闭合，T37 线圈得电，开始计时。

　　　❹₃电源供电主接触器 KM1 线圈得电。

❹₃→❺带动主触点 KM1-1 闭合，接通主电路供电电源。

❸→❻输出继电器 Q0.1 线圈同时得电。

　　　❻₁自锁触点 Q0.1 闭合自锁。

　　　❻₂Y 连接接触器 KMY 线圈得电。

❻₂→❼主触点 KMY-1 闭合。

❼→❽M 的三相绕组 Y 连接，接通供电电源，开始降压启动。

❾定时器 T37 计时时间到（延时 5s）。

　　　❾₁控制输出继电器 Q0.1 的延时断开常闭触点 T37 断开。

　　　❾₂控制输出继电器 Q0.2 的延时闭合常开触点 T37 闭合。

❾₁→❿输出继电器 Q0.1 线圈失电。

　　　❿₁自锁常开触点 Q0.1 复位断开，解除自锁。

　　　❿₂Y 连接接触器 KMY 线圈失电。

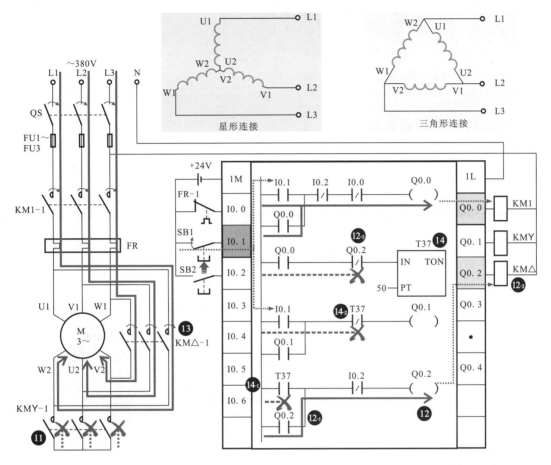

图 12-22 由西门子 S7-200 PLC 控制的电动机 Y-△降压启动控制线路的控制过程（续）

资料与提示

图 12-22 中：

⑩→⑪主触点 KMY-1 复位断开，M 三相绕组取消 Y 连接方式。

⑨→⑫输出继电器 Q0.2 线圈得电。

⑫自锁常开触点 Q0.2 闭合，实现自锁功能。

⑫△连接接触器 KM △线圈得电。

⑫控制 T37 延时断开的常闭触点 Q0.2 断开。

⑫→⑬主触点 KM △-1 闭合，M 绕组△连接，全压运行。

⑫→⑭定时器 T37 线圈失电。

⑭控制 Q0.2 的延时闭合常开触点 T37 复位断开，由于 Q0.2 自锁，故仍保持得电状态。

⑭控制 Q0.1 的延时断开常闭触点 T37 复位闭合，为 Q0.1 下一次得电做好准备。

当需要三相交流异步电动机 M 停止运转时，按下停止按钮 SB2，将输入继电器常闭触点 I0.2 置 0，即常闭触点 I0.2 断开，输出继电器 Q0.0 线圈失电，自锁常开触点 Q0.0 复位断开，解除自锁；控制定时器 T37 的常开触点 Q0.0 复位断开，电源供电主接触器 KM1 线圈失电，带动主电路中主触点 KM1-1 复位断开，切断主电路电源。

同时，输出继电器 Q0.2 线圈失电，自锁常开触点 Q0.2 复位断开，解除自锁；控制定时器 T37 的常闭触点 Q0.2 复位闭合，为定时器 T37 下一次得电做好准备；△连接接触器 KM △线圈失电，带动主电路中主触点 KM △-1 复位断开，M 绕组取消△连接，停止运转。

12.3 PLC 在机床控制系统中的应用

PLC 机床控制系统是用 PLC 控制方式取代早期复杂的电气连接关系,各主要控制部件和功能部件都直接连接到 PLC 的相应接口上,根据 PLC 内部程序的设定可实现相应的控制功能。

12.3.1 PLC 机床控制系统

PLC 机床控制系统由 PLC 作为核心控制部件实现对各种机床的不同控制,如切削、磨削、钻孔、传送等。

1. PLC 机床控制系统的结构

图 12-23 为 PLC 机床控制系统的结构。由图可知,该控制系统主要是由操作部件、控制部件及机床等构成的。

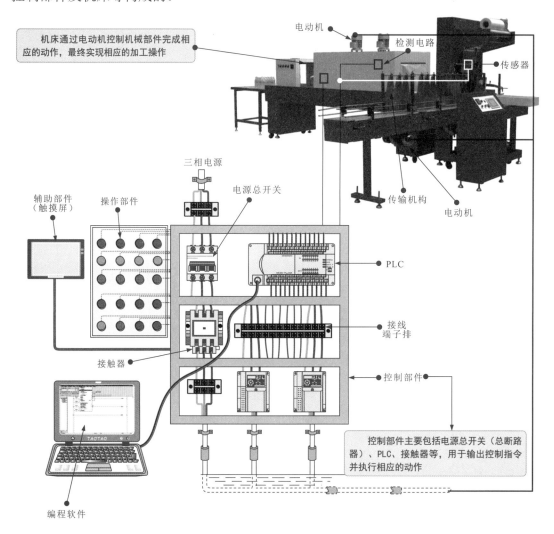

图 12-23 PLC 机床控制系统的结构

图 12-24 为由 PLC 控制的摇臂钻床控制线路。由图可知，整个线路主要由 PLC 输入部件（KV-1、SA1-1 ～ SA1-4、SB1、SB2、SQ1 ～ SQ4）、输出部件（KV、KM1 ～ KM5）等构成。

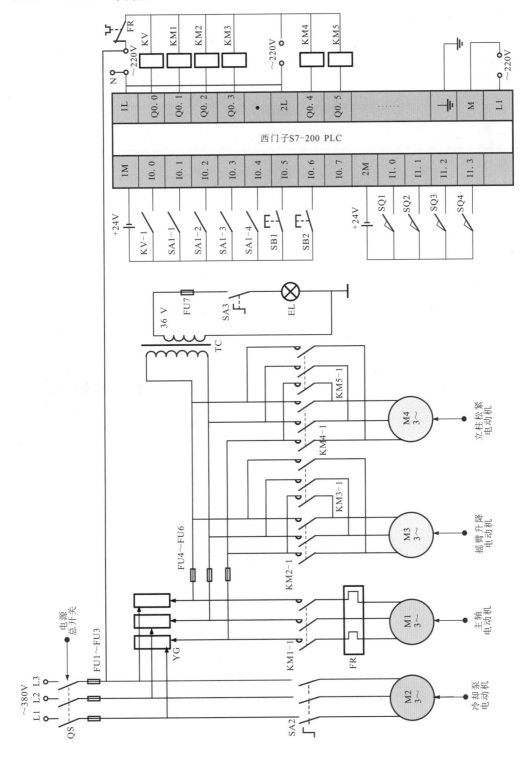

图 12-24 由 PLC 控制的摇臂钻床控制线路

图 12-24 中西门子 S7-200 PLC 的 I/O 地址编号见表 12-3。

表 12-3　图 12-24 中西门子 S7-200 PLC 的 I/O 地址编号

输入部件及地址编号			输出部件及地址编号		
名称	代号	输入点地址编号	名称	代号	输出点地址编号
电压继电器触点	KV-1	I0.0	电压继电器	KV	Q0.0
十字开关电源接通触点	SA1-1	I0.1	主轴电动机M1接触器	KM1	Q0.1
十字开关主轴运转触点	SA1-2	I0.2	摇臂升降电动机M3上升接触器	KM2	Q0.2
十字开关摇臂上升触点	SA1-3	I0.3	摇臂升降电动机M3下降接触器	KM3	Q0.3
十字开关摇臂下降触点	SA1-4	I0.4	立柱松紧电动机M4放松接触器	KM4	Q0.4
立柱放松按钮	SB1	I0.5	立柱松紧电动机M4夹紧接触器	KM5	Q0.5
立柱夹紧按钮	SB2	I0.6			
摇臂上升上限位开关	SQ1	I1.0			
摇臂下降下限位开关	SQ2	I1.1			
摇臂下降夹紧行程开关	SQ3	I1.2			
摇臂上升夹紧行程开关	SQ4	I1.3			

资料与提示

传统机床控制线路中使用的控制部件较多，线路复杂，如图 12-25 所示。

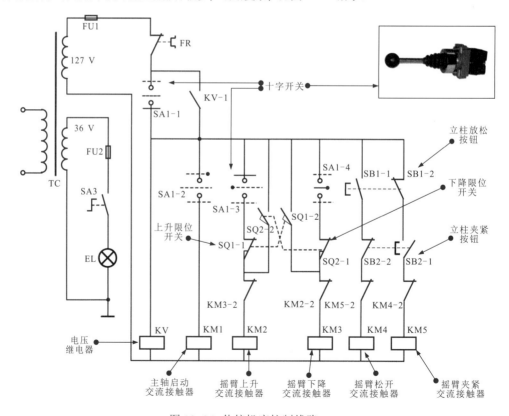

图 12-25　传统机床控制线路

2. PLC 机床控制系统的梯形图

由西门子 PLC 控制的摇臂钻床控制系统的梯形图如图 12-26 所示。

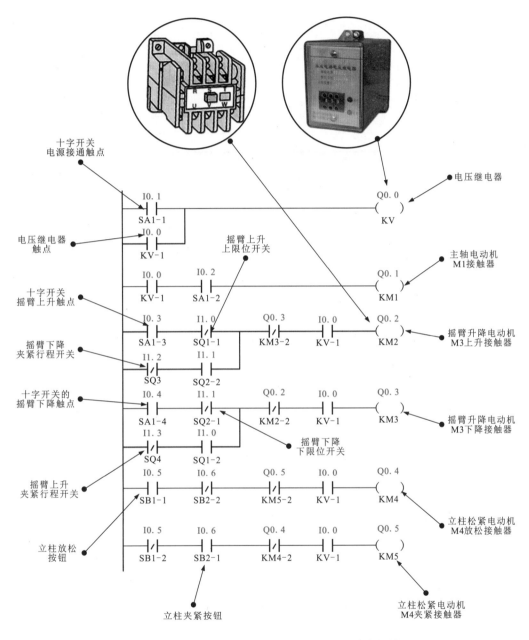

图 12-26　由西门子 PLC 控制的摇臂钻床控制系统的梯形图

由西门子 PLC 控制的摇臂钻床控制线路的控制过程划分为 3 个阶段，即摇臂钻床主轴电动机 M1 的 PLC 控制过程、摇臂钻床摇臂升降电动机 M3 的 PLC 控制过程、摇臂钻床立柱松紧电动机 M4 的 PLC 控制过程，如图 12-27 所示。

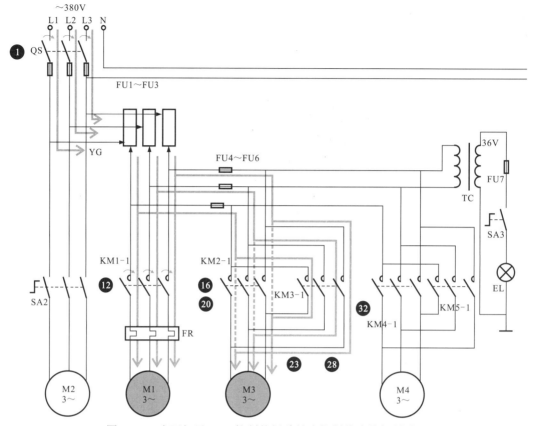

图 12-27　由西门子 PLC 控制的摇臂钻床控制线路的控制过程

资料与提示

图 12-27 中：

❶ 闭合电源总开关 QS，接通三相电源。

❷ 将十字开关 SA1 拨至左端，常开触点 SA1-1 闭合。

❸ 将输入继电器常开触点 I0.1 置 1，即常开触点 I0.1 闭合。

❹ 输出继电器 Q0.0 线圈得电。

❺ 电压继电器 KV 线圈得电。

❻ 电压继电器常开触点 KV-1 闭合。

❼ 输入继电器常开触点 I0.0 置 1。

　　❼₁ 自锁常开触点 I0.0 闭合，实现自锁功能。

　　❼₂ 控制输出继电器 Q0.1 的常开触点 I0.0 闭合，为 Q0.1 得电做好准备。

　　❼₃ 控制输出继电器 Q0.2 的常开触点 I0.0 闭合，为 Q0.2 得电做好准备。

　　❼₄ 控制输出继电器 Q0.3 的常开触点 I0.0 闭合，为 Q0.3 得电做好准备。

　　❼₅ 控制输出继电器 Q0.4 的常开触点 I0.0 闭合，为 Q0.4 得电做好准备。

　　❼₆ 控制输出继电器 Q0.5 的常开触点 I0.0 闭合，为 Q0.5 得电做好准备。

❽ 将十字开关 SA1 拨至右端，常开触点 SA1-2 闭合。

❾ 输入继电器常开触点 I0.2 置 1，即常开触点 I0.2 闭合。

❼₂ + ❾ →❿ 输出继电器 Q0.1 线圈得电。

⓫ 接触器 KM1 线圈得电。

⓬ 主电路中的主触点 KM1-1 闭合，接通主轴电动机 M1 供电电源，M1 启动运转。

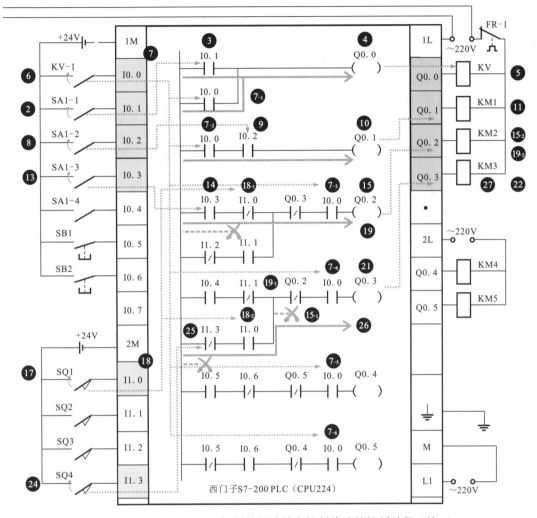

图 12-27 由西门子 PLC 控制的摇臂钻床控制线路的控制过程（续 1）

⑬将十字开关拨至上端，常开触点 SA1-3 闭合。

⑭将输入继电器常开触点 I0.3 置 1，即常开触点 I0.3 闭合。

⑮输出继电器 Q0.2 线圈得电。

　　⑮₁控制输出继电器 Q0.3 的常闭触点 Q0.2 断开，实现互锁控制。

　　⑮₂接触器 KM2 线圈得电。

⑮₂→⑯主触点 KM2-1 闭合，接通摇臂升降电动机 M3 供电电源，M3 启动运转，摇臂开始上升。

⑰当 M3 上升到预定高度时，触动限位开关 SQ1 动作。

⑱输入继电器 I1.0 相应动作。

　　⑱₁常闭触点 I1.0 置 0，即常闭触点 I1.0 断开。

　　⑱₂常开触点 I1.0 置 1，即常开触点 I1.0 闭合。

⑱₁→⑲输出继电器 Q0.2 线圈失电。

　　⑲控制输出继电器 Q0.3 的常闭触点 Q0.2 复位闭合。

⑲→接触器 KM2 线圈失电。

⑲→⑳主触点 KM2-1 复位断开，切断摇臂升降电动机 M3 供电电源，M3 停止运转，摇臂停止上升。

⑱ + ⑲ + ⑦→㉑输出继电器 Q0.3 线圈得电。

㉒接触器 KM3 线圈得电。

㉓带动主电路中的主触点 KM3-1 闭合，接通升降电动机 M3 反转电源，M3 启动反向运转，将摇臂夹紧。

㉔夹紧限位开关 SQ4 动作。

㉕将输入继电器常闭触点 I1.3 置 0，即常闭触点 I1.3 断开。

㉖输出继电器 Q0.3 线圈失电。

㉗接触器 KM3 线圈失电。

㉘主电路中的主触点 KM3-1 复位断开，摇臂升降电动机 M3 停转，M3 自动上升至夹紧的控制过程结束。

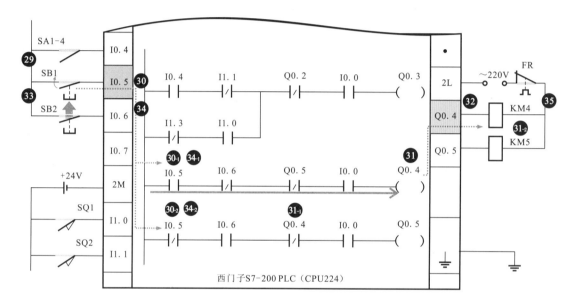

图 12-27　由西门子 PLC 控制的摇臂钻床控制线路的控制过程（续 2）

资料与提示

㉙按下立柱放松按钮 SB1。

㉚输入继电器 I0.5 动作。

　㉚控制输出继电器 Q0.4 的常开触点 I0.5 闭合。

　㉚控制输出继电器 Q0.5 的常闭触点 I0.5 断开，防止 Q0.5 线圈得电，实现互锁。

㉚→㉛输出继电器 Q0.4 线圈得电。

　㉛控制输出继电器 Q0.5 的常闭触点 Q0.4 断开，实现互锁。

　㉛接触器 KM4 线圈得电。

㉛→㉜主电路中的主触点 KM4-1 闭合，接通立柱松紧电动机 M4 正向电源，M4 正向启动运转，立柱松开。

㉝松开立柱放松按钮 SB1。

㉞输入继电器 I0.5 复位。

　㉞常开触点 I0.5 复位断开。

　㉞常闭触点 I0.5 复位闭合。

㉞→㉟接触器 KM4 线圈失电，主电路中的主触点 KM4-1 复位断开，M4 停止运转。

12.3.2 平面磨床的 PLC 控制线路

图 12-28 为 M7120 型平面磨床 PLC 控制线路。

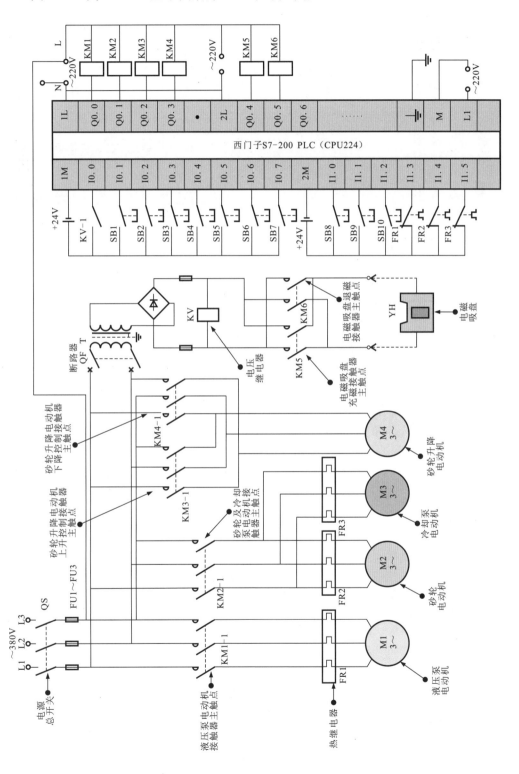

图 12-28 M7120 型平面磨床 PLC 控制线路

图 12-29 为 M7120 型平面磨床 PLC 控制线路的控制过程。

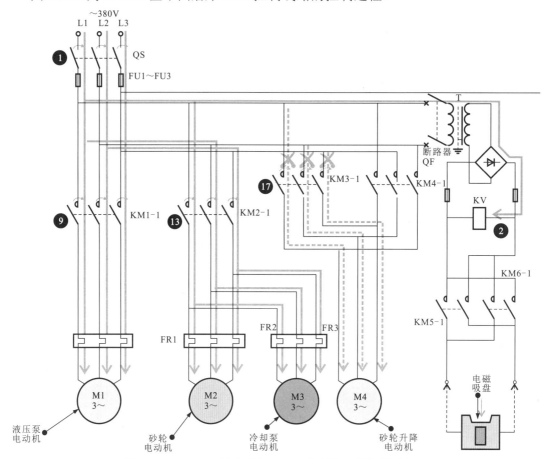

图 12-29　M7120 型平面磨床 PLC 控制线路的控制过程

资料与提示

图 12-29 中：

❶闭合电源总开关 QS 和断路器 QF。

❷交流电压经控制变压器 T、桥式整流电路后加到电磁吸盘的充磁退磁电路，同时电压继电器 KV 线圈得电。

❸电压继电器常开触点 KV-1 闭合。

❹输入继电器常开触点 I0.0 置 1，即常开触点 I0.0 闭合。

❺辅助继电器 M0.0 得电。

　❺ₐ控制输出继电器 Q0.0 的常开触点 M0.0 闭合，为 Q0.0 得电做好准备。

　❺ᵦ控制输出继电器 Q0.1 的常开触点 M0.0 闭合，为 Q0.1 得电做好准备。

　❺ᵤ控制输出继电器 Q0.2 的常开触点 M0.0 闭合，为 Q0.2 得电做好准备。

　❺ᵤ控制输出继电器 Q0.3 的常开触点 M0.0 闭合，为 Q0.3 得电做好准备。

　❺ᵤ控制输出继电器 Q0.4 的常开触点 M0.0 闭合，为 Q0.4 得电做好准备。

　❺ᵤ控制输出继电器 Q0.5 的常开触点 M0.0 闭合，为 Q0.5 得电做好准备。

❻按下液压泵电动机启动按钮 SB3。

❼输入继电器常开触点 I0.3 置 1，即常开触点 I0.3 闭合。

❽输出继电器 Q0.0 线圈得电。

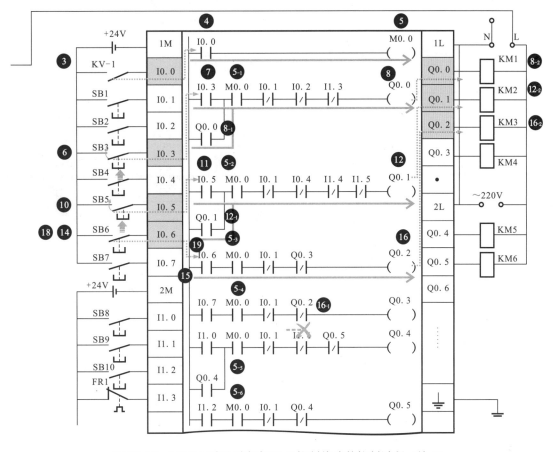

图 12-29 M7120 型平面磨床 PLC 控制线路的控制过程（续 1）

⑧₁自锁常开触点 Q0.0 闭合，实现自锁功能。

⑧₂液压泵电动机接触器 KM1 线圈得电吸合。

⑧→⑨主电路中的主触点 KM1-1 闭合，液压泵电动机 M1 启动运转。

⑩按下砂轮和冷却泵电动机启动按钮 SB5。

⑪输入继电器常开触点 I0.5 置 1，即常开触点 I0.5 闭合。

⑫输出继电器 Q0.1 线圈得电。

⑫₁自锁常开触点 Q0.1 闭合，实现自锁功能。

⑫₂砂轮和冷却泵电动机接触器 KM2 线圈得电吸合。

⑫→⑬主电路中的主触点 KM2-1 闭合，砂轮和冷却泵电动机 M2、M3 同时启动运转。

⑭若需要对砂轮升降电动机 M4 进行点动控制，则可按下砂轮升降电动机上升启动按钮 SB6。

⑮输入继电器常开触点 I0.6 置 1，即常开触点 I0.6 闭合。

⑯输出继电器 Q0.2 线圈得电。

⑯₁控制输出继电器 Q0.3 的互锁常闭触点 Q0.2 断开，防止 Q0.3 得电。

⑯₂控制砂轮升降电动机 M4 接触器 KM3 线圈得电吸合。

⑯→⑰主电路中主触点 KM3-1 闭合，接通砂轮升降电动机 M4 正向电源，M4 正向启动运转，砂轮上升。

⑱当砂轮上升到要求高度时，松开按钮 SB6。

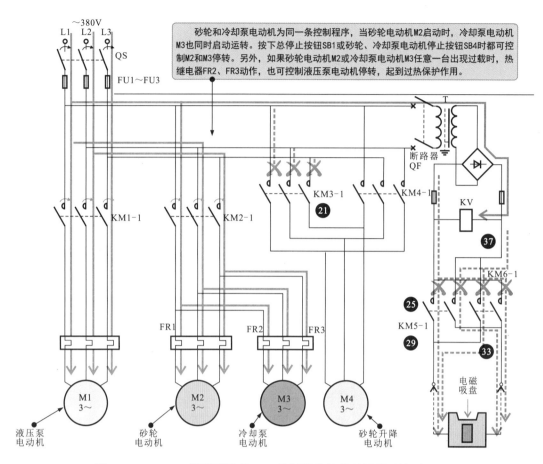

图 12-29　M7120 型平面磨床 PLC 控制线路的控制过程（续 2）

资料与提示

⑲输入继电器常开触点 I0.6 复位置 0，即常开触点 I0.6 断开。

⑳输出继电器 Q0.2 线圈失电。

　　㉑互锁常闭触点 Q0.2 复位闭合，为输出继电器 Q0.3 线圈得电做好准备。

　　㉒控制砂轮升降电动机 M4 的接触器 KM3 线圈失电释放。

㉒→㉑主电路中主触点 KM3-1 复位断开，切断砂轮升降电动机 M4 正向电源，M4 停转，砂轮停止上升。

液压泵电动机的停机过程与启动过程相似。按下总停止按钮 SB1 或液压泵电动机停止按钮 SB2 都可以
控制。如果液压泵电动机过载，则热继电器 FR1 动作，也可控制液压泵电动机停转，起到过热保护作用。

㉒按下电磁吸盘充磁按钮 SB8。

㉓输入继电器常开触点 I1.0 置 1，即常开触点 I1.0 闭合。

㉔输出继电器 Q0.4 线圈得电。

　　㉔自锁常开触点 Q0.4 闭合，实现自锁功能。

　　㉔控制输出继电器 Q0.5 的互锁常闭触点 Q0.4 断开，防止输出继电器 Q0.5 得电。

　　㉔控制电磁吸盘充磁接触器 KM5 线圈得电。

㉔→㉕带动主电路中主触点 KM5-1 闭合，形成供电回路，电磁吸盘 YH 开始充磁，牢牢吸合工件。

㉖待工件加工完毕，按下电磁吸盘充磁停止按钮 SB9。

㉗输入继电器常闭触点 I1.1 置 0，即常闭触点 I1.1 断开。

㉘输出继电器 Q0.4 线圈失电。

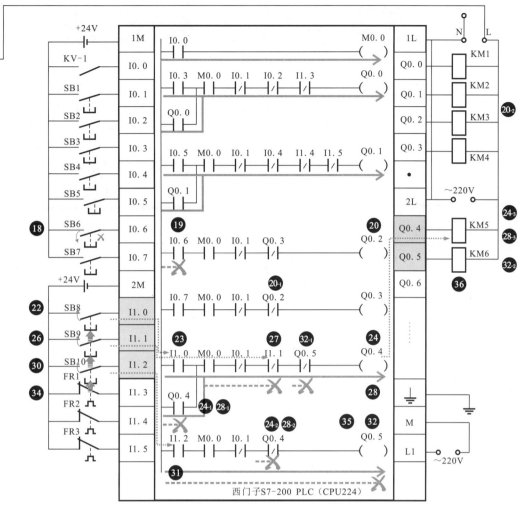

图 12-29　M7120 型平面磨床 PLC 控制线路的控制过程（续 3）

㉘ 自锁常开触点 Q0.4 复位断开，解除自锁。

㉘ 互锁常闭触点 Q0.4 复位闭合，为 Q0.5 得电做好准备。

㉘ 控制电磁吸盘充磁接触器 KM5 线圈失电。

㉘→㉙ 主电路中主触点 KM5-1 复位断开，切断供电回路，电磁吸盘停止充磁，但由于剩磁作用，因此工件仍无法取下。

㉚ 按下电磁吸盘退磁按钮 SB10。

㉛ 将输入继电器常开触点 I1.2 置 1，即常开触点 I1.2 闭合。

㉜ 输出继电器 Q0.5 线圈得电。

　㉜ 控制输出继电器 Q0.4 的互锁常闭触点 Q0.5 断开，防止 Q0.4 得电。

　㉜ 控制电磁吸盘退磁接触器 KM6 线圈得电。

㉜→㉝ 主带动主电路中主触点 KM6-1 闭合，构成反向充磁回路，电磁吸盘开始退磁。

㉞ 退磁完毕后，松开按钮 SB10。

㉟ 输出继电器 Q0.5 线圈失电。

㊱ 接触器 KM6 线圈失电释放。

㊲ 主电路中主触点 KM6-1 复位断开，切断回路。电磁吸盘退磁完毕，此时即可取下工件。

12.3.3 卧式车床的 PLC 控制线路

图 12-30 为由西门子 S7-200 PLC 控制的 C650 型卧式车床控制线路。

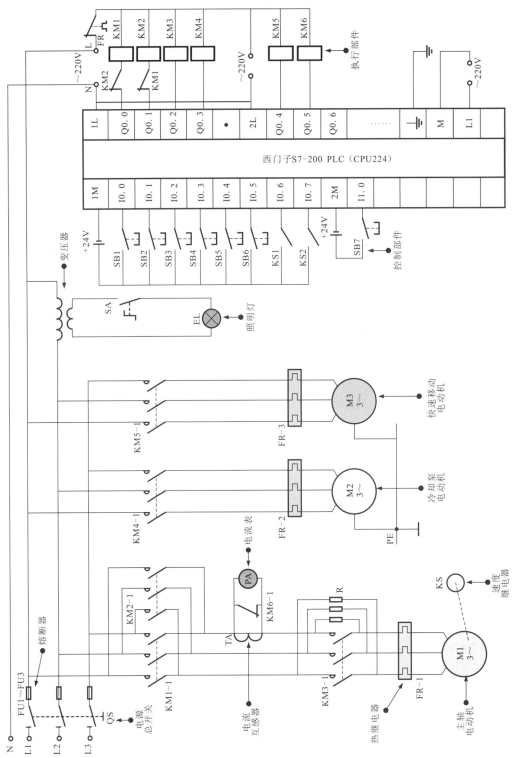

图 12-30 由西门子 S7-200 PLC 控制的 C650 型卧式车床控制线路

表 12-4 为图 12-30 中西门子 S7-200 PLC 的 I/O 地址编号。

表 12-4　图 12-30 中西门子 S7-200 PLC 的 I/O 地址编号

输入部件及地址编号			输出部件及地址编号		
名称	代号	输入点地址编号	名称	代号	输出点地址编号
停止按钮	SB1	I0.0	主轴电动机 M1 正转接触器	KM1	Q0.0
点动按钮	SB2	I0.1	主轴电动机 M1 反转接触器	KM2	Q0.1
正转启动按钮	SB3	I0.2	切断电阻接触器	KM3	Q0.2
反转启动按钮	SB4	I0.3	冷却泵电动机接触器	KM4	Q0.3
冷却泵电动机启动按钮	SB5	I0.4	快速移动电动机接触器	KM5	Q0.4
冷却泵电动机停止按钮	SB6	I0.5	电流表接入接触器	KM6	Q0.5
速度继电器正转触点	KS1	I0.6			
速度继电器反转触点	KS2	I0.7			
刀架快速移动点动按钮	SB7	I1.0			

由西门子 S7-200 PLC 控制的 C650 型卧式车床控制线路的控制过程如图 12-31 所示。

资料与提示

图 12-31 中：

❶按下点动按钮 SB2，输入继电器常开触点 I0.1 置 1，即常开触点 I0.1 闭合。

❶→❷输出继电器 Q0.0 线圈得电，控制主轴电动机 M1 正转接触器 KM1 线圈得电，带动主电路中的主触点闭合，接通 M1 正转电源，M1 正转启动。

❸松开点动按钮 SB2，输入继电器常开触点 I0.1 复位置 0，即常开触点 I0.1 断开。

❸→❹输出继电器 Q0.0 线圈失电，控制主轴电动机 M1 正转接触器 KM1 线圈失电释放，M1 停转。

上述控制过程使主轴电动机 M1 完成一次点动控制循环。

❺按下正转启动按钮 SB3，输入继电器常开触点 I0.2 置 1。

　　❺₁控制输出继电器 Q0.2 的常开触点 I0.2 闭合。

　　❺₂控制输出继电器 Q0.0 的常开触点 I0.2 闭合。

❺₁→❻输出继电器 Q0.2 线圈得电。

　　　❻₁接触器 KM3 线圈得电，带动主触点闭合。

　　　❻₂自锁常开触点 Q0.2 闭合，实现自锁功能。

　　　❻₃控制输出继电器 Q0.0 的常开触点 Q0.2 闭合。

　　　❻₄控制输出继电器 Q0.0 的常闭触点 Q0.2 断开。

　　　❻₅控制输出继电器 Q0.1 的常开触点 Q0.2 闭合。

　　　❻₆控制输出继电器 Q0.1 制动线路中的常闭触点 Q0.2 断开。

❺₁→❼定时器 T37 线圈得电，开始 5s 计时。计时时间到，定时器延时闭合常开触点 T37 闭合。

❺₂+❻₃→❽输出继电器 Q0.0 线圈得电。

　　　❽₁接触器 KM1 线圈得电吸合。

　　　❽₂自锁常开触点 Q0.0 闭合，实现自锁功能。

　　　❽₃控制输出继电器 Q0.1 的常闭触点 Q0.0 断开，实现互锁，防止 Q0.1 得电。

❻₁+❽₁→❾主轴电动机 M1 短接电阻器 R 正转启动。

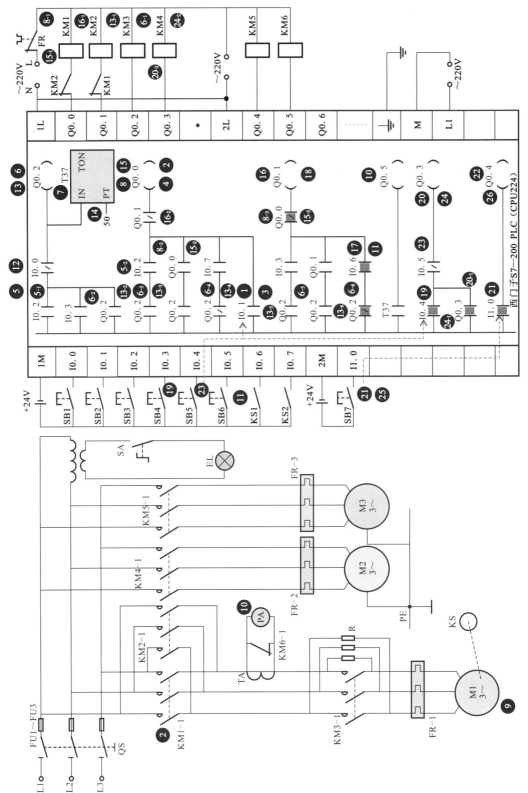

图12-31　由西门子 S7-200 PLC 控制的 C650 型卧式车床控制线路的控制过程

⑦→⑩ 输出继电器 Q0.5 线圈得电，接触器 KM6 线圈得电吸合，带动主电路中常闭触点断开，电流表 PA 投入使用。

主轴电动机 M1 反转启动运行的控制过程与上述过程大致相同。

⑪ 主轴电动机 M1 正转启动，当转速上升至 130r/min 以上时，速度继电器正转触点 KS1 闭合，输入继电器常开触点 I0.6 置 1，即常开触点 I0.6 闭合。

⑫ 按下停止按钮 SB1，输入继电器常闭触点 I0.0 置 0，即常闭触点 I0.0 断开。

⑫→⑬ 输出继电器 Q0.2 线圈失电。

⑬₁ 接触器 KM3 线圈失电释放。

⑬₂ 自锁常开触点 Q0.2 复位断开，解除自锁。

⑬₃ 控制输出继电器 Q0.0 中的常开触点 Q0.2 复位断开。

⑬₄ 控制输出继电器 Q0.0 制动线路中的常闭触点 Q0.2 复位闭合。

⑬₅ 控制输出继电器 Q0.1 中的常开触点 Q0.2 复位断开。

⑬₆ 控制输出继电器 Q0.1 制动线路中的常闭触点 Q0.2 复位闭合。

⑫→⑭ 定时器线圈 T37 失电。

⑬₃→⑮ 输出继电器 Q0.0 线圈失电。

⑮₁ 接触器 KM1 线圈失电释放，带动主电路中常开触点复位断开。

⑮₂ 自锁常开触点 Q0.0 复位断开，解除自锁。

⑮₃ 控制输出继电器 Q0.1 的互锁常闭触点 Q0.0 闭合。

⑪+⑬₅+⑮₃→⑯ 输出继电器 Q0.1 线圈得电。

⑯₁ 控制接触器 KM2 线圈得电，主轴电动机 M1 串联电阻器 R 反接启动。

⑯₂ 控制输出继电器 Q0.0 的互锁常闭触点 Q0.1 断开，防止 Q0.0 得电。

⑯→⑰ 当主轴电动机 M1 的转速下降至 130 r/min 以下时，速度继电器正转触点 KS1 断开，输入继电器常开触点 I0.6 复位置 0，即常开触点 I0.6 断开。

⑰→⑱ 输出继电器 Q0.1 线圈失电，接触器 KM2 线圈失电释放，M1 停转，反接制动结束。

⑲ 按下冷却泵电动机启动按钮 SB5，输入继电器常开触点 I0.4 置 1，即常开触点 I0.4 闭合。

⑲→⑳ 输出继电器线圈 Q0.3 得电。

⑳₁ 自锁常开触点 Q0.3 闭合，实现自锁功能。

⑳₂ 接触器 KM4 线圈得电吸合，带动主电路中主触点闭合，冷却泵电动机 M2 启动，提供冷却液。

㉑ 按下刀架快速移动点动按钮 SB7，输入继电器常开触点 I1.0 置 1，即常开触点 I1.0 闭合。

㉑→㉒ 输出继电器线圈 Q0.4 得电，接触器 KM5 线圈得电吸合，带动主电路中主触点闭合，快速移动电动机 M3 启动，带动刀架快速移动。

㉓ 按下冷却泵电动机停止按钮 SB6，输入继电器常闭触点 I0.5 置 0，即常闭触点 I0.5 断开。

㉓→㉔ 输出继电器线圈 Q0.3 失电。

㉔₁ 自锁常开触点 Q0.3 复位断开，解除自锁。

㉔₂ 接触器 KM4 线圈失电释放，带动主电路中主触点断开，冷却泵电动机 M2 停转。

㉕ 松开刀架快速移动点动按钮 SB7，输入继电器常闭触点 I1.0 置 0，即常闭触点 I1.0 断开。

㉕→㉖ 输出继电器线圈 Q0.4 失电，接触器 KM5 线圈失电释放，主电路中主触点断开，快速移动电动机 M3 停转。

第13章
PLC的安装、调试与维护

13.1 PLC 的安装

13.1.1 PLC 的安装要求

PLC 属于新型自动化控制装置，为了保证 PLC 系统的稳定性，安装和接线均有一定的要求。

1. PLC 的安装环境要求

PLC 的安装环境应符合 PLC 的基本工作要求，如温度、湿度、振动及周边设备等，见表 13-1。

表 13-1　PLC 的安装环境要求

安装环境	要　求
温度	环境温度不得超过PLC允许的温度范围，通常，PLC允许的环境温度范围为0～55℃，当温度过高或过低时，均会导致PLC内部的元器件工作失常
湿度	环境湿度范围为35%～85%，当湿度太高时，会使PLC内部元器件的导电性增强，导致元器件击穿损坏的故障
振动	不能安装在振动比较频繁的环境中（振动频率为10～55 Hz，幅度为0.5 mm），若振动过大，则会导致PLC内部的固定螺钉或元器件脱落、焊点虚焊
周边设备	应确保PLC远离600V高压电缆、高压设备及大功率设备
其他环境	应避免安装在有大量灰尘或导电灰尘、腐蚀或可燃性气体、潮湿或淋雨、过热等环境中

PLC 一般安装在专门的控制柜内，如图 13-1 所示，可防止灰尘、油污、水滴等进入 PLC 内部。

图 13-1　PLC 控制柜

2. PLC 的安装原则

PLC 的安装原则如图 13-2 所示。

安装 PLC 时，应在断电的情况下进行操作，同时为了防止人体静电对 PLC 的影响，在操作前应先借助防静电设备或用手接触金属物体将人体的静电释放

PLC 若要正常工作，最重要的一点就是要保证供电线路正常。在一般情况下，PLC 的供电电源为交流 220V/50Hz，三菱 FX 系列的 PLC 有一路 24V 的直流输出引线用来连接光电开关、接近开关等传感器件

在电源突然断电的情况下，PLC 的工作应在 10ms 内不受影响，以免电源的突然波动影响 PLC 的工作。在电源突然断电时间大于 10ms 时，PLC 应停止工作

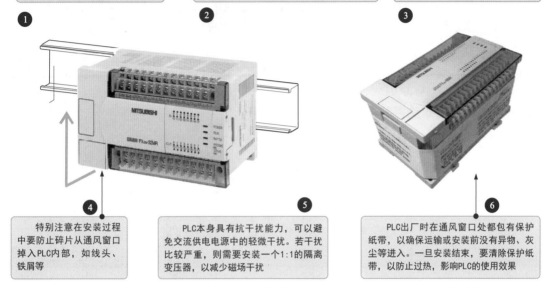

特别注意在安装过程中要防止碎片从通风窗口掉入 PLC 内部，如线头、铁屑等

PLC 本身具有抗干扰能力，可以避免交流供电电源中的轻微干扰。若干扰比较严重，则需要安装一个 1:1 的隔离变压器，以减少磁场干扰

PLC 出厂时在通风窗口处都包有保护纸带，以确保运输或安装前没有异物、灰尘等进入。一旦安装结束，要清除保护纸带，以防止过热，影响 PLC 的使用效果

图 13-2　PLC 的安装原则

3. PLC 的接地要求

有效的接地可以避免脉冲信号的冲击干扰，因此在安装 PLC 时应保证良好的接地，如图 13-3 所示。

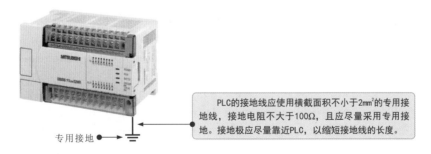

专用接地

PLC 的接地线应使用横截面积不小于 2mm² 的专用接地线，接地电阻不大于 100Ω，且应尽量采用专用接地。接地极应尽量靠近 PLC，以缩短接地线的长度。

图 13-3　PLC 的接地要求

资料与提示

若无法采用专用接地，则将 PLC 的接地极与其他设备的接地极连接，构成共用接地，如图 13-4 所示，严禁将 PLC 的接地线与其他设备的接地线连接，而采用共用接地线的方法接地。

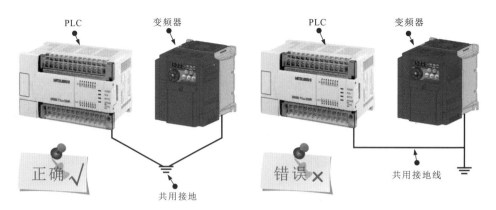

图 13-4 PLC 接地的注意事项

☀ 4. PLC 输入端的接线要求

PLC 的输入端常与外部传感器连接。PLC 输入端的接线要求见表 13-2。

表 13-2　PLC 输入端的接线要求

项　目	要　求
接线长度	输入端的连接线不能太长，应在30m以内，若连接线过长，则控制能力会下降，影响控制信号输入的精度
避免干扰	输入端连接线和输出端连接线不能使用同一根多芯电缆，以免引起干扰或因连接线绝缘层损坏造成短路故障

☀ 5. PLC 输出端的接线要求

PLC 的输出端用来连接控制设备，如继电器、接触器、电磁阀、变频器、指示灯等。PLC 输出端的接线要求见表 13-3。

表 13-3　PLC 输出端的接线要求

项　目	要　求
外部设备	若PLC的输出端连接继电器，则应尽量选用工作寿命（内部开关动作次数）比较长的继电器，以免电感性负载影响继电器的工作寿命
输出端子及电源接线	应将独立输出和公共输出分组连接。不同的组采用不同类型和电压输出等级的输出电源；同一组只能选择同类型、同电压等级的输出电源
输出端保护	输出端应安装熔断器进行保护，由于PLC输出端的元器件安装在印制电路板上，并使用连接线连接到端子板，若因错接而将输出端短路，则会烧毁印制电路板。安装熔断器后，若出现短路故障，则熔断器可快速熔断，保护印制电路板
防干扰	PLC的输出负载可能产生噪声干扰，要采取措施加以控制
安全	除了在PLC中设置控制程序防止对用户造成伤害，还应在外部设计紧急停止工作电路，在PLC出现故障后，能够手动或自动切断电源，防止发生危险
电源输出引线	直流输出引线和交流输出引线不应使用同一个电缆，且要尽量远离高压线和动力线，避免并行或干扰

※ 6. PLC 供电电源的接线要求

供电电源是 PLC 正常工作的基本条件，必须严格按照要求连接，确保 PLC 稳定可靠。PLC 供电电源的接线要求见表 13-4。

表 13-4　PLC 供电电源的接线要求

项　目	要　求
电源输入端	●交流输入时，相线必须接在L端，零线必须接在N端 ●直流输入时，必须注意接点的极性（+、−） ●电源电缆绝不能接在PLC的其他端子上 ●电源电缆的截面积不小于2mm² ●维修时，要有可靠的方法使PLC与高压电源完全隔离 ●在急停状态下，需要通过外部电路切断PLC的基本单元和其他配置单元的输入电源
电源公共端	●如果从PLC主机到功能性扩展模块都使用电源公共端，则应连接0V端子，不应连接24V端子 ●PLC主机的24V端子不能接外部电源

※ 7. PLC 扩展模块的连接要求

当整体式 PLC 不能满足系统要求时，可采用连接扩展模块的方式扩展功能，在将 PLC 主机与扩展模块连接时也有一定的要求，以三菱 FX₂N 系列 PLC 的（基本单元）为例。

（1）三菱 FX₂N 系列 PLC 的基本单元与 FX₂N/FX₀N 扩展模块 / 扩展单元 / 特殊功能模块的连接要求

当三菱 FX₂N 系列 PLC 基本单元的右侧与 FX₂N/FX₀N 的扩展单元 / 扩展模块 / 特殊功能模块连接时，可直接通过扁平电缆连接，如图 13-5 所示。

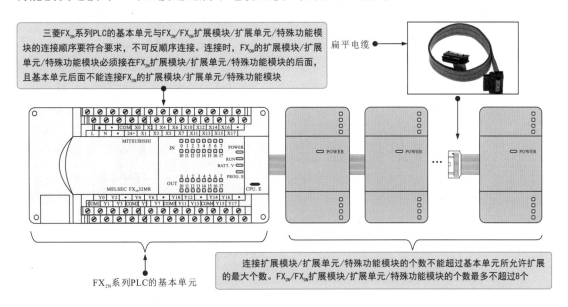

图 13-5　三菱 FX₂N 系列 PLC 的基本单元与 FX₂N/FX₀N 扩展模块 / 扩展单元 / 特殊功能模块的连接

（2）三菱 FX_{2N} 系列 PLC 的基本单元与 FX_1/FX_2 扩展模块 / 扩展单元 / 特殊功能模块的连接要求

当三菱 FX_{2N} 系列 PLC 基本单元的右侧与 FX_1/FX_2 扩展单元 / 扩展模块 / 特殊功能模块连接时，需使用 FX_{2N}-CNV-IF 型转换电缆连接，如图 13-6 所示。

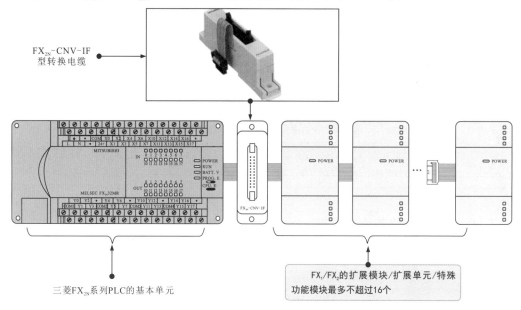

图 13-6　三菱 FX_{2N} 系列 PLC 的基本单元与 FX_1/FX_2 扩展模块 / 扩展单元/特殊功能模块的连接

（3）三菱 FX_{2N} 系列 PLC 的基本单元与 $FX_{2N}/FX_{0N}/FX_1/FX_2$ 扩展模块/扩展单元/特殊功能模块的混合连接要求

当三菱 FX_{2N} 基本单元与 $FX_{2N}/FX_{0N}/FX_1/FX_2$ 扩展模块/扩展单元/特殊功能模块混合连接时，需要将 FX_{2N}/FX_{0N} 的扩展模块/扩展单元/特殊功能模块直接与三菱 FX_{2N} 系列 PLC 的基本单元连接，再使用 FX_{2N}-CNV-IF 型转换电缆连接 FX_1/FX_2 扩展模块 /扩展单元/特殊功能模块，不可反顺序连接，如图 13-7 所示。

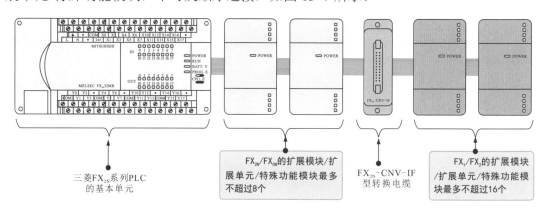

图 13-7　三菱 FX_{2N} 系列 PLC 的基本单元与 $FX_{2N}/FX_{0N}/FX_1/FX_2$ 扩展模块/扩展单元/特殊功能模块的混合连接要求

❖ 13.1.2 PLC 的安装方法

下面以西门子 S7-200 系列 PLC 为例介绍安装方法。

首先根据控制要求和安装环境选择西门子S7-200系列PLC的机型，如图13-8所示。

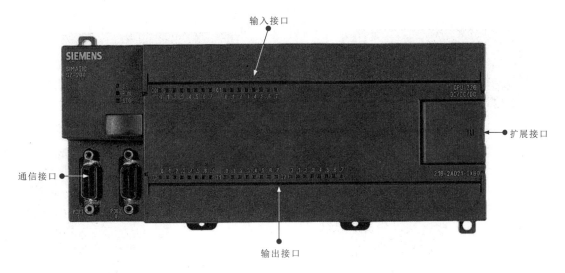

图 13-8 根据控制要求和安装环境选择西门子 S7-200 系列 PLC 的机型

※ 1. 安装并固定 DIN 导轨

根据西门子 S7-200 系列 PLC 的机型选择合适的控制柜，使用螺钉旋具将 DIN 导轨固定在 PLC 控制柜上，如图 13-9 所示。

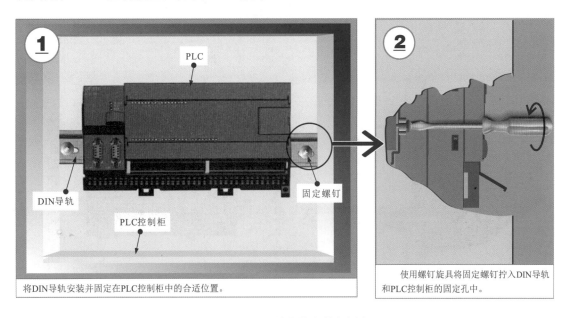

图 13-9 DIN 导轨的安装与固定

☀ 2. 安装并固定 PLC

安装并固定 PLC 如图 13-10 所示。

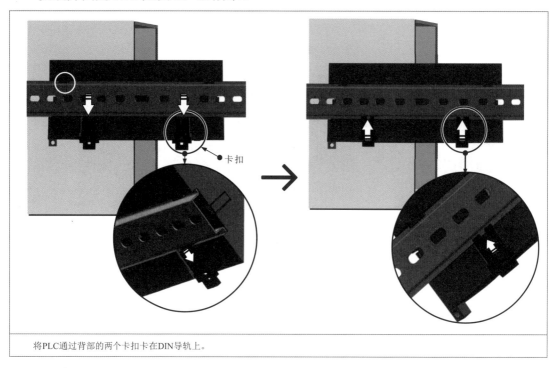

将PLC通过背部的两个卡扣卡在DIN导轨上。

图 13-10 安装并固定 PLC

☀ 3. 撬开端子排护罩

PLC 与输入、输出设备分别通过输入、输出接口端子排连接，在安装前，首先将输入、输出接口端子排撬开，如图 13-11 所示。

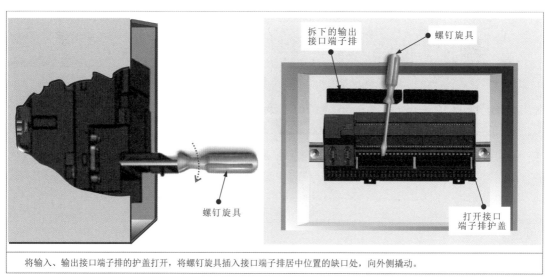

将输入、输出接口端子排的护盖打开，将螺钉旋具插入接口端子排居中位置的缺口处，向外侧撬动。

图 13-11 撬开输入、输出接口端子排

※ **4. 输入 / 输出端子接线**

PLC 的输入端常与输入设备（控制按钮、过热保护继电器等）连接，输出端常与输出设备（接触器、继电器、晶体管、变频器等）连接。

图 13-12 为西门子 S7-200 PLC（CPU222）控制系统的 I/O 分配。

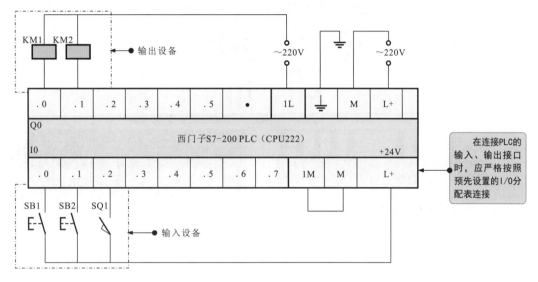

图 13-12　西门子 S7-200 PLC（CPU222）控制系统的 I/O 分配

图 13-13 为西门子 S7-200 PLC（CPU222）输入 / 输出端子的接线。

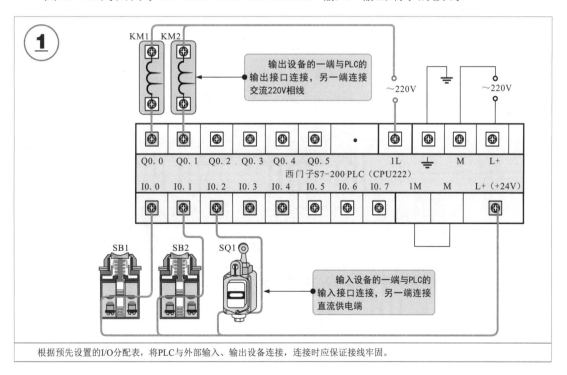

图 13-13　西门子 S7-200 PLC（CPU222）输入 / 输出端子的接线

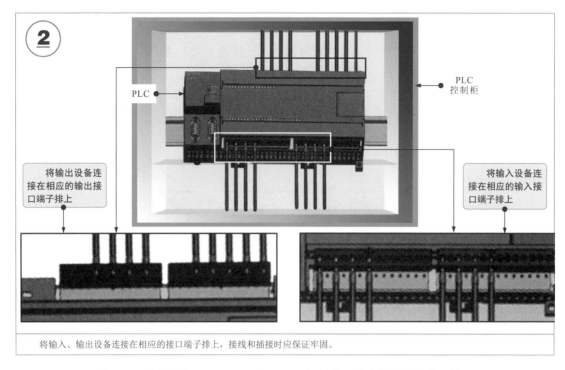

将输入、输出设备连接在相应的接口端子排上，接线和插接时应保证牢固。

图 13-13 西门子 S7-200 PLC（CPU222）输入 / 输出端子的接线（续）

※ 5. PLC 扩展接口的连接

当 PLC 需要连接扩展模块时，应先将扩展模块安装在 PLC 控制柜内，然后将扩展模块数据线的连接端插接在 PLC 扩展接口上。图 13-14 为 PLC 扩展接口的连接。

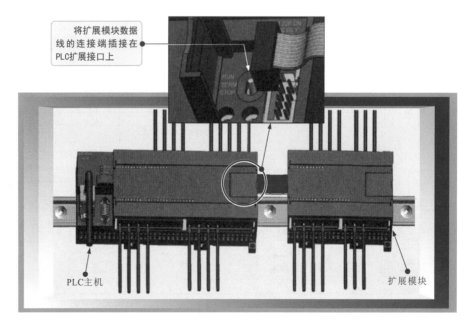

图 13-14 PLC 扩展接口的连接

13.2 PLC 的调试与维护

13.2.1 PLC 的调试

为了保障 PLC 能够正常运行，在安装接线完毕后，并不能立即投入使用，还要对 PLC 进行调试，以免因连接不良、连接错误、设备损坏等造成短路、断路或元器件损坏等故障。

（1）初始检查

首先在断电状态下，对线路的连接、工作条件进行初始检查，见表 13-5。

表 13-5 对 PLC 的初始检查

项 目	具 体 内 容
线路连接	根据 I/O 分配表逐段确认接线有无漏接、错接，连接线的接点是否符合工艺标准。若无异常，则可使用万用表检测线路有无短路、断路及接地不良等现象。若出现连接故障，则应及时调整
电源电压	在通电前，应检查供电电源与预先设计的供电电源是否一致，可合上电源总开关进行检测
PLC程序	将 PLC 程序、触摸屏程序、显示文本程序等输入到相应的系统内，若系统出现报警情况，则应对接线、参数、外部条件及程序等进行检查，并对产生报警的部位进行重新连接或调整
局部调试	了解设备的工艺流程后，进行手动空载调试，检查手动控制的输出点是否有相应的输出；若有问题，应立即解决；若正常，再进行手动带负载调试，并记录电流、电压等参数
上电调试	完成局部调试后，接通 PLC 供电电源，检查电源指示灯、运行状态是否正常。若正常，可连机试运行，观察系统工作是否稳定。若均正常，则可投入使用

（2）通电调试

完成初始检查后，可接通 PLC 供电电源进行通电调试，明确工作状态，为最后正常投入工作做好准备，如图 13-15 所示。

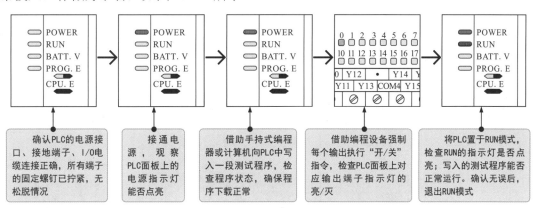

图 13-15 PLC 的通电调试

在通电调试时，不要碰触可能造成人身伤害的部位，调试中的常见错误如下：

◇ I/O 线路上某些点的继电器接触点接触不良；外部所使用的 I/O 设备超出规定的工作范围。

◇ 输入信号的发生时间过短，小于程序的扫描周期；DC 24V 电源过载。

❖ 13.2.2 PLC 的维护

在 PLC 投入使用后，由于工作环境的影响，可能会造成 PLC 出现故障，因此需要对 PLC 进行日常维护，确保 PLC 安全、可靠地运行。

（1）日常维护

PLC 的日常维护包括供电条件、工作环境、元器件使用寿命的检查等，见表 13-6。

表 13-6　PLC 的日常维护

项目	具体内容
电源	检测电源电压是否为额定值，有无频繁波动的现象；电源电压必须在额定范围内，波动不能大于10 %。若有异常，应检查供电线路
输入、输出电源	检查输入、输出端子处的电源电压是否在规定的标准范围内，若有异常，应进行检查
工作环境	检查工作环境的温度、湿度是否在允许范围内（温度为0~55℃，湿度为35%~85 %）。若超过允许范围，则应降低或升高温度、加湿或除湿操作。工作环境不能有大量的灰尘、污物。若有，应进行清理。检查面板内部温度有无过高的情况
安装	检查PLC各单元的连接是否良好；连接线有无松动、断裂及破损等现象；控制柜的密封性是否良好；散热窗（空气过滤器）是否良好，有无堵塞情况
元器件的使用寿命	对于一些有使用寿命的元器件，如锂电池、输出继电器等应进行定期检查，保证锂电池的电压在额定范围内，输出继电器的使用寿命在允许范围内（电气使用寿命在30万次以下，机械使用寿命在1000万次以下）

（2）更换锂电池

若 PLC 内的锂电池达到使用寿命（一般为 5 年）或电压下降到一定程度时，应进行更换，如图 13-16 所示。

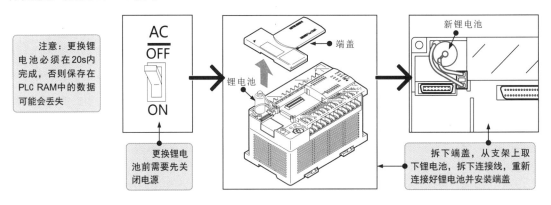

图 13-16　更换锂电池

第14章

变频器与变频技术

14.1 变频器的种类和应用

变频器（VFD 或 VVVF）是一种利用逆变电路将工频电源变为频率和电压可变的变频电源，进而对电动机进行调速的电气装置。

14.1.1 变频器的种类特点

变频器的种类很多，分类方式多种多样，可根据需求按用途、变换方式、电源性质、调压方法、变频控制等多种方式分类。

1. 按用途分类

变频器按用途可分为通用变频器和专用变频器两大类，如图 14-1 所示。

三菱D700型通用变频器

安川J1000型通用变频器

西门子MM420型通用变频器

西门子MM430型
水泵风机专用变频器

风机专用变频器

恒压供水（水泵）
专用变频器

NVF1G-JR系列
卷绕专用变频器

LB-60GX系列线
切割专用变频器

电梯专用变频器

图 14-1　变频器按用途分类

资料与提示

通用变频器是在很多方面具有很强通用性的变频器。该类变频器简化了系统功能，主要以节能为主要目的，多为中小容量的变频器，一般应用在水泵、风扇、鼓风机等对系统调速性能要求不高的场合。

专用变频器是专门针对某一方面或某一领域而设计研发的变频器，针对性较强，具有独有的功能和优势，能够更好地发挥变频调速作用，通用性较差。

目前，较常见的专用变频器主要有风机类专用变频器、恒压供水（水泵）专用变频器、机床专用变频器、重载专用变频器、注塑机专用变频器、纺织专用变频器、电梯专用变频器等。

2. 按变换方式分类

变频器按变换方式主要分为交-直-交变频器和交-交变频器，如图 14-2 所示。

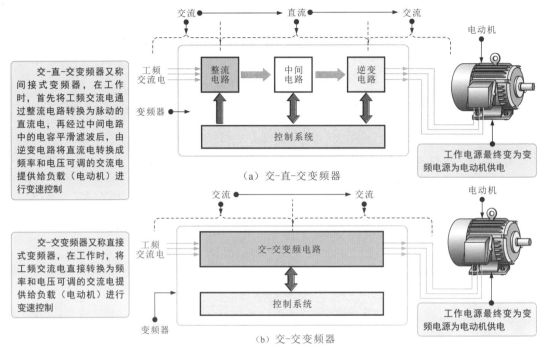

交-直-交变频器又称间接式变频器，在工作时，首先将工频交流电通过整流电路转换为脉动的直流电，再经过中间电路中的电容平滑滤波后，由逆变电路将直流电转换成频率和电压可调的交流电提供给负载（电动机）进行变速控制

（a）交-直-交变频器

交-交变频器又称直接式变频器，在工作时，将工频交流电直接转换为频率和电压可调的交流电提供给负载（电动机）进行变速控制

（b）交-交变频器

图 14-2　变频器按变换方式分类

3. 根据电源性质分类

变频器按电源性质可分为电压型变频器和电流型变频器，如图 14-3 所示。

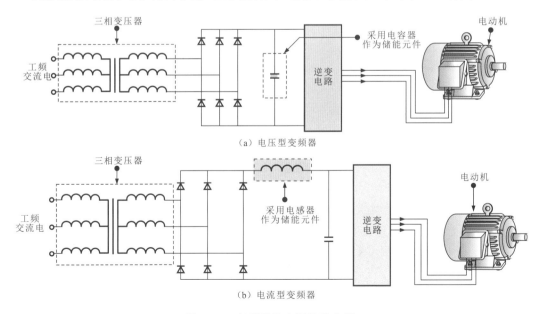

（a）电压型变频器

（b）电流型变频器

图 14-3　变频器按电源性质分类

电压型变频器的特点是中间电路采用电容器作为储能元件缓冲负载的无功功率，直流电压比较平稳，常用于负载变化较大的场合。

电流型变频器的特点是中间电路采用电感器作为储能元件缓冲负载的无功功率，即扼制电流的变化，常用于负载电流变化较大的场合，适用于需要回馈制动和经常正／反转的生产机械。

电压型变频器与电流型变频器不仅在电路结构上不同，性能及使用范围也有所差别。图 14-4 为两种类型变频器的比较。

类　型	电压型变频器	电流型变频器
储能元件	电容器	电感器
波形的特点	电压波形为矩形波 矩形波电压 电压波形近似为正弦波 基波电流＋高次谐波电流	电流波形近似为正弦波 基波电压＋换流浪涌电压 电流波形为矩形波 矩形波电流
回路构成	①有反馈二极管； ②直流电源并联大容量电容（低阻抗电压源）； ③电动机四象限运转需要使用变流器	①无反馈二极管； ②直流电源串联大电感量电感（高阻抗电流源）； ③电动机四象限运转容易
特性	①负载短路时产生过电流； ②变频器转矩反应较慢； ③输入功率因数高	①负载短路时能抑制过电流； ②变频器转矩反应快； ③输入功率因数低
使用场合	电压型变频器属于恒压源，电压控制响应慢，不易波动，适合用作多台电动机同步运行时的供电电源，或应用在单台电动机调速但不要求快速启、制动和快速减速的场合	不适用于多台电动机传动，但可以满足快速启、制动和可逆运行的要求

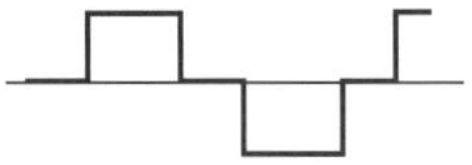

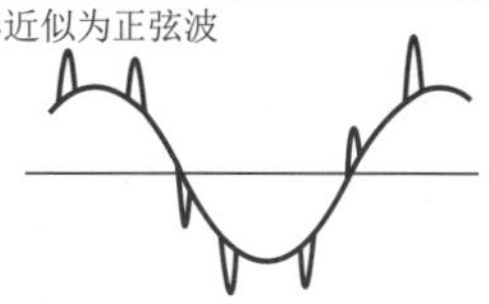

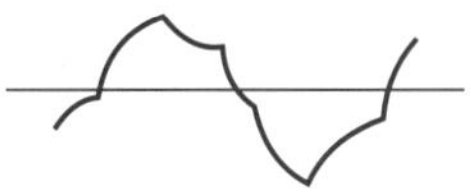

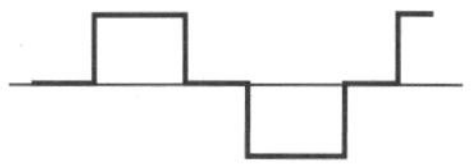

图 14-4　电压型变频器与电流型变频器的比较

除上述几种分类方式外，变频器按变频控制可分为压／频（U/f）控制变频器、转差频率控制变频器、矢量控制变频器、直接转矩控制变频器等。

变频器按调压方法可分为 PAM 变频器和 PWM 变频器。PAM(Pulse Amplitude Modulation,脉冲幅度调制)变频器可按照一定的规律对脉冲列的脉冲幅度进行调制。脉冲幅度受微处理器的控制。PWM（Pulse Width Modulation, 脉冲宽度调制）变频器可按照一定的规律对脉冲列的脉冲宽度进行调制。脉冲宽度受微处理器的控制。

变频器按输入电流的相数分为三进三出、单进三出变频器。三进三出变频器的输入侧和输出侧都由三相交流电供电。单进三出变频器的输入侧由单相交流电供电，输出侧由三相交流电供电。

❖ 14.1.2 变频器的功能应用

图 14-5 为变频器的功能原理。由图可知，变频器可将频率恒定的交流电源转换为频率可变的交流电源，实现对电动机转速的控制。

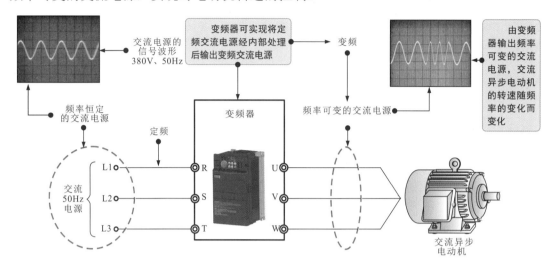

图 14-5 变频器的功能原理

❈ 1. 变频器的功能

变频器是一种集启 / 停控制、变频调速、显示及按键设置功能、保护功能于一体的控制装置，主要用在需要调整转速的设备中。

（1）变频器具有启 / 停控制功能

变频器接收到启动和停止指令后，可根据预先设定的启动和停止方式控制电动机的启动和停止，主要的控制功能包含软启动控制、加 / 减速控制、停机控制及制动控制等。

①变频器具有软启动功能，可实现被控制电动机的启动电流从零开始，最大值不超过额定电流的 150%，减轻对电网的冲击和对供电容量的要求，如图 14-6 所示。

②在使用变频器控制电动机时，变频器输出的频率和电压可从低频低压加速至额定频率和额定电压，或从额定频率和额定电压减速至低频低压，如图 14-7 所示。

③变频器经常使用的制动方式有两种，即直流制动及外接制动电阻和制动单元，用来满足不同用户的需要。

a. 直流制动。变频器的直流制动是当电动机的工作频率下降到一定数值时，变频器向电动机的绕组送入直流电压，使电动机迅速停止转动。在直流制动中，用户需对变频器的直流制动电压、直流制动时间及直流制动起始频率等参数进行设置。

b. 外接制动电阻和制动单元。当变频器输出频率下降过快时，电动机将产生回馈制动电流，使直流电压上升，损坏变频器，此时在回馈电路中加入制动电阻和制动单元，可将回馈制动电流消耗掉，从而保护变频器并实现制动。

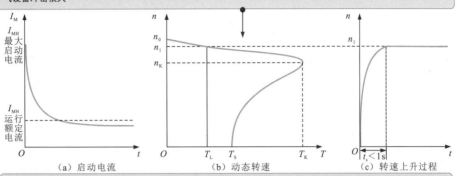

> 传统继电器控制电动机的控制电路采用硬启动方式，电源经开关直接为电动机供电。由于电动机处于停机状态，因此为了克服电动机转子的惯性，绕组中的电流很大，在大电流的作用下，电动机的转速迅速上升，在短时间（小于1s）达到额定转速，在转速为n_s时转矩最大，转速不可调，启动电流约为运行电流的6～7倍，对电气设备冲击很大

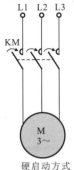

交流50Hz电源

硬启动方式

（a）启动电流　　　（b）动态转速　　　（c）转速上升过程

> 在变频器启动方式下，由于采用的是减压和降频的启动方式，因此电动机的启动过程为线性上升过程，启动电流只有额定电流的1.2～1.5倍，对电气设备几乎无冲击。电动机进入运行状态后，会随负载的变化改变频率和电压，转矩随之变化，可达到节省能源的最佳效果，是变频器驱动方式的优势

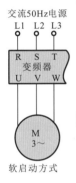

交流50Hz电源

软启动方式

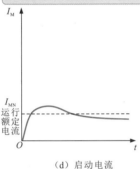

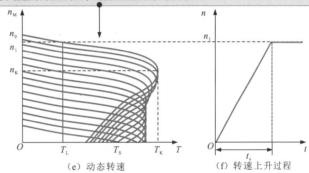

（d）启动电流　　　（e）动态转速　　　（f）转速上升过程

图 14-6　变频器的软启动功能

【直线加/减速】

设定值0

频率

直线加/减速是指频率与时间按一定的比例变化，在变频器运行模式下，当改变频率时，为了不使电动机突然加/减速，可将输出频率按线性变化，直至达到设定的频率。

【S曲线加/减速A】

设定值1

频率

S曲线加/减速A用于需要在基准频率以上的高速范围内短时间加/减速的场合。

【S曲线加/减速B】

设定值2

频率

S曲线加/减速B从f_2（当前频率）到f_1（目标频率）提供一个S形的加/减速曲线，具有缓和加/减速时的振动效果，可防止负载冲击力过大，如用皮带传送的运输类设备中，可避免货物在传送过程振动。

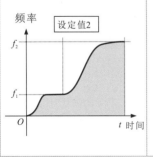

【齿隙补偿】

设定值3

频率

齿隙是电动机在切换运转方向时或从定速运转转换为减速运转时，驱动齿轮所产生的齿隙。

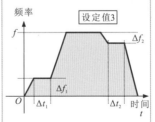

图 14-7　变频器的加/减速控制功能

（2）变频器具有调速控制功能

在变频器控制线路中，变频器可将工频电源通过一系列的转换变为频率可变的供电电压，对电动机进行调速。目前，变频器的调速控制主要有压/频（U/f）控制方式、转差频率控制方式、矢量控制方式和直接转矩控制方式，如图14-8所示。

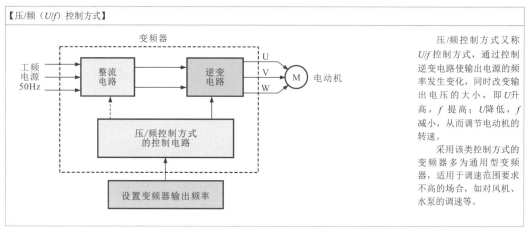

【压/频（U/f）控制方式】

压/频控制方式又称U/f控制方式，通过控制逆变电路使输出电源的频率发生变化，同时改变输出电压的大小，即U升高，f提高；U降低，f减小，从而调节电动机的转速。

采用该类控制方式的变频器多为通用型变频器，适用于调速范围要求不高的场合，如对风机、水泵的调速等。

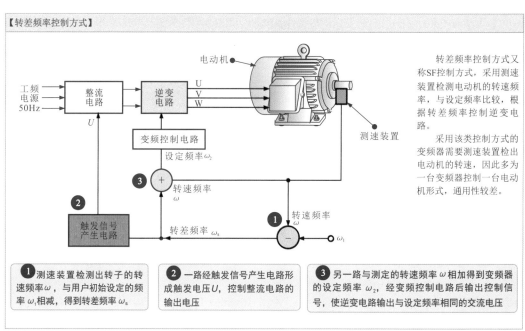

【转差频率控制方式】

转差频率控制方式又称SF控制方式，采用测速装置检测电动机的转速频率，与设定频率比较，根据转差频率控制逆变电路。

采用该类控制方式的变频器需要测速装置检出电动机的转速，因此多为一台变频器控制一台电动机形式，通用性较差。

❶ 测速装置检测出转子的转速频率ω，与用户初始设定的频率ω_1相减，得到转差频率ω_s。

❷ 一路经触发信号产生电路形成触发电压U，控制整流电路的输出电压

❸ 另一路与测定的转速频率ω相加得到变频器的设定频率ω_2，经变频控制电路后输出控制信号，使逆变电路输出与设定频率相同的交流电压

【矢量控制方式】

矢量控制方式是一种仿照直流电动机的控制特点，将异步电动机的定子电流在理论上分成两部分，即产生磁场的电流分量（磁场电流）和产生转矩的电流分量（转矩电流），并分别加以控制。

该类方式的变频器具有低频转矩大、响应快、机械特性好、控制精度高等特点。

【直接转矩控制方式】

直接转矩控制方式又称DTC控制，是目前最先进的交流异步电动机控制方式，可将转矩直接作为被控制量进行变频控制。

目前，该类方式多用于一些大型的变频器中，如重载、起重、电力牵引、惯性较大的驱动系统及电梯等设备中。

图14-8 变频器的调速控制功能

（3）变频器具有显示及按键设置功能

用户可通过变频器前面板上的显示屏及操作按键设定各项参数，并通过显示屏观看设定值、运行状态等信息。

（4）变频器具有安全保护功能

变频器内部设有保护电路，可实现对自身及电动机的各种异常保护功能，包括过载保护和防失速保护，如图 14-9 所示。

过载保护
变频器的过载保护包括过流保护和过热保护。过热保护是当变频器所控制的负载因惯性过大而引起电动机堵转时，输出电流将超过额定值而使电动机过热，保护电路动作，电动机停转，防止变频器和电动机损坏。

防失速保护
失速是指当给定的加速时间过短，电动机的加速变化远远跟不上变频器输出频率的变化时，变频器会因电流过大而跳闸，电动机停止运转。 为了防止因失速而影响电动机的正常运转，变频器内部设有防失速保护电路，当加速电流过大时可适当放慢加速速率，当减速电流过大时可适当放慢减速速率，以防出现失速情况。

图 14-9　变频器的安全保护功能

资料与提示

为了便于通信及人机交互，变频器上通常还设有不同的通信接口，可用来与 PLC 和远程操作盘、通信模块、计算机等进行通信。

变频器作为一种新型的电动机控制装置，除上述功能特点外，还具有运转精度高、功率因数可控等特点。

※ 2. 变频器的应用

变频器是一种依托变频技术而开发的新型智能型驱动和控制装置，广泛应用在各种领域，简单来说，只要使用交流电动机，就要应用变频器。

图 14-10 为变频器在提高产品质量或生产效率方面的应用。

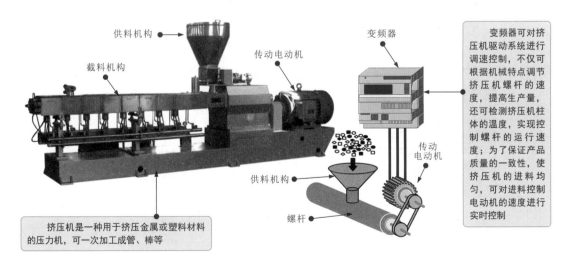

图 14-10　变频器在提高产品质量或生产效率方面的应用

图 14-11 为变频器在节能方面的应用。

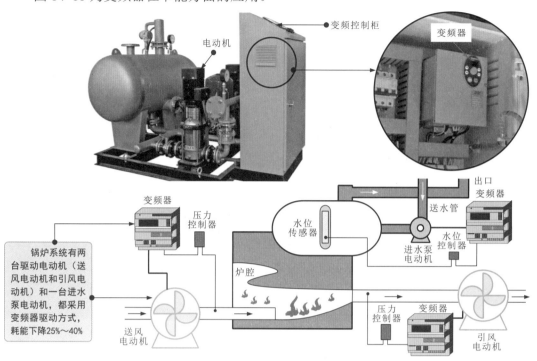

图 14-11　变频器在节能方面的应用

图 14-12 为变频器在民用改善环境中的应用。

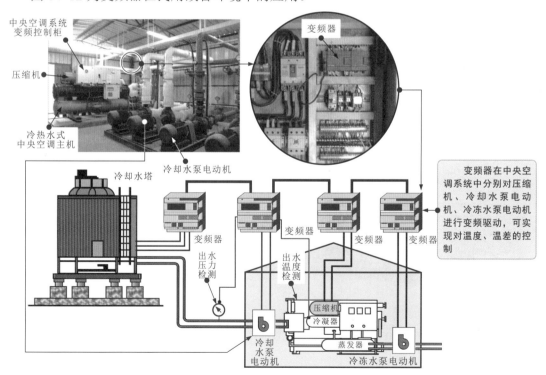

图 14-12　变频器在民用改善环境中的应用

14.2 变频技术在电动机控制系统中的应用

14.2.1 电动机变频控制系统

电动机变频控制系统可由变频控制电路对电动机的启动、运转、变速、制动和停机等进行控制。

1. 电动机变频控制系统的结构

图 14-13 为电动机变频控制系统的结构，主要是由变频控制柜和电动机构成的。

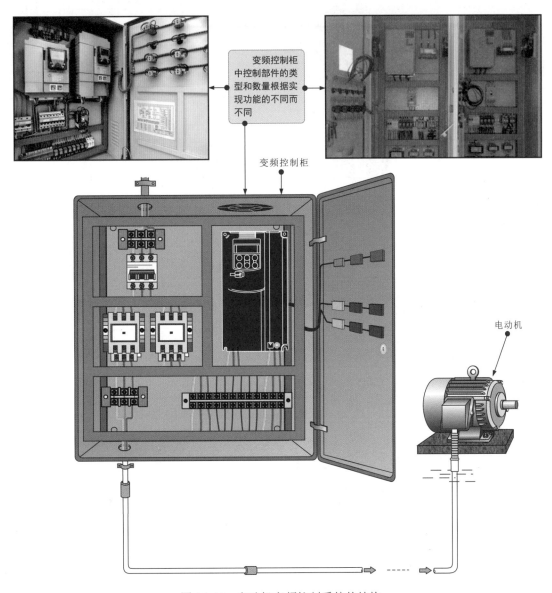

图 14-13　电动机变频控制系统的结构

电动机变频控制系统的连接关系如图 14-14 所示。

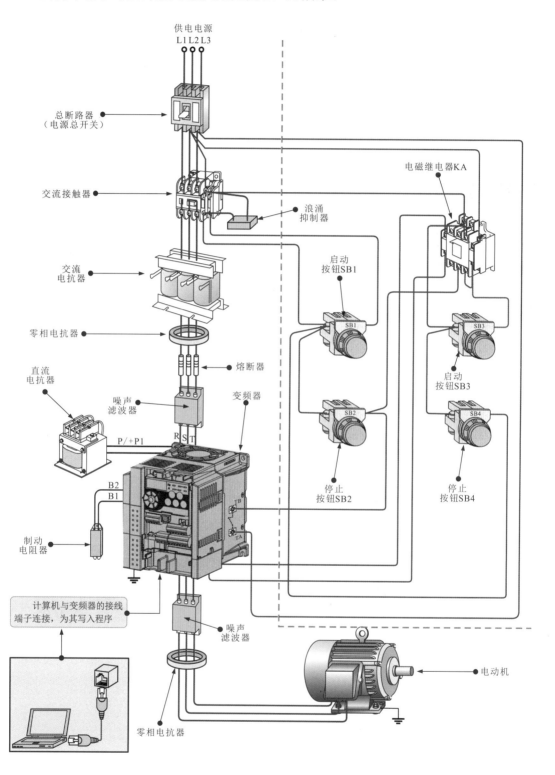

图 14-14　电动机变频控制系统的连接关系

※ **2. 电动机变频控制系统的控制过程**

在通常情况下，根据电动机连接负载的控制特性不同，电动机变频控制系统中的变频器主要有开环控制和闭环控制两种方式，如图 14-15 所示。

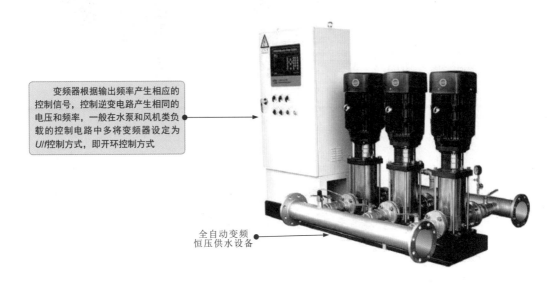

变频器根据输出频率产生相应的控制信号，控制逆变电路产生相同的电压和频率，一般在水泵和风机类负载的控制电路中多将变频器设定为 U/f 控制方式，即开环控制方式

全自动变频恒压供水设备

（a）开环控制方式

变频带式传输机

变频起重机

起重机、提升机、电梯、带式传输机等多采用闭环控制方式。闭环控制方式除通过设置变频器的输出频率，使变频器对电动机进行控制外，还可通过检测电动机的转速调节输出频率

（b）闭环控制方式

图 14-15　在不同负载下变频器的控制方式

三相交流电动机点动 / 连续运行变频调速控制线路如图 14-16 所示。

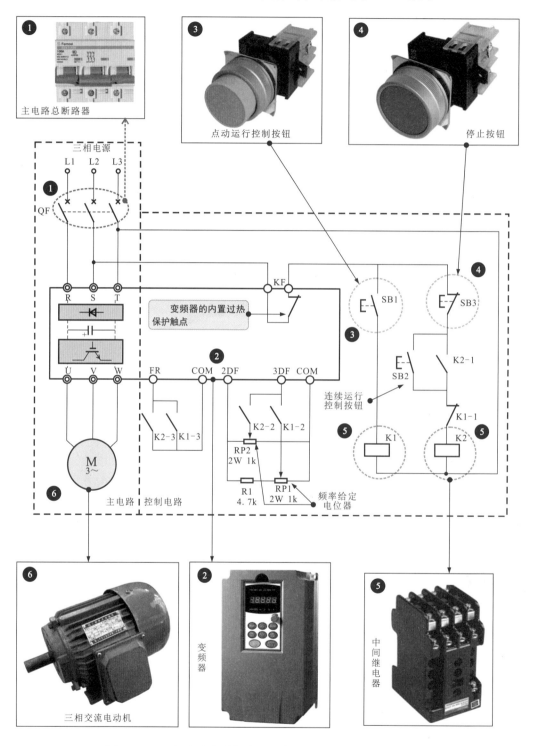

图 14-16　三相交流电动机点动 / 连续运行变频调速控制线路

三相交流电动机点动 / 连续运行变频调速控制线路的控制过程如图 14-17 所示。

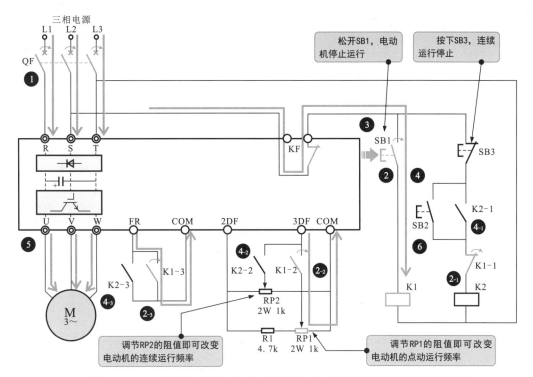

图 14-17　三相交流电动机点动 / 连续运行变频调速控制线路的控制过程

资料与提示

图 14-17 中：

❶合上主电路总断路器 QF，接通三相电源，变频器主电路输入端 R、S、T 得电，控制电路接通电源。

❷当按下点动运行控制按钮 SB1 时，继电器 K1 线圈得电，对应的触头动作。

　❷₁常闭触头 K1-1 断开，实现连锁控制，防止继电器 K2 得电。

　❷₂常开触头 K1-2 闭合，变频器的 3DF 端与频率给定电位器 RP1 及 COM 端构成回路，调节 RP1 的阻值即可获得三相交流电动机点动运行时需要的工作频率。

　❷₃常开触头 K1-3 闭合，变频器的 FR 端经 K1-3 与 COM 端接通，变频器内部主电路开始工作，U、V、W 端输出变频电源，当频率上升至给定数值时，三相交流电动机得电启动运行。

❸松开 SB1，继电器 K1 线圈失电，常闭触头 K1-1 复位闭合，为中间继电器 K2 工作做好准备；常开触头 K1-2 复位断开，变频器的 3DF 端与频率给定电位器 RP1 触点被切断；常开触头 K1-3 复位断开，变频器的 FR 端与 COM 端断开，变频器内部主电路停止工作，三相交流电动机失电停止运行。

❹当按下连续运行控制按钮 SB2 时，中间继电器 K2 线圈得电，对应的触头动作。

　❹₁常开触头 K2-1 闭合，实现自锁功能，当松开 SB2 后，中间继电器 K2 仍保持得电状态。

　❹₂常开触头 K2-2 闭合，变频器的 3DF 端与频率给定电位器 RP2 及 COM 端构成回路，调节 RP2 的阻值即可获得三相交流电动机连续运行时需要的工作频率。

　❹₃常开触头 K2-3 闭合，变频器的 FR 端经 K2-3 与 COM 端接通。

❺变频器主电路开始工作，U、V、W 端输出变频电源，当频率按预置的升速时间上升至给定数值时，三相交流电动机得电启动运行。

❻由于继电器的自锁功能，当松开 SB2 时，电动机继续运行，只有按下停止按钮 SB3 时，继电器 K2 线圈才会失电，常开触头 K2-1 复位断开，解除自锁；常开触头 K2-2 复位断开，变频器的 3DF 端与频率给定电位器 RP2 触点被切断；常开触头 K2-3 复位断开，变频器的 FR 端与 COM 端断开，变频器主电路停止工作，三相交流电动机失电停止运行。

14.2.2 多台电动机正 / 反向运行变频控制线路

图 14-18 为多台电动机正 / 反向运行变频控制线路的结构组成，由一台变频器控制多台电动机的正 / 反向运行，使多台电动机运行在同一频率下，可实现多台电动机的变频启动、运行和停止等功能。

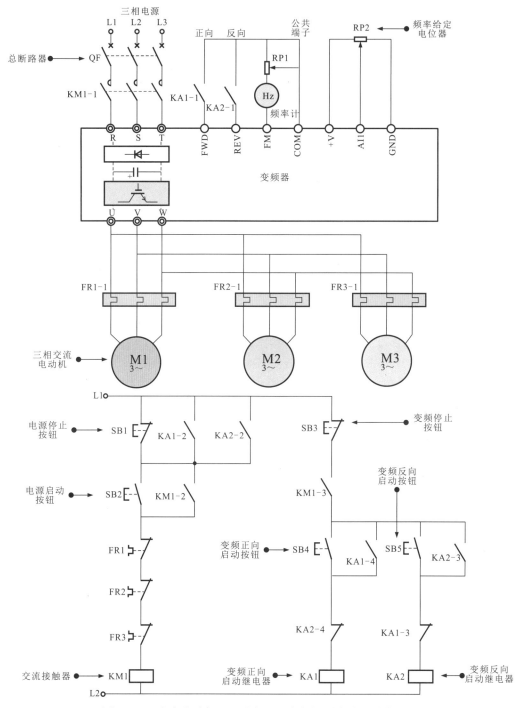

图 14-18 多台电动机正 / 反向运行变频控制线路的结构组成

图 14-19 为多台电动机正 / 反向运行变频控制线路的控制过程。

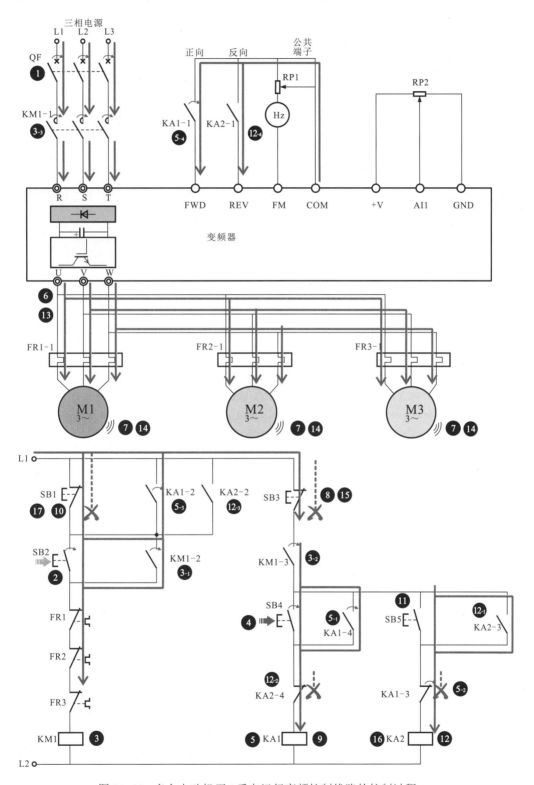

图 14-19　多台电动机正 / 反向运行变频控制线路的控制过程

图 14-19 中：

❶合上总断路器 QF，接通三相电源，控制电路得电。

❷按下电源启动按钮 SB2。

❷→❸交流接触器 KM1 线圈得电。

    ❸₁常开辅助触点 KM1-2 闭合，实现自锁。

    ❸₂常开辅助触点 KM1-3 闭合，为变频正向启动继电器 KA1、变频反向启动继电器 KA2 得电做好准备。

    ❸₃常开主触点 KM1-1 闭合，变频器主电路的输入端 R、S、T 接入三相电源，变频器进入准备工作状态。

❹按下变频正向启动按钮 SB4。

❹→❺变频正向启动继电器 KA1 线圈得电。

    ❺₁常开触点 KA1-4 闭合，实现自锁。

    ❺₂常闭触点 KA1-3 断开，防止变频反向启动继电器 KA2 线圈得电。

    ❺₃常开触点 KA1-2 闭合，锁定电源停止按钮 SB1，防止误操作使变频器在运转状态下突然断电。

    ❺₄常开触点 KA1-1 闭合，变频器的正向启动端子 FWD 与公共端子 COM 短接。

❺→❻变频器收到正向启动运转指令，主电路开始工作，U、V、W 端输出正向变频启动信号，同时加到三台电动机 M1 ～ M3 的三相绕组上。

❼三台电动机同时正向启动运行。

❽若需要电动机停止运行，则按下变频停止按钮 SB3。

❽→❾变频正向启动继电器 KA1 线圈失电，所有触点均复位，变频器再次进入准备工作状态。

❿若长时间不使用该变频控制电路，则可按下电源停止按钮 SB1，切断供电电源。

⓫当需要电动机反向运行时，按下变频反向启动按钮 SB5。

⓬变频反向启动继电器 KA2 线圈得电。

    ⓬₁常开触点 KA2-3 闭合，实现自锁。

    ⓬₂常闭触点 KA2-4 断开，防止变频正向启动继电器 KA1 线圈得电。

    ⓬₃常开触点 KA2-2 闭合，锁定电源停止按钮 SB1。

    ⓬₄常开触点 KA2-1 闭合，变频器的反向启动端子 REV 与公共端子 COM 短接。

⓭变频器收到反向启动运转指令，主电路开始工作，U、V、W 端输出反向变频启动信号，同时加到三台电动机 M1 ～ M3 的三相绕组上。

⓮三台电动机同时反向启动运行。

⓯若需要电动机停止运行，则按下变频停止按钮 SB3。

⓰变频反向启动继电器 KA2 的线圈失电，带动所有触点复位，变频器再次进入准备工作状态。

⓱若长时间不使用该变频控制线路时，则可按下电源停止按钮 SB1，切断供电电源。

❖ 14.2.3 工业拉线机变频控制线路

拉线机属于工业线缆行业的一种常用设备，对收线速度的稳定性要求比较高，采用变频电路可很好地控制前后级线速度的同步，如图 14-20 所示，有效保证出线线径的质量、控制主传动电动机的加 / 减速时间，实现平稳加 / 减速，不仅能避免启动时的负载波动，实现节能效果，还能保证系统的可靠性和稳定性。

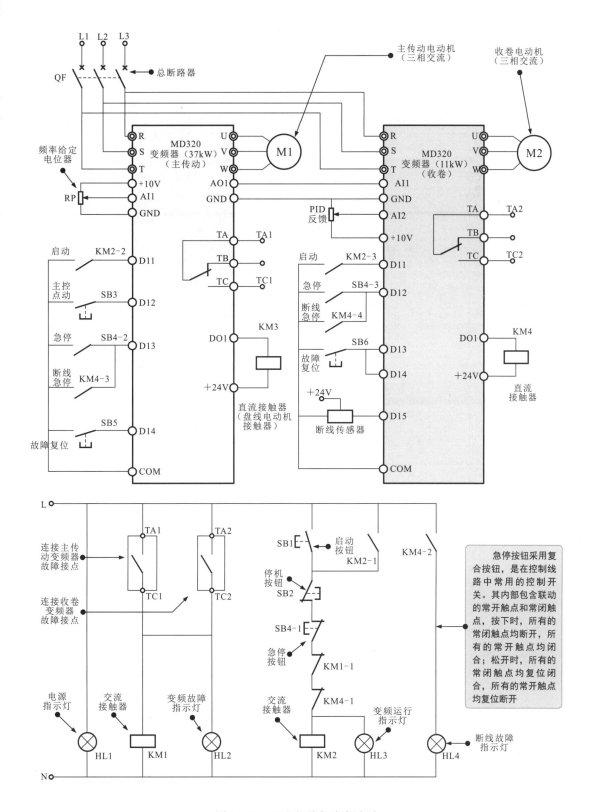

图 14-20 工业拉线机变频电路

结合变频电路中变频器与各电气部件的功能特点，分析典型工业拉线机变频控制电路的工作过程，如图14-21所示。

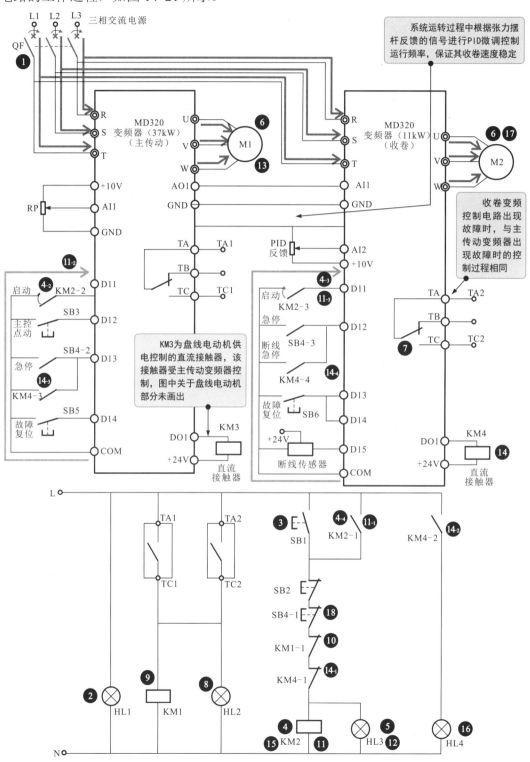

图14-21 工业拉线机变频电路的工作过程

图 14-21 中：

❶合上总断路器 QF，接通三相电源。

❷电源指示灯 HL1 点亮。

❸按下启动按钮 SB1。

❸→❹交流接触器 KM2 线圈得电。

　　　❹₁常开触点 KM2-1 闭合自锁。

　　　❹₂常开触点 KM2-2 闭合，主传动变频器执行启动指令。

　　　❹₃常开触点 KM2-3 闭合，收卷变频器执行启动指令。

❸→❺变频运行指示灯 HL3 点亮。

❹₂ + ❹₃→❻主传动和收卷变频器内部主电路开始工作，U、V、W 端输出变频电源，其频率按预置的升速时间上升至频率给定电位器设定的数值，主传动电动机 M1 和收卷电动机 M2 按照给定的频率正向运转。收卷电动机在运转期间根据张力摆杆的反馈信号进行 PID 微调控制运行频率，保证收卷速度稳定。

❼若主传动变频电路出现过载、过电流等故障，则主传动变频器故障输出端子 TA 和 TC 短接。

❼→❽变频故障指示灯 HL2 点亮。

❼→❾交流接触器 KM1 线圈得电。

❾→❿常闭触点 KM1-1 断开。

❿→⓫交流接触器 KM2 线圈失电。

　　　⓫常开触点 KM2-1 复位断开，解除自锁。

　　　⓫常开触点 KM2-2 复位断开，切断主传动变频器启动指令输入。

　　　⓫常开触点 KM2-3 复位断开，切断收卷变频器启动指令输入。

❿→⓬变频运行指示灯 HL3 熄灭。

⓫₂ + ⓫₃→⓭主传动和收卷变频电路退出运行，主传动电动机和收卷电动机因失电而停止工作，由此实现自动保护功能。

当出现断线故障时，收卷电动机驱动变频器外接的断线传感器将检测到的断线信号送至变频器。

⓮变频器 DO1 端子输出控制指令，直流接触器 KM4 线圈得电。

　　　⓮常闭触点 KM4-1 断开。

　　　⓮常开触点 KM4-2 闭合。

　　　⓮常开触点 KM4-3 闭合，为主传动变频器提供紧急停机指令。

　　　⓮常开触点 KM4-4 闭合，为收卷变频器提供紧急停机指令。

⓮→⓯交流接触器 KM2 线圈失电，触点全部复位，切断变频器启动指令输入。

⓮→⓰断线故障指示灯 HL4 点亮。

⓮₃ + ⓮₄→⓱主传动和收卷变频器执行急停指令，主传动电动机和收卷电动机停转。

⓲按下急停按钮 SB4 可实现紧急停机。常闭触点 SB4-1 断开，交流接触器 KM2 失电，触点全部复位断开，切断主传动变频器和收卷变频器启动指令的输入，常开触点 SB4-2、SB4-3 闭合，分别为主传动和收卷变频器送入急停指令，控制主传动和收卷电动机紧急停机。

第15章
变频器的安装与调试

15.1 变频器的安装与连接

由于变频器的输出功率大、耗能高，需要通风散热，因此在安装时有严格的要求。

15.1.1 变频器的安装

1. 安装环境

变频器由电子元器件组成，对安装环境的温度、湿度、尘埃、油雾、振动等要求较高。

（1）环境温度的要求

图 15-1 为变频器对环境温度的要求和测量位置。

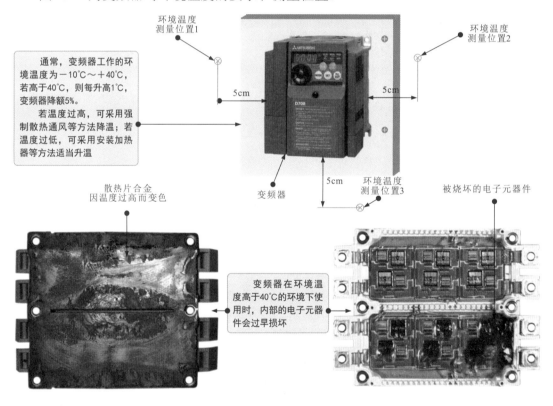

通常，变频器工作的环境温度为－10℃～＋40℃，若高于40℃，则每升高1℃，变频器降额5%。

若温度过高，可采用强制散热通风等方法降温；若温度过低，可采用安装加热器等方法适当升温

环境温度测量位置1

环境温度测量位置2

5cm

5cm

5cm

变频器

环境温度测量位置3

散热片合金因温度过高而变色

被烧坏的电子元器件

变频器在环境温度高于40℃的环境下使用时，内部的电子元器件会过早损坏

图 15-1　变频器对环境温度的要求和测量位置

资料与提示

通常，变频器工作的环境湿度为 45%～90%。

若环境湿度过高，则不仅会降低绝缘性，造成空间绝缘被破坏，而且金属部位容易出现腐蚀现象。若无法满足环境湿度的要求，则可通过在变频器控制柜内放入干燥剂、加热器等方法降低环境湿度。

（2）安装场所的要求

为了确保工作环境的干净整洁及设备的可靠运行，变频器及相关电气部件都安装在控制柜中，如图 15-2 所示。

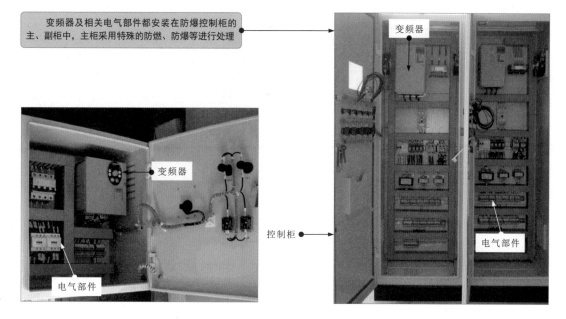

变频器及相关电气部件都安装在防爆控制柜的主、副柜中，主柜采用特殊的防燃、防爆等进行处理

图 15-2　变频器安装场所的要求

资料与提示

变频器不能安装在振动比较频繁的环境中，若振动频繁，则会使固定螺钉松动或电子元器件脱落、焊点虚焊等。通常，变频器安装场所的振动加速度应在 0.6g 以内。

测量振动场所的振幅（A）和频率（f），可根据公式计算振动加速度，即

$$振动加速度（G）= 2\pi f A / 9800$$

变频器应尽量安装在海拔 1000m 以下的环境中，若安装在海拔较高的环境中，则会影响变频器的输出功率（当海拔为 4000m 时，变频器的输出功率仅为 1000m 时的 40%）。

在一般情况下，变频器不能安装在靠近电磁辐射源的环境中。

※ 2. 控制柜的通风

变频器安装在控制柜内时，控制柜必须设置适当的通风口，即在确保变频器工作环境干净整洁的同时，还应保证良好的通风效果，使变频器的工作稳定，如图 15-3 所示。

变频器控制柜的通风方式有自然冷却和强制冷却。自然冷却是通过自然风对变频器进行冷却。目前，常见的采用自然冷却方式的控制柜主要有半封闭式和全封闭式两种。

半封闭式控制柜设有进、出风口，通过进风口和出风口实现自然换气，如图 15-4 所示。这种控制柜的成本低，适用于小容量的变频器。

全封闭式控制柜通过控制柜向外散热，适用在有油雾、尘埃等环境中，如图 15-5 所示。

强制冷却方式是借助外部条件或设备，如通风扇、散热片、冷却器等实现有效散热。

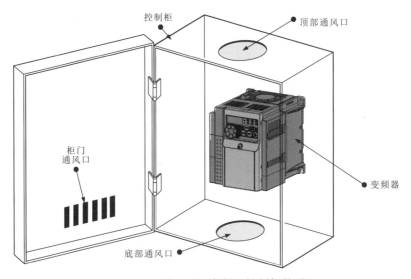

图 15-3　变频器控制柜的通风

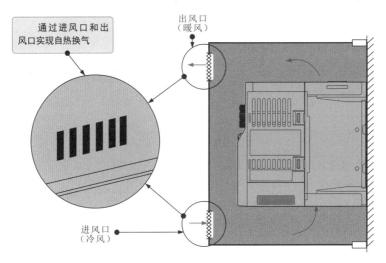

图 15-4　半封闭式控制柜

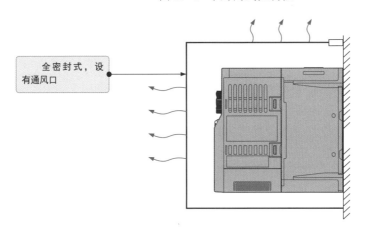

图 15-5　全封闭式控制柜

目前，采用强制冷却方式的控制柜主要有通风扇冷却方式控制柜、散热片冷却方式控制柜和冷却器冷却方式控制柜。

通风扇冷却方式控制柜是通过在控制柜中安装通风扇进行通风的，如图 15-6 所示。通风扇安装在变频器上方控制柜的顶部。变频器内置冷却风扇，可将变频器内部产生的热量冷却。通风扇和风道可将冷风送入，暖风送出，实现换气。通风扇冷却方式控制柜的成本较低，适用于室内安装控制。

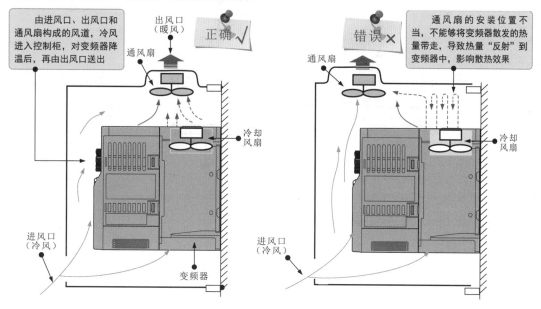

图 15-6　通风扇冷却方式控制柜

图 15-7 为散热片冷却方式控制柜和冷却器冷却方式控制柜。

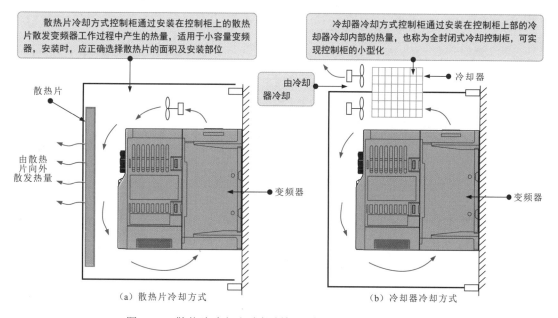

（a）散热片冷却方式　　　　　　　（b）冷却器冷却方式

图 15-7　散热片冷却方式控制柜和冷却器冷却方式控制柜

☀ 3. 避雷

为了保证在雷电活跃地区能够安全运行，变频器应设置防雷击措施。图 15-8 为变频器的避雷防护措施。

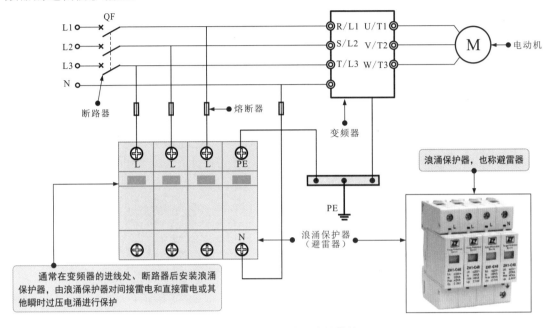

图 15-8　变频器的避雷防护措施

☀ 4. 安装空间

变频器在工作时会产生热量，为了良好散热及维护方便，在安装时应与其他装置保持一定距离。

图 15-9 为变频器的安装空间。

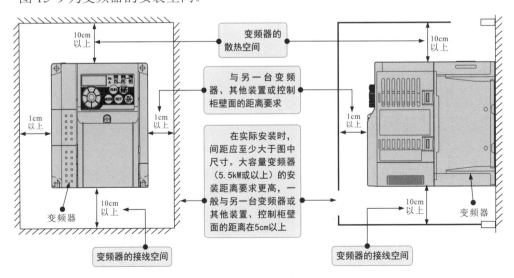

图 15-9　变频器的安装空间

※ 5. 安装方向

变频器为了能够良好散热，除了对安装空间有明确的要求外，对安装方向也有明确的规定。

图 15-10 为变频器的安装方向。

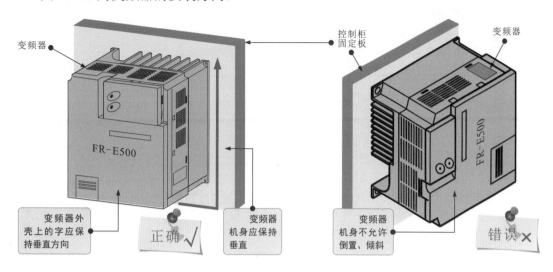

图 15-10 变频器的安装方向

※ 6. 两台变频器的安装排列方式

若在同一个控制柜内安装两台或多台变频器，则应尽可能采用并排安装。图 15-11 为两台变频器的安装排列方式。

资料与提示

变频器采用纵向安装时，上、下变频器之间的距离必须满足规定。例如，某品牌变频器有 A、B、C、D、E、F、FX 等几种尺寸类型。其中，A、B、C 为较小尺寸类型；D、E 为中等尺寸类型；F、FX 为较大尺寸类型。安装要求如下：

◇ A、B、C：上、下之间的距离为 100mm；

◇ D、E：上、下之间的距离为 300mm；

◇ F、FX：上、下之间的距离为 350mm。

※ 7. 安装固定

变频器工作时的内部温度可高达 90℃，因此变频器应安装固定在耐热材料上。根据安装方式不同，变频器有固定板安装和导轨安装两种，可根据安装条件选择。

① 固定板安装如图 15-12 所示。

② 导轨安装如图 15-13 所示。

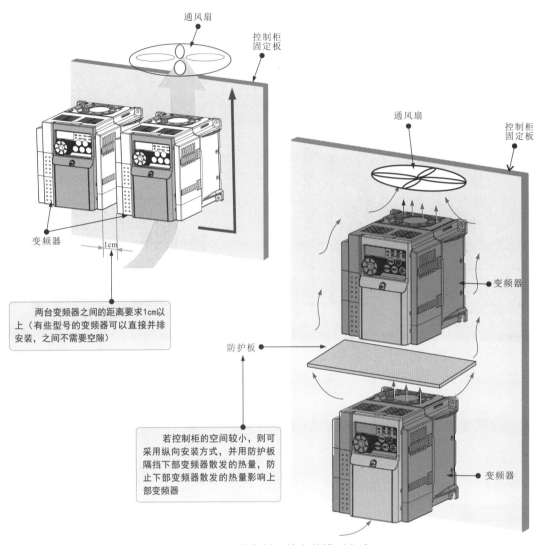

通风扇

控制柜
固定板

变频器

1cm

两台变频器之间的距离要求1cm以
上（有些型号的变频器可以直接并排
安装，之间不需要空隙）

通风扇

控制柜
固定板

变频器

防护板

若控制柜的空间较小，则可
采用纵向安装方式，并用防护板
隔挡下部变频器散发的热量，防
止下部变频器散发的热量影响上
部变频器

变频器

图 15-11　两台变频器的安装排列方式

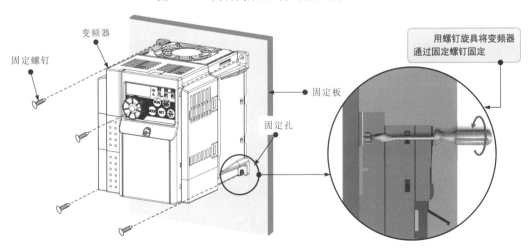

变频器

固定螺钉

固定板

固定孔

用螺钉旋具将变频器
通过固定螺钉固定

图 15-12　变频器的固定板安装

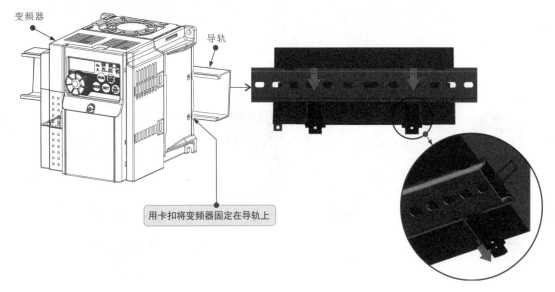

图 15-13 变频器的导轨安装

❖ 15.1.2 变频器的连接

独立的变频器无法实现任何功能，需要将其与其他电气部件安装在特定的控制柜中，并通过连接线连接成具有一定控制关系的电路系统才能实现控制功能。

※ 1. 变频器的布线要求

变频器的连接线应尽可能短、不交叉，耐压等级必须与变频器的电压等级相符。图 15-14 为变频器的布线。

图 15-14 变频器的布线

资料与提示

变频器连接布线时，应注意电磁波干扰的影响，可将电源线、动力线、信号线相互远离，关键的信号线应使用屏蔽电缆屏蔽。

※ 2．动力线的类型和连接长度

变频器与电动机之间的连接线被称为动力线。动力线一般根据变频器的功率大小选择横截面积合适的三芯或四芯屏蔽动力电缆。

图 15-15 为动力线的类型和连接长度。

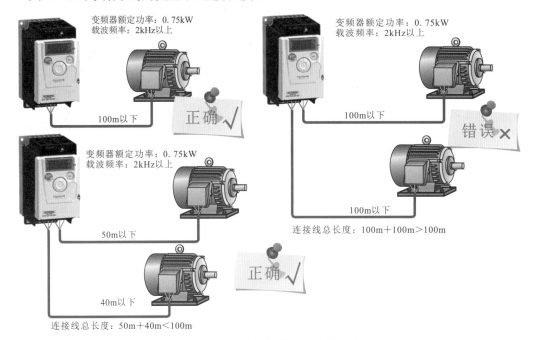

图 15-15　动力线的类型和连接长度

资料与提示

值得注意的是，在实际接线中，缩短动力线的长度可以有效降低电磁辐射和容性漏电流。若动力线较长，则会影响变频器的正常工作，此时需要降低载波频率，并加装输出交流电抗器。不同额定功率变频器的动力线长度与载波频率的关系见表 15-1。

表 15-1　不同额定功率变频器的动力线长度与载波频率的关系

载波频率	变频器额定功率				
	0.4kW	0.7kW	1.5kW	2.2kW	3.7kW或以上
1kHz	200m以下	200m以下	300m以下	500m以下	500m以下
2~14.5kHz	30m以下	100m以下	200m以下	300m以下	500m以下

※ 3．屏蔽线接地

变频器的信号线通常采用屏蔽线。接地时，屏蔽线的金属丝网必须通过两端的电缆夹片与变频器控制柜连接来实现接地。

图 15-16 为屏蔽线的接地方法。

资料与提示

屏蔽线是一种在绝缘导线的外面再包裹一层金属薄膜，即屏蔽层的电缆。在通常情况下，屏蔽层多为铜丝或铝丝丝网或无缝铅铂，且只有在有效接地后才能起到屏蔽作用。

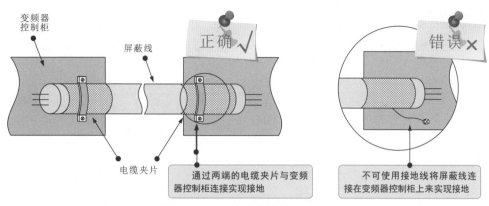

图 15-16 屏蔽线的接地方法

❋ 4. 变频器接地

变频器都设有接地端子，可有效避免脉冲信号的冲击干扰，并防止人体在接触变频器的外壳时因漏电电流造成触电。

图 15-17 为变频器与其他设备之间的接地。

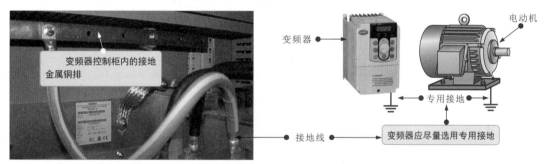

图 15-17 变频器与其他设备之间的接地

资料与提示

在连接变频器的接地端子时，应尽量避免与电动机、PLC 或其他设备的接地端子连接。若无法采用专用接地，则可将变频器的接地极与其他设备的接地极连接，构成共用接地，尽量避免采用共用接地线接地。

图 15-18 为变频器与变频器之间的接地。

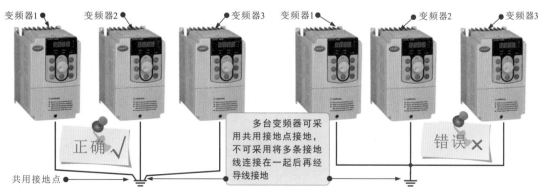

图 15-18 变频器与变频器之间的接地

变频器接地线应选择规定的尺寸或比规定的尺寸粗，且应尽量采用专用接地，接地极应尽量靠近变频器，以缩短接地线的长度。

多台变频器共同接地时，接地线之间应互相连接。应注意，接地端与大地之间的导线应尽可能短，接地线的电阻应尽可能小。

※ 5. 变频器主电路的接线

变频器主电路的接线是将相关功能部件与变频器主电路的端子排连接，接线时，应根据主电路的接线图连接。

图 15-19 为变频器主电路的接线图。

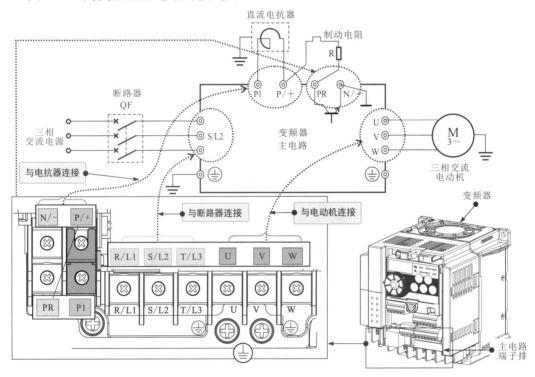

图 15-19 变频器主电路的接线图

图 15-19 中，主电路端子排的标识含义如下：

R/L1、S/L2、T/L3：交流电源输入端子，用来连接电源，当使用高功率因数变流器（FR-HC）或共直流母线变流器（FR-CV）时，需断开该端子，不能连接任何电路。

U、V、W：输出端子，用来连接三相交流电动机。

⏚：接地端子，用来接地。

P/＋、PR：制动电阻连接端子，在 P/＋、PR 之间连接制动电阻。

P/＋、N/－：制动单元连接端子，在 P/＋、N/－之间连接制动单元、共直流母线变流器和高功率因数变流器。

P/＋、P1：直流电抗器连接端子，在 P/＋、P1 之间连接直流电抗器，连接时，需拆下 P/＋、P1 的短路片，只有连接直流电抗器时才可拆下短路片，否则不得拆下。

6. 变频器控制电路的接线

图 15-20 为变频器控制电路端子标识。

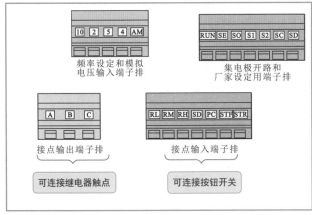

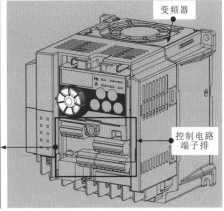

【接点输入端子排】	STF	正转启动	STF信号和STR信号同时开启时，电动机为停止状态
	STR	反转启动	STR信号开启时，电动机反转；STR关闭时，电动机停止
	RH、RM、RL	多段速度选择	用RH、RM和RL信号的组合可以选择多段速度
	SD	接点输入公共端（出厂设定漏型逻辑）	接点输入端子（漏型逻辑）的公共端
		外部晶体管公共端（源型逻辑）	源型输出部分的公共端接电源正极
		DC 24V电源公共端	DC 24V，0.1A电源（端子PC）的公共输出端，与端子5和端子SE绝缘
	PC	外部晶体管公共端（出厂设定漏型逻辑）	漏型输出部分的公共端接电源负极
		接点输入公共端（源型逻辑）	接点输入端子（源型逻辑）的公共端
		DC 24V电源公共端	可作为DC 24V，0.1A电源使用

【频率设定和模拟电压输入端子排】	10	频率设定用电源端	作为外接频率设定（速度设定）用电位器时的电源
	2	频率设定端（电压）	如果输入DC 0～5V或 0～10V，则在5V或10V时为最大输出频率，输入、输出成正比
	4	频率设定端（电流）	如果输入DC 4～20mA，则在20mA时有最大输出频率，输入、输出成正比；如果输入 0～5V或DC 0～10V，则需将电压／电流输入切换开关切换“V”的位置
	5	频率设定用公共端	端子2、端子4、端子AM的公共端，不能接地

【接点输出端子排】	A、B、C	继电器输出端（异常输出）	指示变频器因保护功能动作时输出停止信号。正常时：B、C之间导通，A、C之间不导通；异常时：B、C之间不导通，A、C之间导通

【集电极开路和厂家设定用端子排】	RUN	变频器运行端	变频器的输出频率大于或等于启动频率时为低电平，表示集电极开路输出用的晶体管处于导通状态；已停止或正在直流制动时为高电平，表示集电极开路输出用的晶体管处于不导通状态
	SE	集电极开路输出公共端	RUN的公共端子

图 15-20 变频器控制电路端子标识

15.2 变频器的调试与维修

15.2.1 变频器的调试方法

变频器安装及接线完成后，必须对变频器进行细致的调试，确保变频器参数设置及其控制系统正确无误后才可投入使用。

下面以艾默生 TD3000 变频器为例介绍通过操作显示面板直接调试的方法。操作显示面板直接调试是直接利用变频器上的操作显示面板进行频率设定及输入控制指令。

操作显示面板直接调试包括通电前的检查、上电检查、设置三相交流电动机参数、设置变频器参数及空载调试等几个环节。

1. 通电前的检查

通电前的检查是调试的基本环节，主要检查接线及初始状态，如图 15-21 所示。

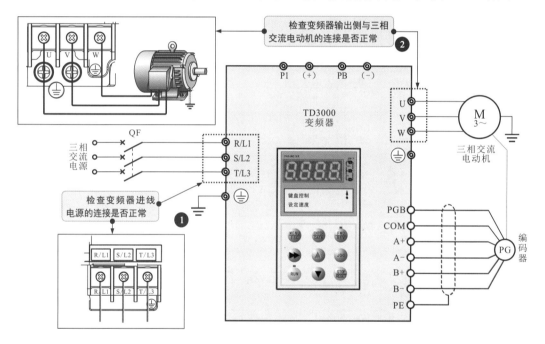

图 15-21　通电前的检查

资料与提示

通电前的检查主要包括：确认供电电源的电压正确，输入供电回路中已与断路器连接；确认变频器接地、电源电缆、三相交流电动机电缆、控制电缆连接正确；确认变频器冷却通风通畅；确认接线完成后变频器的盖子盖好；确定当前三相交流电动机处于空载状态（与机械负载未连接）。

另外，在通电前的检查环节中，明确被控三相交流电动机的性能参数也是重要工作，应根据铭牌识读参数信息。

闭合断路器，使变频器通电，观查变频器是否有异常声响、冒烟、异味等情况，操作显示面板有无故障报警信息，上电初始化状态是否正常。若有异常现象，应立即断开电源。

✳ 2. 设置三相交流电动机参数并自动调谐

根据三相交流电动机铭牌标识设置参数，并自动调谐，具体操作方法应严格按照变频器操作说明书进行操作。

✳ 3. 设置变频器参数

变频器参数包括控制方式、频率设定方式、频率设定、运行选择等功能信息。

✳ 4. 空载调试

变频器参数设置完成后，在三相交流电动机空载状态下，借助变频器操作显示面板直接调试，如图 15-22 所示。

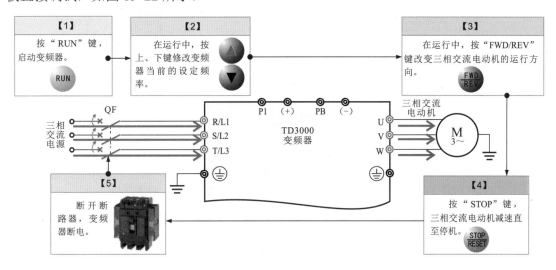

图 15-22　借助变频器操作显示面板直接调试

资料与提示

在调试过程中，三相交流电动机应运行平稳、旋转正常，正、反向换向正常，加、减速正常，无异常振动，无异常噪声，若有异常情况，则应立即停机检查；变频器操作显示面板上的按键控制功能正常，显示数据正常，风扇运转正常，无异常噪声和振动等，若有异常情况，则应立即停机检查。

◈ 15.2.2 变频器的检测与代换

变频器属于精密电子设备，使用不当、受外围环境影响或元器件老化等都会造成变频器无法正常使用，进而导致所控制的三相交流电动机无法正常运转。因此，掌握变频器的检测方法是电气技术人员应具备的重要操作技能。

✳ 1. 变频器的检测

当变频器出现故障后，需要进行检测，并通过分析检测数据判断故障原因。目前，变频器的检测方法主要有静态检测方法和动态检测方法。

（1）静态检测方法

静态检测方法是在变频器断电的情况下，使用万用表检测各种电子元器件、电气部件、各端子之间的阻值或变频器的绝缘阻值等是否正常。

以检测启动按钮为例，检测方法如图 15-23 所示。

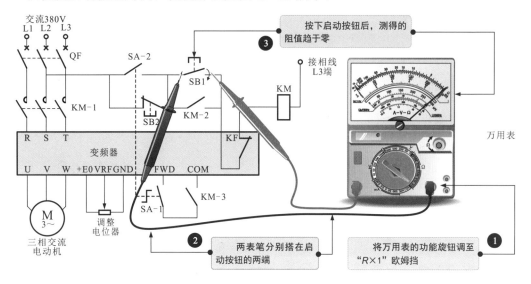

图 15-23　启动按钮的检测方法

资料与提示

图 15-23 中，若测得的阻值为无穷大，则说明启动按钮已经损坏，应更换。同理，在断开启动按钮的情况下，其两端的阻值应为无穷大，若趋于零，则说明启动按钮已经损坏。

当怀疑变频器存在漏电情况时，可借助兆欧表对变频器进行绝缘测试，如图 15-24 所示。

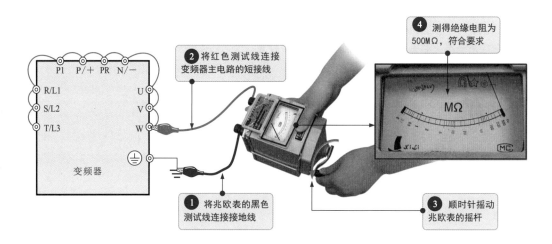

图 15-24　对变频器进行绝缘测试

（2）动态检测方法

静态检测正常后才能进行动态检测，即上电检测，检测变频器通电后的输入/输出电压、电流、功率等是否正常。

图 15-25 为变频器的动态检测方法。

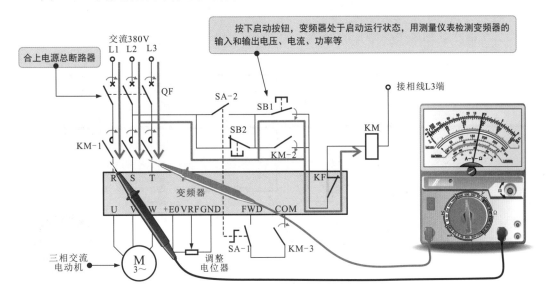

图 15-25　变频器的动态检测方法

资料与提示

变频器启动运行时，其输入、输出电压、电流均含有谐波，实测时，不同测量仪表的测量结果不同。

变频器输入、输出电流一般采用动铁式交流电流表进行检测，如图 15-26 所示。动铁式交流电流表测量的是电流的有效值，通电后，两铁块产生磁性，相互吸引，使指针转动，指示电流值，具有灵敏度和精度高的特点。

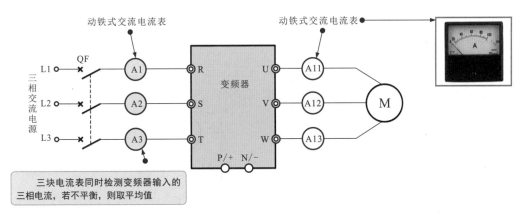

图 15-26　变频器输入、输出电流的检测方法

在变频器的操作显示面板上通常能够即时显示变频器的输入、输出电流，即使变频器的输出频率发生变化也能够显示正确的数值，因此通过变频器操作显示面板获取变频器输入、输出电流是一种比较简单、有效的方法。

变频器输入、输出电压的检测方法如图 15-27 所示。

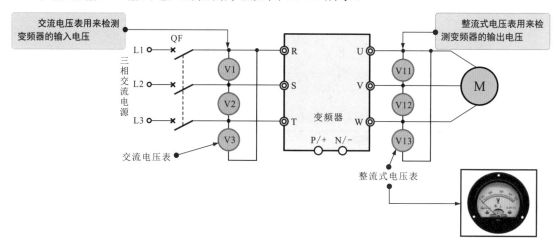

图 15-27 变频器输入、输出电压的检测方法

变频器的操作显示面板上通常能够即时显示变频器的输入，输出电压，即使变频器的输出频率发生变化也能够显示正确的数值，因此通过变频器操作显示面板获取变频器输入、输出电压是一种比较简单有效的方法。

在采用一般的万用表检测输出电压时可能会受到干扰，所测数据会不准确，一般数据会偏大，只能作为参考。

变频器输入、输出功率的检测方法如图 15-28 所示。

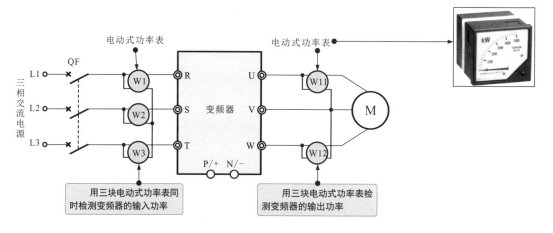

图 15-28 变频器输入、输出功率的检测方法

资料与提示

　　根据实测的变频器输入、输出电流、电压及功率，可以计算出变频器输入、输出的功率因数，计算公式为

$$输入功率因数 = \frac{输入功率}{3 \times 输入电压 \times 输入电流（三相平均电流）}$$

$$输出功率因数 = \frac{输出功率}{3 \times 输出电压 \times 输出电流（三相平均电流）}$$

　　图 15-29 为变频器输入、输出电流、电压的关系。

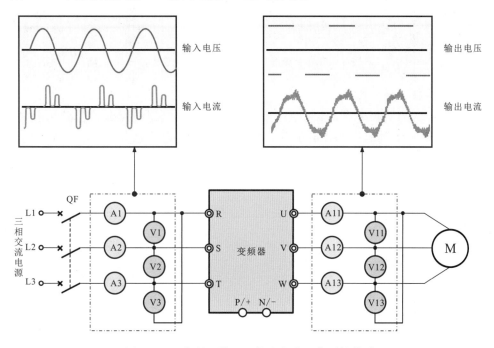

图 15-29　变频器输入、输出电流、电压的关系

❋ 2. 变频器的代换

　　（1）电子元器件的代换

　　下面以损坏频率最高的冷却风扇和平滑滤波电容为例介绍代换方法。

　　冷却风扇主要用于变频器的散热冷却，在使用一定年限（约为 10 年）后会出现异常声响、振动等，此时需要更换。

　　更换冷却风扇时，应先切断变频器的电源（由于变频器内部仍存有余电，因此容易引发触电，不要轻易触碰电路），并应注意冷却风扇的旋转风向，若风向错误，会缩短变频器的使用寿命。

　　变频器主电路使用了大容量的平滑滤波电容，由于脉动电流等的影响，平滑滤波电容的特性会变差，因此在变频器使用一定年限（约为 10 年）后需要将其更换，以确保变频器运行稳定。

图 15-30 为变频器平滑滤波电容的代换方法。

使用电烙铁将平滑滤波电容从变频器主电路板上焊下。

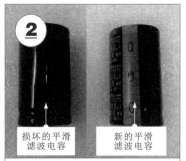

选用同规格、性能良好的平滑滤波电容代换。

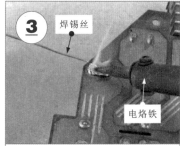

将新的平滑滤波电容放在主电路板的相应位置上,使用电烙铁将焊锡丝熔化在平滑滤波电容的引脚上进行焊接。

图 15-30　变频器平滑滤波电容的代换方法

（2）变频器的整体代换

若经检测,变频器损坏严重,无法修复,或者已经达到使用年限,则需进行整体代换。代换时,应在切断变频器电源 10min 后,且使用万用表测量无电压时才能操作。

三菱 FR-A700 型变频器的整体代换方法如图 15-31 所示。

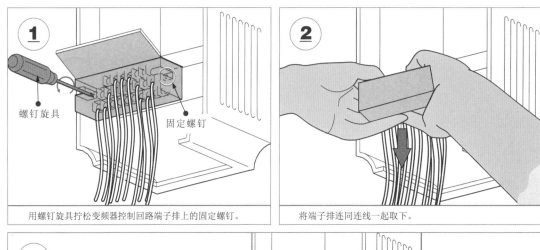

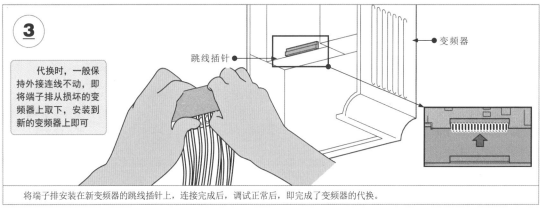

图 15-31　三菱 FR-A700 型变频器的整体代换方法